本书受天津外国语大学“十三五”综投专业建设项目支持

“十三五”高等学校数字媒体类专业系列教材

“部校共建”新闻学院系列教材

Unity实践案例分析与实现

王维花　主　编

宫成强　副主编

中国铁道出版社有限公司

CHINA RAILWAY PUBLISHING HOUSE CO., LTD.

内 容 简 介

Unity 软件是 Unity Technologies 公司开发的专业跨平台游戏开发及虚拟现实引擎，用户可以在 Unity 平台中轻松完成各种游戏项目，并结合 3d Max 等建模软件进行三维互动开发，搭建各种需求的场景，通过 3D 模型、图像、视频、声音等相关资源导入，借助 Unity 相关场景的构建模块，创作出精彩的游戏和虚拟仿真内容。用户也可以在网上通过 Unity Store（Unity 资源商店）下载各种资源。

本书立足于 Unity 软件的应用开发，以 Unity3D 软件操作为基础，从技术和应用两个角度全面系统地讲述 Unity 的基础理论和实践技能，包括 3D 和 2D 游戏场景搭建、物理引擎的介绍、碰撞体检测、Unity 基本操作技巧等内容，同时结合 C# 脚本创作实现游戏的鼠标与键盘的交互功能。

本书适合作为本科、高职高专院校学生学习数字媒体技术课程的入门教材，也适合作为程序员和编程爱好者的参考用书。

图书在版编目（CIP）数据

Unity 实践案例分析与实现 / 王维花主编. — 北京：中国铁道出版社，2019.1（2021.6重印）
"十三五"高等学校数字媒体类专业系列教材
ISBN 978-7-113-25141-3

Ⅰ. ①U… Ⅱ. ①王… Ⅲ. ①游戏程序 - 程序设计 - 高等学校 - 教材 Ⅳ. ① TP317.6

中国版本图书馆 CIP 数据核字（2019）第 020493 号

书　　名：Unity 实践案例分析与实现
作　　者：王维花

策　　划：祝和谊　　　　编辑部电话：（010）63549508
责任编辑：陆慧萍　卢　笛
封面设计：侯双双
封面制作：刘　颖
责任校对：张玉华
责任印制：樊启鹏

出版发行：中国铁道出版社有限公司（100054，北京市西城区右安门西街 8 号）
网　　址：http://www.tdpress.com/51eds/
印　　刷：北京建宏印刷有限公司
版　　次：2019 年 1 月第 1 版　2021 年 6 月第 4 次印刷
开　　本：787 mm×1 092 mm　1/16　印张：14　字数：297 千
书　　号：ISBN 978-7-113-25141-3
定　　价：55.00 元

前言 Preface

当下，游戏及虚拟仿真产业正呈现一片欣欣向荣的景象，美国数据分析公司 Superdata 出具的报告显示，2016 年已有 67 亿美元的投资投入到虚拟现实技术（VR）、增强现实技术 (AR) 业务的公司以及相关的项目中。这对于广大开发者和学生群体既是机遇也是挑战。

Unity 引擎便在这样的背景下被广大的爱好者所熟知和青睐。Unity 是由 Unity Technologies 公司开发的跨平台专业虚拟交互引擎，相比其他软件而言上手更快，可以更好地结合 3d Max、Maya 等建模软件的模型资源导入，Unity 最大的特点就是跨平台开发，可以支持 Windows、Mac OS、Android、iOS 等热门平台，用户只需要一次开发，便可以发布到不同的主流平台中。

同时，“应用型本科”是对新型的本科教育和新层次的高职教育相结合的教育模式的一种新探索，培养适应社会经济发展需求的应用型本科专业人才。应用型本科重在“应用”建设，要求各专业紧密结合专业特色，注重培养学生实践能力，培养应用型人才，从教学体系建设体现“应用”研究，其核心环节是实践教学。现今在应用型转型的大环境下，依托天津市普通高等学校应用型专业建设项目，旨在提升计算机科学与技术相关专业学生的综合实践和应用能力，为此特编写本系列教材。本课程内容以 Unity 的实践教学为基础，作为数字媒体技术专业学生的必修课，本书为“部校共建”系列教材，并受天津市“十三五”综合投资专项资金（国际传媒学院应用型专业群建设 2018）支持。

本书具有鲜明的案例背景和技术实用性，通过本课程的实践学习，促使学生在 Unity 场景搭建、逻辑思维能力训练、动手实践能力培养、流程图剖析、模型构建、C# 脚本开发等方面夯实学生程序设计基础知识，提升应用能力，培养创新能力和计算思维意识。

本书共分为 12 章，第 1~3 章主要讲述了 Unity 的安装与注册、主要编辑界面的认识、快捷操作技巧、Unity 三维坐标和快速入门等基本内容。第 4~9 章讲述了基本脚本 C#、鼠标和键盘的基本交互方法、Terrain 三维地形建模、物理引擎和 Collider 与 Trigger 基本碰撞检测及方法、Unity2D 游戏开发流程和 Mecanim 动画系统等基本内容，包含了 Unity 基本的开发内容和交互功能。第 10~12 章以贪吃蛇游戏、坦克大战游戏和飞扬的小鸟游戏的开发过程为主要内容，以实践的角度讲述了开发一个具体项目的整体流程和基本思路，并包含了所应用的主要场景构建、脚本实现等主要内容。

本书适合本科生的教学，更加注重学生的动手实践能力和分析能力，对于提高学生的计算机素质、Unity 建模及操作、利用程序设计的思想和方法解决本专业领域问题有更进一步的指导意义。

本书由天津外国语大学国际传媒学院王维花任主编，天津财经大学宫成强任副主编，并负责本书中的结构图和流程图、Unity 实例等内容的统筹规划与梳理、制作。

由于作者水平有限，书中难免存在疏漏与不足之处，恳请广大读者批评指正。

编　者

2018 年 9 月

目录
Contents

第1章 引言……1
1.1 下载和安装……2
1.1.1 Unity下载……3
1.1.2 安装……4
1.1.3 安装资源包（Standard Assets）……7
1.1.4 基本启动……8
1.2 Unity服务……12
第2章 Unity主要界面介绍……13
2.1 编辑器界面……15
2.1.1 导航窗口……15
2.1.2 新建项目工程……16
2.1.3 界面布局……18
2.2 界面定制……19
2.3 工具栏……20
2.3.1 转换工具……20
2.3.2 转换辅助工具……23
2.3.3 播放控制工具……24
2.3.4 其他辅助工具……24
2.4 常用视图……25
2.4.1 层级视图（Hierarchy）……25
2.4.2 场景视图（Scene）……26
2.4.3 检视视图（Inspector）……29
2.4.4 项目视图（Project）……30
第3章 Unity快速入门……31
3.1 基本游戏对象……33
3.1.1 创建方法……33
3.1.2 基本对象……34

3.1.3 GameObject 组合案例......36
3.2 天空盒......38
3.3 摄像机......40
3.4 预制体......40
3.5 物理属性......43
3.6 实践案例：带有刚体属性的基本场景......44
3.6.1 场景基本元素分析......45
3.6.2 具体实现过程......45
第 4 章 基本脚本介绍......48
4.1 创建脚本......49
4.2 脚本编辑器......51
4.3 常见事件......52
4.4 常用组件......53
4.4.1 访问绑定对象的组件......53
4.4.2 访问外部对象组件......54
4.4.3 Transform 组件......56
4.4.4 Transform 实践案例......57
第 5 章 鼠标和键盘交互......59
5.1 Input 输入管理......60
5.1.1 GetAxis() 方法......61
5.1.2 GetAxis 实践案例......61
5.1.3 GetKey() 按键控制......62
5.1.4 GetKey 实践案例......63
5.1.5 GetMouseButton() 鼠标操作......64
5.1.6 GetMouseButton() 实践案例......64
5.2 交互综合案例......66
第 6 章 三维漫游地形系统......72
6.1 地形概述......73
6.2 创建 Unity 3D 地形系统......75
6.2.1 基本地形地貌......75
6.2.2 绘制树木和草等植被......79
6.2.3 添加水资源......81
6.3 使用第一人称角色......82

6.4 导入外部模型物体 84

第 7 章 物理引擎 86

7.1 刚体及常用方法 87

7.1.1 AddForce() 88

7.1.2 AddRelativeForce() 90

7.1.3 FixedUpdate() 函数 91

7.2 实践案例：打砖块游戏 91

7.2.1 主要场景及墙体 91

7.2.2 发射球体 93

7.2.3 控制摄像机的移动 94

7.2.4 销毁发射球 94

7.2.5 重新加载场景 95

7.3 碰撞体以及碰撞体事件检测 95

7.3.1 Collider 基本介绍 96

7.3.2 Collider 的基本规则 97

7.3.3 碰撞检测事件 99

7.3.4 触发器 100

7.4 实践案例：疯狂教室 100

7.4.1 前期准备 101

7.4.2 教室有关模型 101

7.4.3 门模型的开关控制 104

7.4.4 学生角色 106

7.4.5 门的自动开关设置 106

第 8 章 Unity2D 动画游戏 109

8.1 2D 游戏流程 110

8.2 效果介绍 111

8.3 游戏实现 112

8.3.1 创建场景 112

8.3.2 创建工作层 112

8.3.3 导入素材 113

8.3.4 添加角色和动画 115

8.3.5 制作动画脚本 119

8.3.6 创建主要游戏对象 120

8.3.7 碰撞检测 124

8.3.8 脚本控制帽子移动......126
8.4 项目总结......126

第 9 章 Mecanim 动画系统......128

9.1 Mecanim 动画系统概述......129
9.2 简单动画......130
9.2.1 导入人物角色模型......130
9.2.2 动画控制器......133
9.3 混合树转换条件......139
9.3.1 基本思路......139
9.3.2 代码实现......139
9.4 摄像机跟随......140

第 10 章 贪吃蛇游戏案例......146

10.1 游戏效果......147
10.2 项目流程......148
10.3 游戏实现......149
10.3.1 场景搭建......149
10.3.2 蛇的脚本控制......150
10.3.3 食物的生成......152
10.3.4 Food 被吃掉的 Destroy 的效果......153
10.3.5 蛇身的生成......154
10.3.6 控制蛇身的移动......156
10.3.7 游戏结束时的状态判定......159
10.3.8 超出边界的判断......160
10.3.9 设置 UI......161

第 11 章 坦克大战游戏案例......164

11.1 效果介绍......165
11.2 项目流程......166
11.3 前期准备......167
11.3.1 创建场景......167
11.3.2 导入素材......167
11.3.3 导入主要场景预制体......168
11.4 项目游戏实现......169
11.4.1 导入坦克......169

11.4.2 坦克灵活性处理 171
11.4.3 导入子弹 173
11.4.4 子弹发射 174
11.4.5 子弹与坦克碰撞 177
11.4.6 增加另一个坦克 179
11.4.7 修改 Tank2 的不同颜色 180
11.4.8 控制摄像机跟随 181
11.4.9 增加音效 182
11.4.10 重新加载起始场景 185
11.5 项目总结 186
第 12 章 飞扬的小鸟游戏案例 187
12.1 效果介绍 189
12.2 前期准备 189
12.2.1 素材准备 189
12.2.2 创建游戏工程以及素材导入 190
12.3 游戏实现 193
12.3.1 搭建主要场景 193
12.3.2 创建管道 196
12.3.3 创建小鸟对象 198
12.3.4 实现小鸟翅膀动画 198
12.3.5 脚本控制小鸟运动 199
12.3.6 设置随机管道效果 201
12.3.7 无极限场景实现 202
12.3.8 管道对象的随机设置 207
12.3.9 键盘控制小鸟运动 207
12.3.10 摄像机跟随 208
12.3.11 计分功能 209
12.3.12 添加声音 211
12.3.13 重新加载游戏 213
12.4 项目总结 214

引　言

本章结构

Unity 作为专业跨平台游戏开发及虚拟现实引擎，用户可以借助它简单地完成游戏场景的创建以及互动和发布等内容，创作出仿真程度比较高的虚拟场景，如图 1-1 所示。

■ 图 1-1 Unity 仿真游戏场景

本章主要介绍 Unity 在 Windows 平台的下载、安装与授权服务等基本内容，帮助读者在 Windows 平台中安装并授权使用 Unity 环境。本章知识结构如图 1-2 所示。

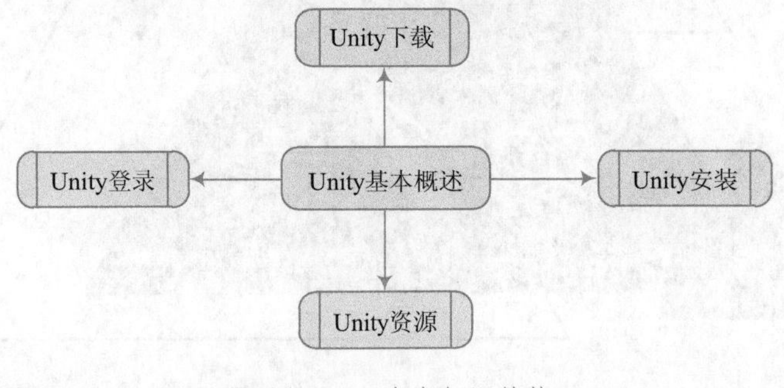

■ 图 1-2 本章知识结构

学习目标

1. 了解 Unity 在官网中下载的途径。
2. 掌握 Unity 安装的基本方法。
3. 熟知 Unity 的注册与授权的方法。
4. 熟知 Unity 启动的基本过程。

1.1 下载和安装

Unity 发布了针对 Windows 和 Max OS X 两个主流平台的两种类型安装包，用户可以根据个人计算机的平台下载相应的安装包，并安装编辑器。下面将重点介绍 Windows 平台下的下载与安装过程。

1.1.1　Unity 下载

（1）Unity 的下载非常方便，用浏览器登录 Unity 官网（https://unity3d.com/cn/get-unity/download），可以看到关于历史版本下载的链接，下载界面如图 1-3 所示。

图 1-3　Unity 官网下载界面

（2）在 Unity 的历史版本中可以看到 Unity 2018.X、Unity 2017.X、Unity 5.X 等一系列不同版本的相关链接，用户可以选择所需的下载版本，本书选择 2018.2.5 版本进行下载并安装，如图 1-4 所示。Unity 引擎向下兼容，所以用户可以不用担心高版本编辑器打不开低版本工程的问题。

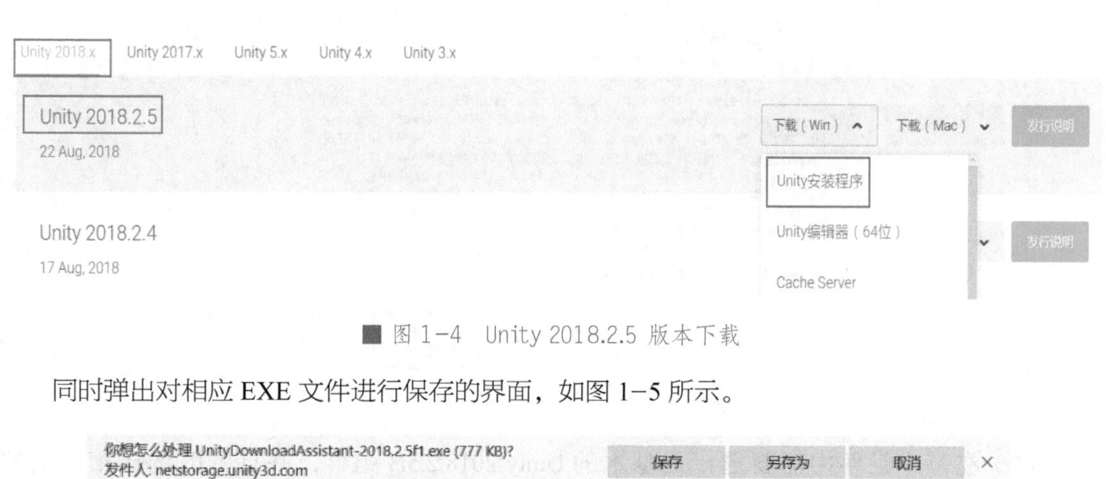

图 1-4　Unity 2018.2.5 版本下载

同时弹出对相应 EXE 文件进行保存的界面，如图 1-5 所示。

你想怎么处理 UnityDownloadAssistant-2018.2.5f1.exe (777 KB)?
发件人: netstorage.unity3d.com
保存　另存为　取消

图 1-5　Unity 2018.2.5 文件下载界面

1.1.2 安装

（1）在安装过程中，按照相关的操作信息提示进行即可。另外声明一点，刚才下载的只是一个 Unity 安装的基本链接文件，整个安装过程需要网络的支持，所以在整个安装过程中需要随时进行联网操作，以便获取其离线文件进行安装，图 1-6 所示为安装过程初始界面，图 1-7 所示为接受相关安装协议界面。

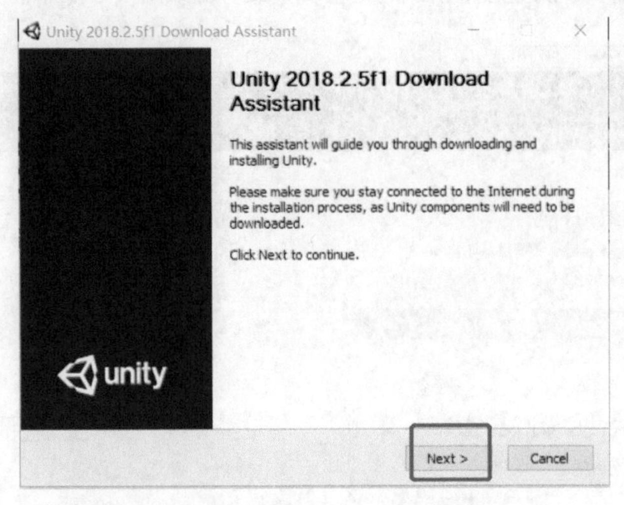

■ 图 1-6 Unity 2018.2.5 安装过程初始界面

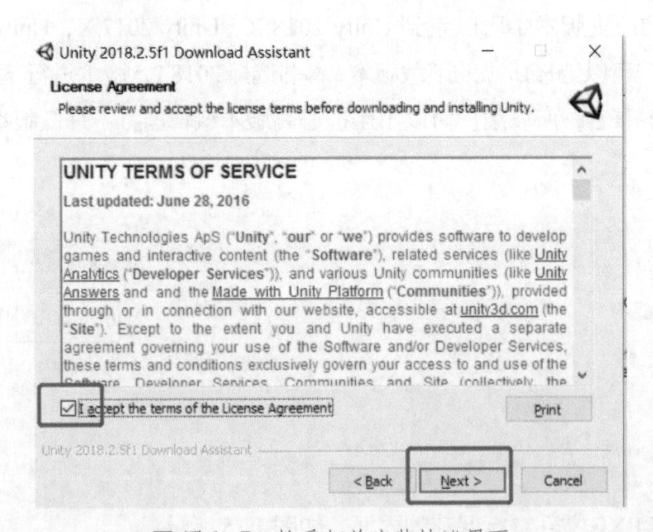

■ 图 1-7 接受相关安装协议界面

（2）在基本组件中需要选择最基本的 Unity 2018.2.5f1 组件，并且同时选择相关文档 Documentation，如图 1-8 所示。其他的例如对安卓和 iOS 的基本支持或者对于 Linux 或者 Max 的支持，可以根据个人情况进行选择。

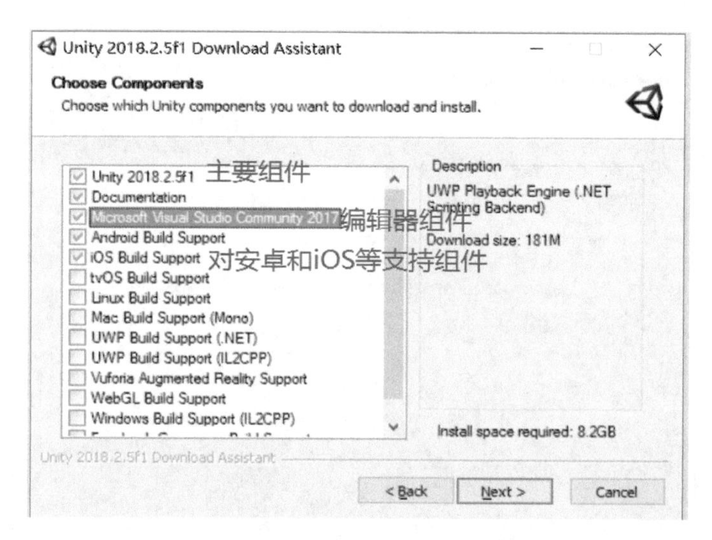

■ 图 1-8　基本组件选择

另外，在安装的组件中有“Microsoft Visual Studio Community 2017”，此组件是针对脚本的编辑功能的编辑器，建议选择。在作者的计算机中因为已经安装 Visual Studio 2017 软件，因此去掉此组件的下载，特此说明。离线下载与安装设置如图 1-9 所示。

■ 图 1-9　离线下载与安装设置

（3）开始下载相应的安装文件，当下载结束后，在规定的下载目录中会存有相应的文件内容，下载过程和内容如图 1-10 和图 1-11 所示。

（4）下载完成后，自动启动安装程序，安装离线文件界面如图 1-12 所示。

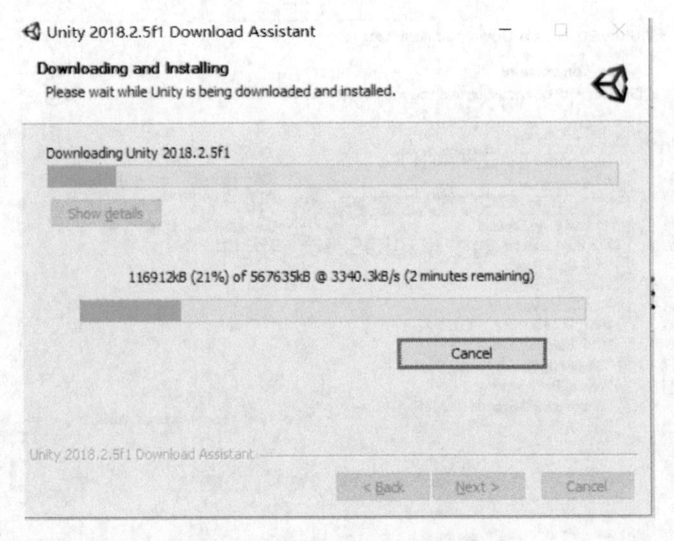

■ 图 1-10　离线文件下载界面

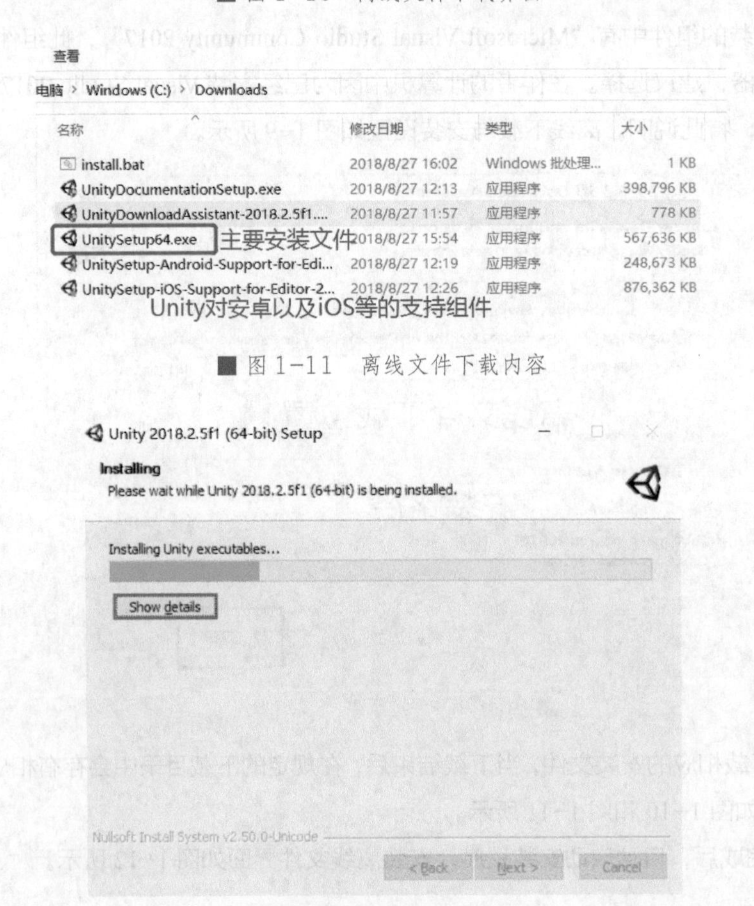

■ 图 1-11　离线文件下载内容

■ 图 1-12　Unity 2018.2.5 安装离线文件界面

（5）安装完成后，在桌面生成 Unity 2018.2.5 的快捷方式，说明安装成功，如图 1-13 所示。

1.1.3 安装资源包（Standard Assets）

Unity 环境编辑过程中要用到很多的标准组件，如一些材质、天空盒等内容，称为 Unity 资源包，在 Unity 2018.2.0 及以上版本内部已经包含了 Environment 环境资源包之类的标准资源包，因此不需要下载安装，其他版本资源包可以参考下面的章节内容，根据需要自行从网上下载并安装，即可在 Unity 项目中使用。

■ 图 1-13　Unity 2018.2.5 桌面快捷方式

（1）下载资源包。在浏览器中打开 Unity 历史版本下载页面（https://unity3d.com/cn/get-unity/download/archive），找到相应的安装版本，在下载列表中选择“标准的资源”选项下载相应的资源文件，如图 1-14 所示。

■ 图 1-14　低版本资源包下载界面

（2）运行其文件并安装资源包组件，如图 1-15 所示。

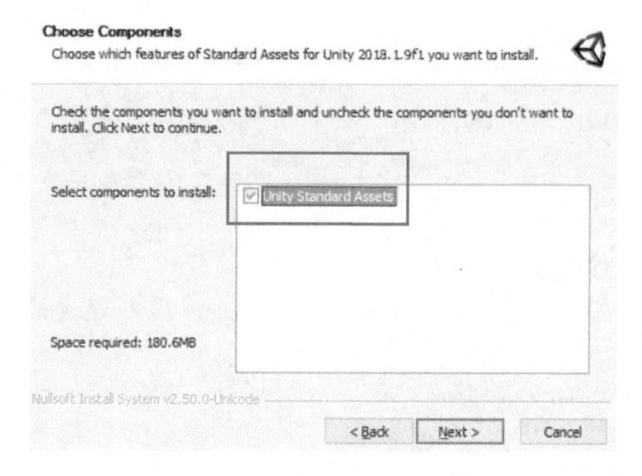

■ 图 1-15　资源包安装过程

（3）直至运行完成即可。

1.1.4 基本启动

安装成功后，启动 Unity 程序。Unity Technologies 公司提供了 Unity 免费版和专业版供用户选择，在免费版登录时需要用个人邮箱在 Unity 官网注册个人账户，并在 Unity 软件中登录。

（1）首先需要登录 Unity 官网（https://unity3d.com/cn/get-unity/download），并在用户资源区单击“立即注册”按钮，如图 1-16 所示。

（2）在注册界面输入相应的信息，单击“Create a Unity ID”按钮。在进行人机身份验证后才可以创建 Unity ID，如图 1-17 和图 1-18 所示。

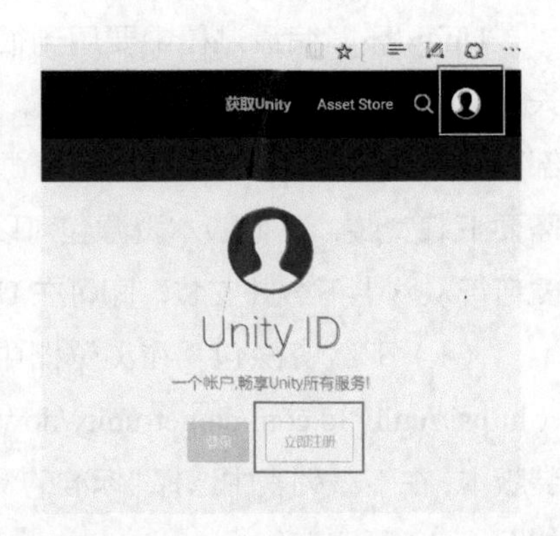

■ 图 1-16　Unity 个人账户注册

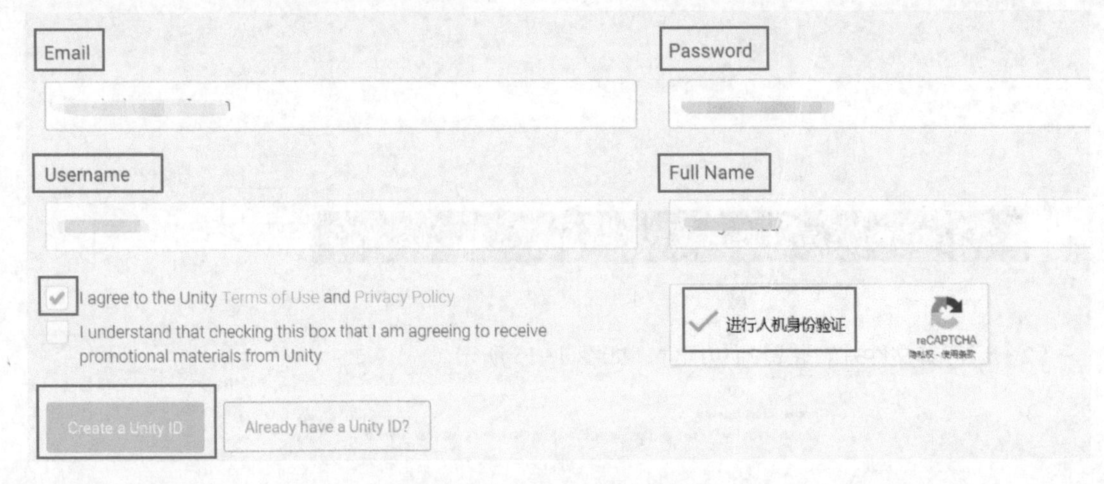

■ 图 1-17　个人 ID 注册界面

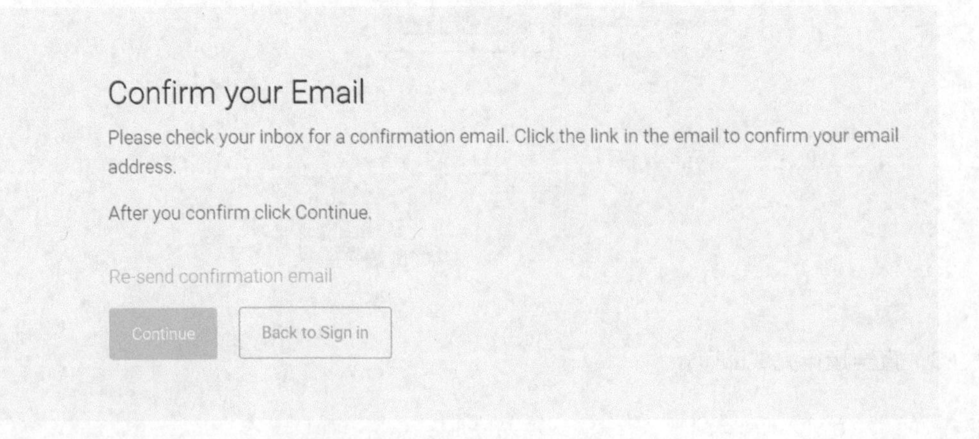

■ 图 1-18　注册成功后的反馈界面

（3）邮箱认证。注册后在注册登记的邮箱中收到相应的认证激活邮件，如图 1-19 所示。

Unity Technologies
Confirm your email address
unity
Dear
Thank you for creating a Unity ID
Click the below link to confirm your email. The link will expire in 15 days.
Link to confirm email
Please go to support.unity3d.com to get help with any questions about your Unity ID, account, organization(s) and subscription(s).
Sincerely,
The Unity Team

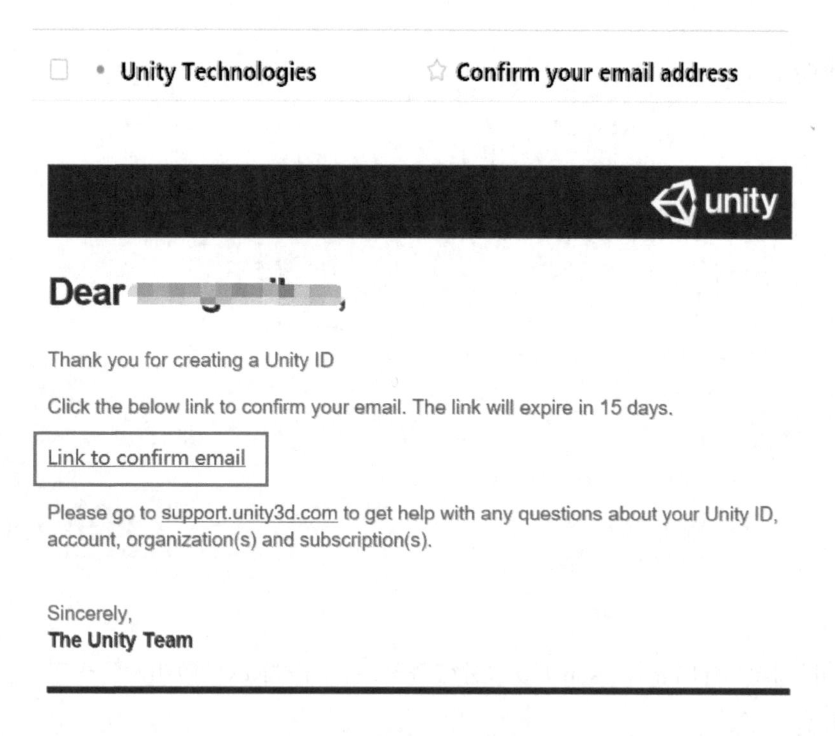

■ 图 1-19　注册邮箱激活

（4）登录。在激活后即可进行登录过程，在相应的文本框中输入注册的用户名和密码进行登录，如图 1-20 所示。

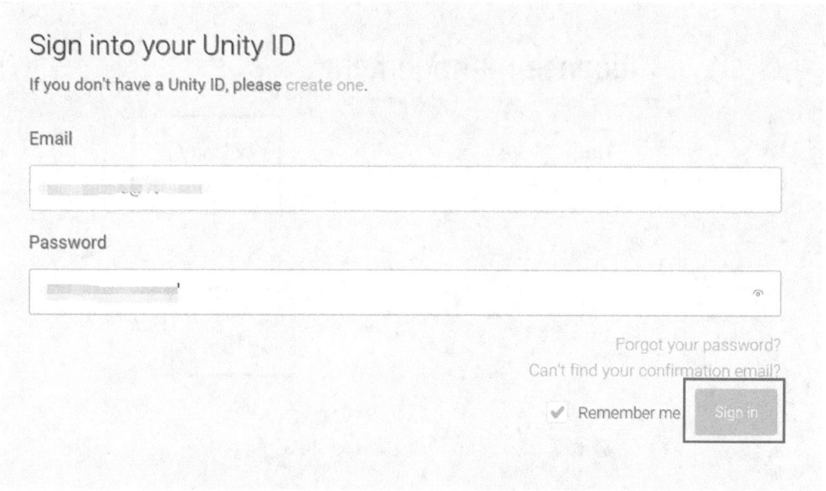

Sign into your Unity ID
If you don't have a Unity ID, please create one.
Email
Password
Forgot your password?
Can't find your confirmation email?
Remember me
Sign in

■ 图 1-20　登录界面

（5）到此，下载、安装、注册、激活等过程基本完成，下面要完成 Unity 中的登录。双击

Unity 图标，并在 Sign in 界面中输入注册的 Email 和 Password，进行 Sign in 操作，如图 1-21 所示。

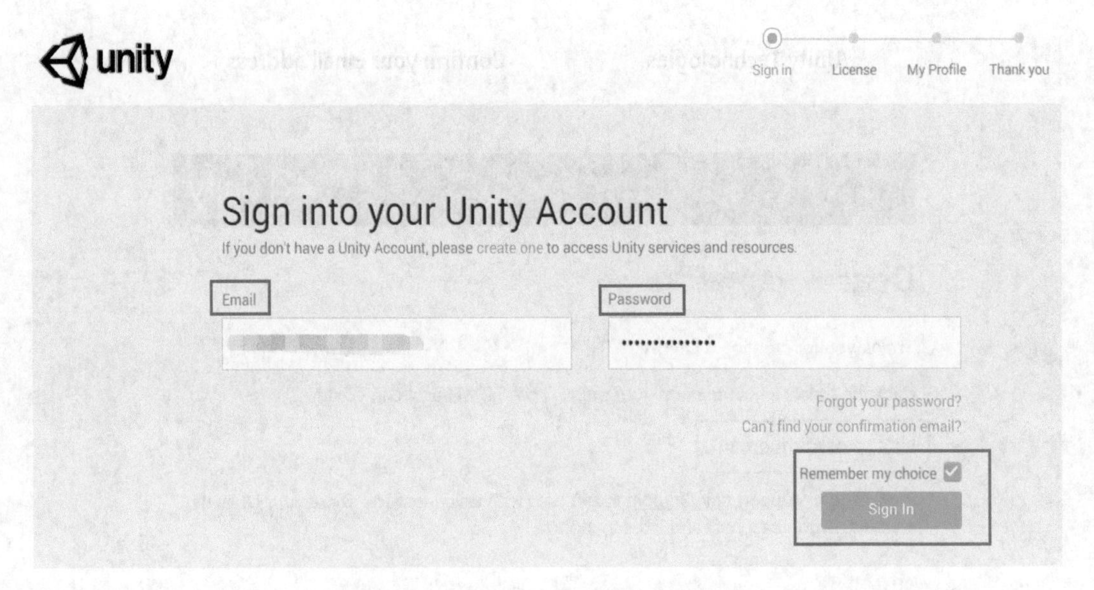

■ 图 1-21　Unity 账户登录信息界面

（6）在此选择使用 Unity Personal 版本进行登录，并单击“Next”按钮进行到下一步，如图 1-22 和图 1-23 所示。

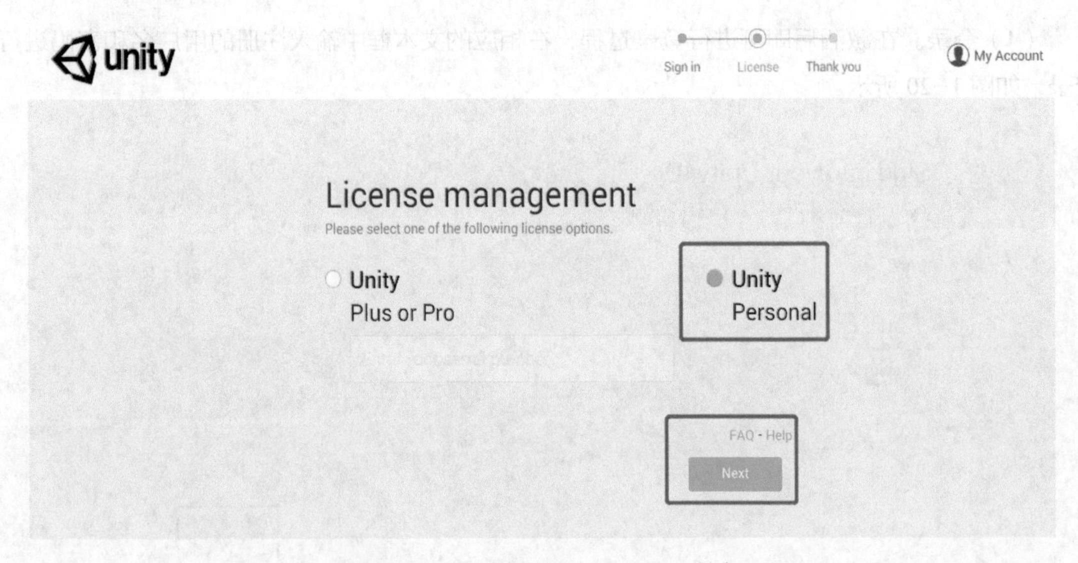

■ 图 1-22　选择 Unity Personal 版本

（7）当出现“Thank you！”界面表示整个 Unity 的下载、安装、注册和登录过程已经完成，如图 1-24 所示。

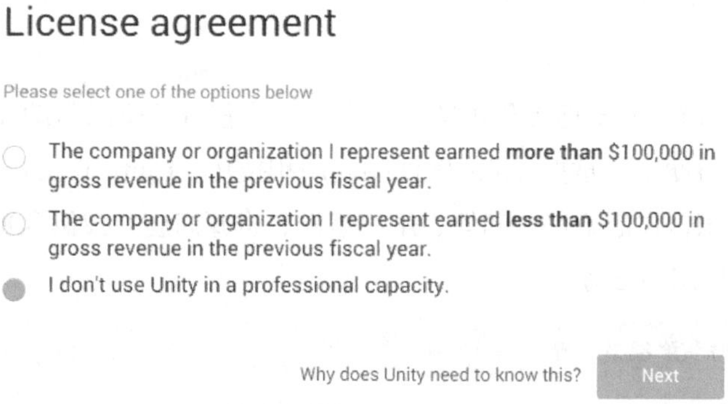

License agreement

Please select one of the options below

The company or organization I represent earned **more than** $100,000 in gross revenue in the previous fiscal year.

The company or organization I represent earned **less than** $100,000 in gross revenue in the previous fiscal year.

I don't use Unity in a professional capacity.

Why does Unity need to know this?　Next

■ 图 1-23　Unity 个人账户登录选择信息

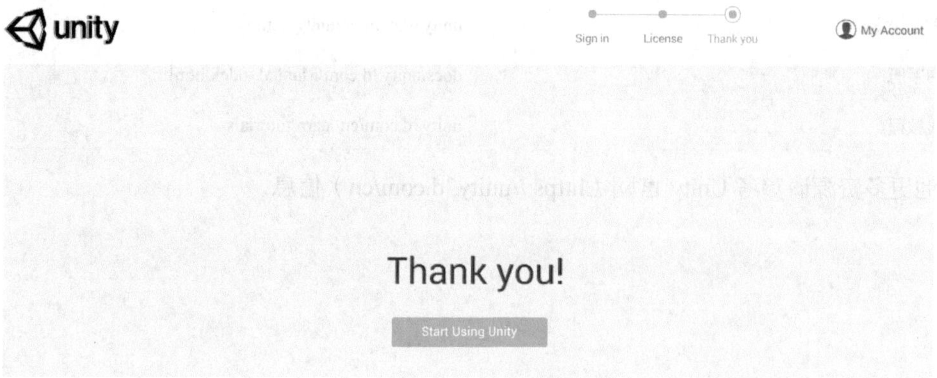

unity　Sign in　License　Thank you　My Account

Thank you!

Start Using Unity

■ 图 1-24　Unity 登录成功提示

（8）随后看到 Unity 平台中针对建立 Projects 或者 Learn 的初始界面，即可以开启 Unity 之旅，如图 1-25 所示。

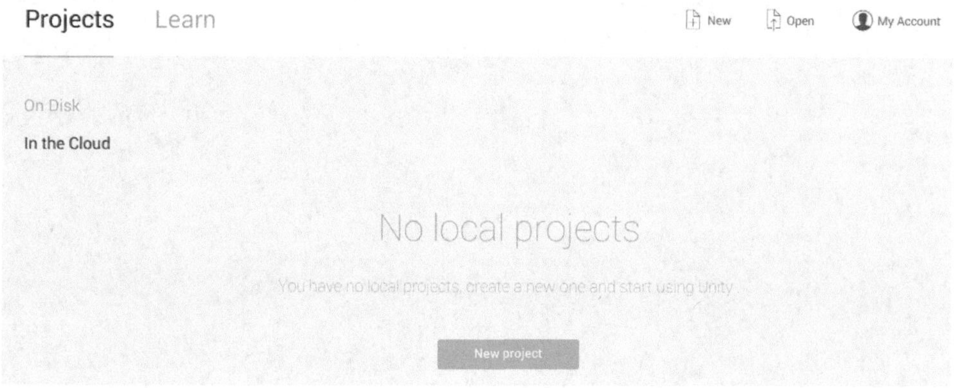

Projects　Learn　New　Open　My Account

On Disk

In the Cloud

No local projects

You have no local projects, create a new one and start using Unity

New project

■ 图 1-25　Unity 初始界面

1.2 Unity 服务

要想学习 Unity，首先要掌握其相关的教学资源，这些资源可以帮助读者更加有效地学习，提高学习效率。为了方便用户掌握 Unity 软件的使用和技巧，Unity Technologies 公司专门为用户提供了完备的教学资源，包括论坛、问答、用户手册、资源商店、案例欣赏和下载等，下面列出部分教学资源信息，供用户参考。

教学资源名称	网　址
Unity 官网	unity3d.com/cn
Unity 论坛	forum.china.unity3d.com/forum.php
Unity 资源商店	assetstore.unity.com/account/assets
Unity 官方在线案例	unity3d.com/cn/unity/demos
Unity 用户手册	docs.unity3d.com/Manual/index.html
Unity 在线教程	unity3d.com/cn/learn/tutorials

其他更多资源请参考 Unity 官网（https://unity3d.com/cn）信息。

第2章 Unity 主要界面介绍

本章结构

Unity 拥有功能强大、操作简单、可以定制的编辑器，所有的场景搭建都可以在 Unity 可视化编辑器中实现。Unity 编辑器拥有非常直观的界面布局，熟悉 Unity 界面是实现 Unity 操作的基本过程，本章的主要任务是认识和了解 Unity 项目组成、熟悉编辑界面的主要使用方法，掌握各种常用视图的基本用途，熟练 Unity 中的常用操作技巧等。本章知识结构如图 2-1 所示。

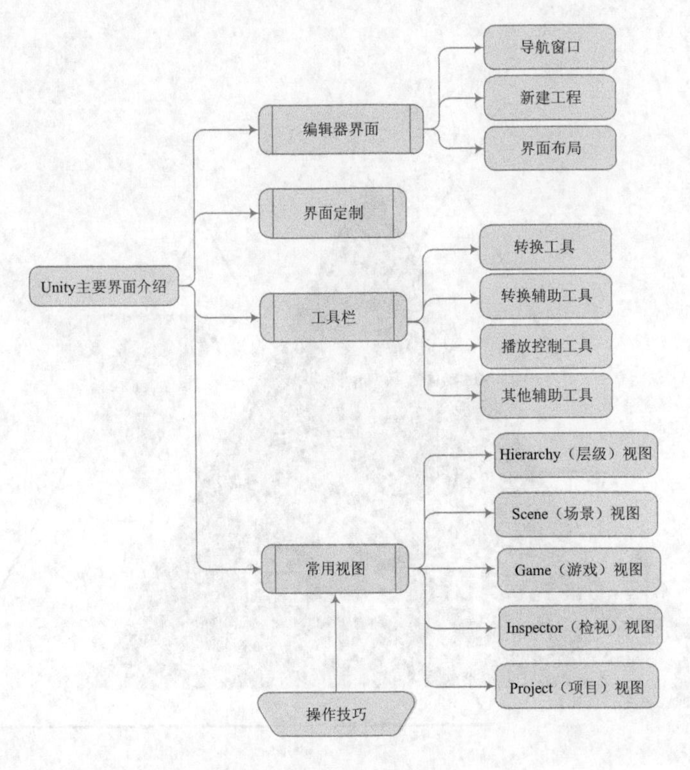

■ 图 2-1　本章知识结构

学习目标

1. 了解 Unity 主界面的组成部分。
2. 熟悉 Unity 中各视图的作用。
3. 掌握Unity中界面定制的具体方法。
4. 熟悉Unity项目文件基本结构与组成。
5. 掌握 Unity 编辑器中工具栏的主要作用。
6. 熟悉 Unity 对场景视图的切换方式。

2.1 编辑器界面

Unity 编辑器界面是 Unity 操作的主要场景，因此对 Unity 编辑器界面的认识是对 Unity 学习的首要任务。Unity 是以工程的方式呈现任务，每个工程就是一个项目文件夹，通过从导航界面开始创建一个新的工程，认识并了解编辑器界面中的内容。

2.1.1 导航窗口

运行 Unity 2018 应用程序，弹出导航窗口。导航窗口主要由两部分组成，一是通过“Projects”打开已经创建的项目或者通过“New project”按钮新建一个工程项目文件；二是通过“Learn”来获取 Unity 的基本学习资源，如图 2-2 和图 2-3 所示。

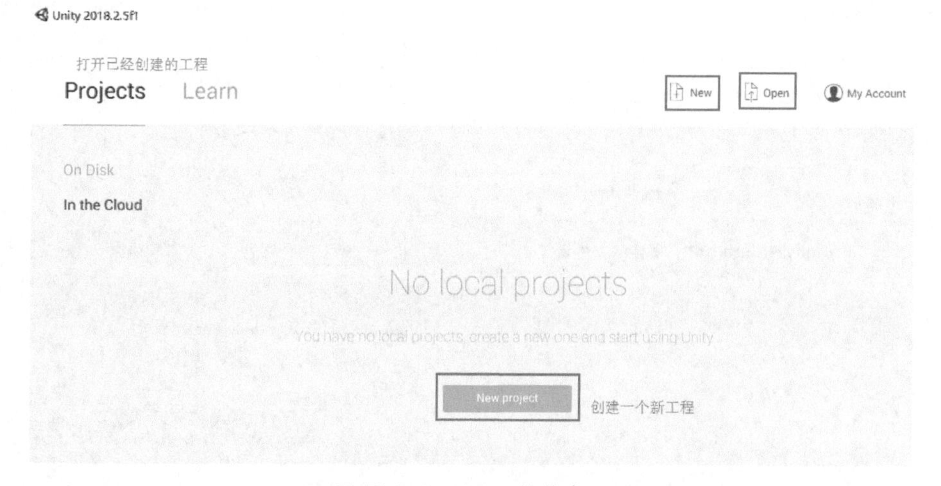

■ 图 2-2　Unity 导航窗口

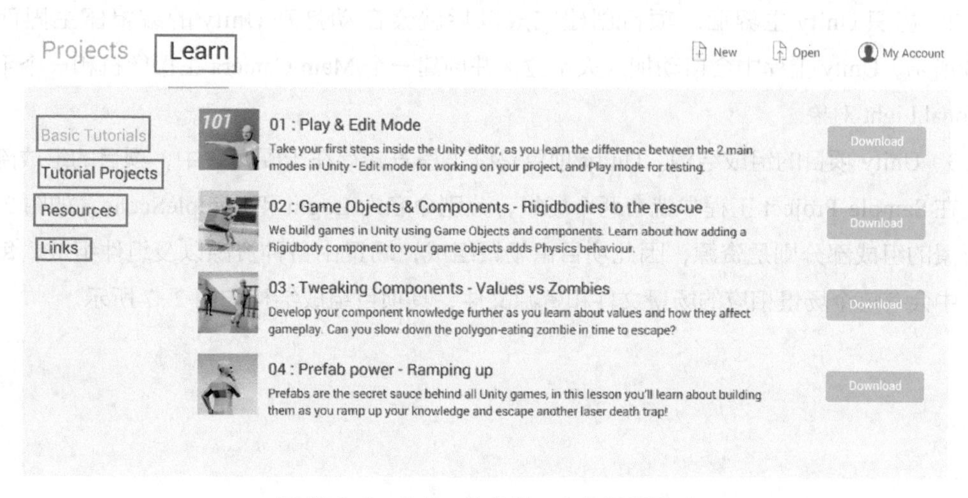

■ 图 2-3　Unity 导航窗口中的资源界面

单击“Learn”标签页可以获取最新的 Unity 官方网络资源，包括基本教程、教程案例文件、资源和网络链接地址等内容，可以拓展用户的学习途径，提高学习效率。

2.1.2 新建项目工程

在导航窗口中很重要的一个区域就是项目专区，用户可以在这里打开已经保存在硬盘或者云端中的项目，也可以新建一个本地项目。

（1）新建一个项目。在导航窗口的下方单击“New project”按钮或者单击右上角的“New”按钮创建一个新的项目，在项目创建界面的相应位置输入项目名称、项目模板（3D 或者 2D）、项目保存位置、是否需要加载相应的组件等信息，如图 2-4 所示。最后单击“Create project”按钮完成 Unity 项目工程的创建。

■ 图 2-4　Unity 创建新项目

（2）初识 Unity 主界面。项目创建完成以后就会自动打开 Unity 的编辑器主界面，如图 2-5 所示。Unity 工程中会自动加入天空盒，并创建一个 Main Camera 主摄像机和一个平行光 Directional Light 对象。

（3）Unity 项目的组成结构。Unity 项目是以工程方式存在于硬盘之中，项目的组成部分是场景，在 Sample Project 工程中就有两个场景，分别命名为 Login 和 SampleScene，如图 2-6 所示。场景的组成部分则是资源，因此项目由场景组成，场景由各种资源以及组件组成，每个项目文件中会有每个场景相应的场景文件和资源文件，其项目组成结构如图 2-7 所示。

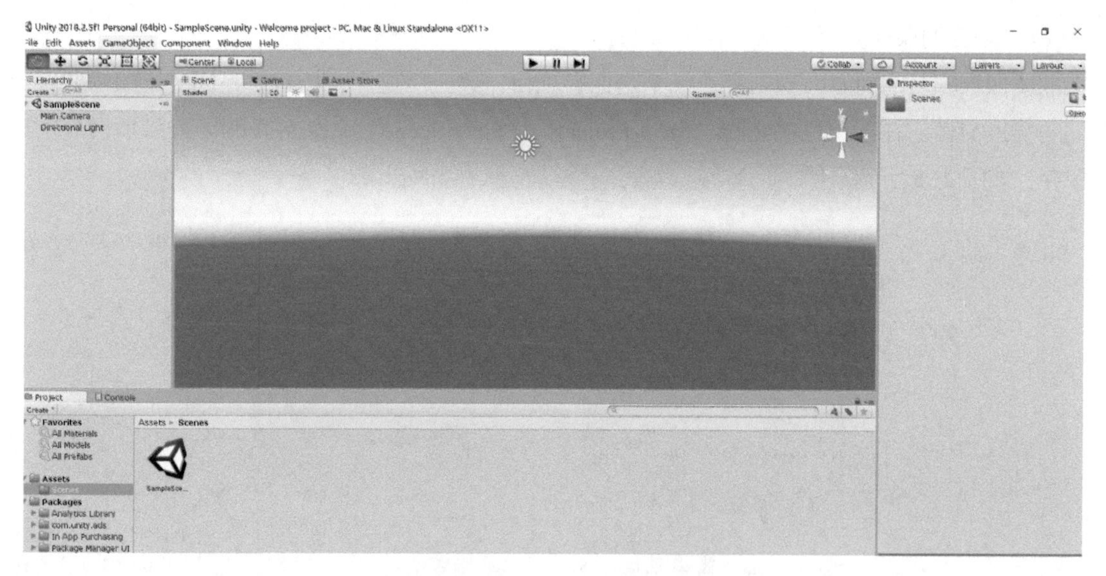

■ 图 2-5　Unity 编辑器主界面

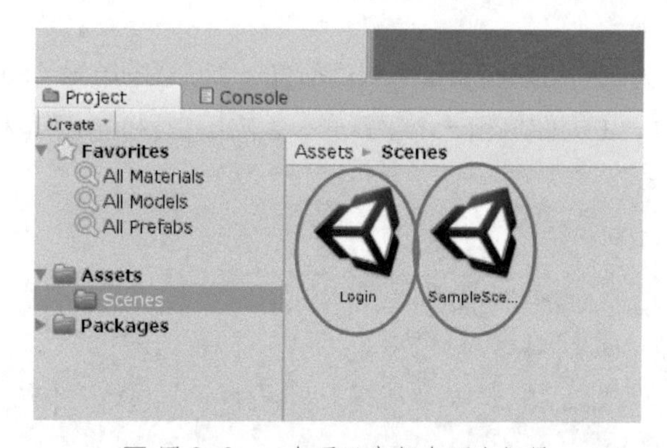

■ 图 2-6　一个项目中包含两个场景

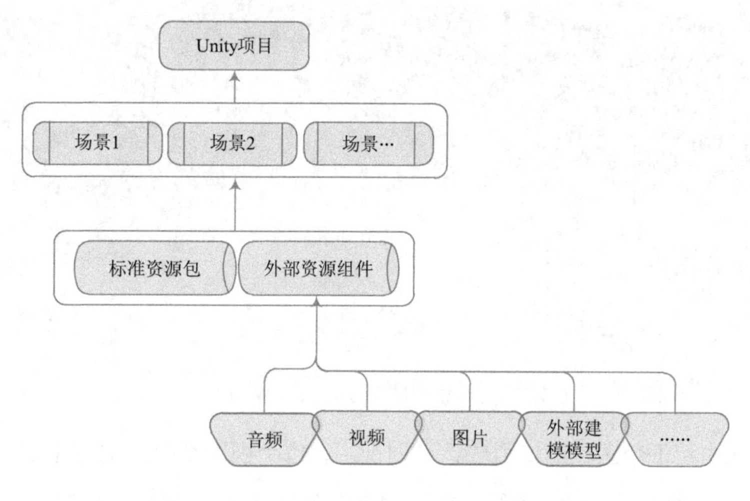

■ 图 2-7　Unity 项目组成结构

（4）项目的保存。

需要保存项目的两方面的内容：一个是保存项目，另一个是保存场景，不同的场景需要保存不同的场景文件。在菜单栏中选择“Save Project”“Save Scene”命令对新的场景和项目分别进行保存，如图 2-8 所示。

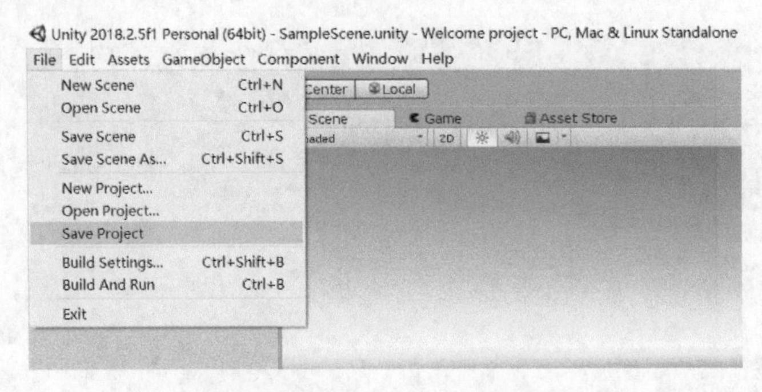

■ 图 2-8　项目与场景的保存

2.1.3　界面布局

在 Unity 编辑器的主界面中可以看到每个项目都有一个默认的场景（Sample Scene），在默认场景中自动加载了天空盒、主摄像机和一个平行光。编辑器主界面由菜单栏、工具栏以及不同的视图组成，如图 2-9 所示。

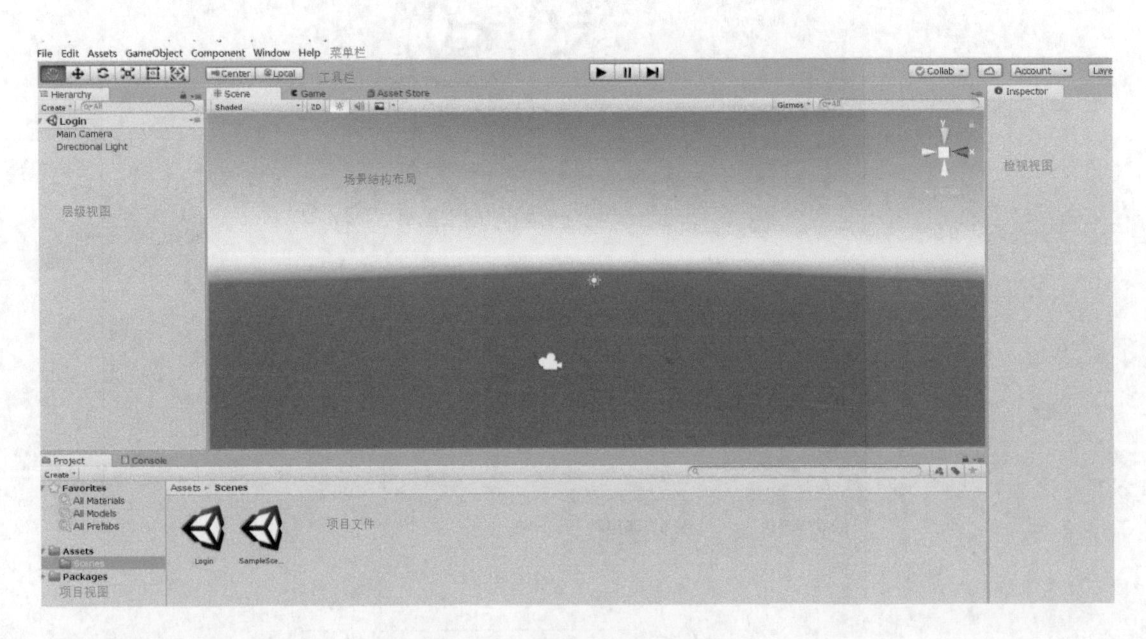

■ 图 2-9　编辑器主界面布局

编辑器主界面由若干个区域窗口组成，称为视图，每个视图都有固定的作用，分别是：

◆ Hierarchy（层级）视图：用来显示当前场景中所有对象，以及对象之间的层级关系。

◆ Scene（场景）视图：用来显示当前场景的布局，是构造游戏场景的主要区域。

◆ Game（游戏）视图：游戏渲染后的最后效果视图，即游戏发布后所看到的真实场景效果。

◆ Inspector（检视）视图：用来显示当前场景中所选择对象的主要属性与信息。

◆ Project（项目）视图：用来显示游戏工程的所有已有资源和可供选择的资源，如材质、音频、视频、脚本、外部建模模型等。

2.2 界面定制

Unity 编辑器主界面针对不同的视图会有一个默认的摆放位置，从上到下、从左到右分别为层级视图、场景视图、游戏视图、检视视图、项目视图，因为 Scene 场景视图是编辑器可视化场景搭建的主要区域，所以呈现出一个针对 Scene 场景搭建环境的包围布局，用户可以根据个人不同的爱好习惯和工作需求来改变不同的界面呈现方式。具体做法是通过主编辑器右上角“Layout”下拉列表实现不同的布局方式，如 2*3 的左侧两列右侧 3 列布局、4 等分、默认的包围 Scene 结构、Tall、Wide 等不同显示风格的布局，默认为 Default 格式的布局结构。图 2-10 所示为 Tall 风格布局界面。

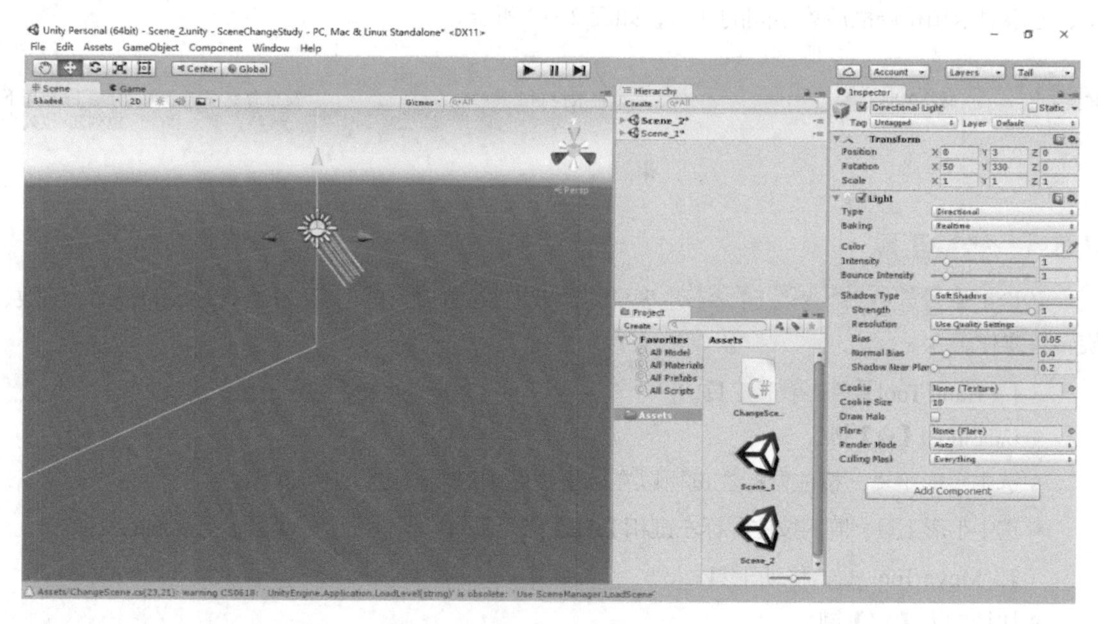

■ 图 2-10　Tall 风格布局界面

用户可以通过拖动视图边缘来改变视图的大小，或者用鼠标拖动视图到不同的位置等方式来随意改变布局。对于设置好的布局可以通过 Layout 中的“Save Layout”选项或菜单中的“Window”→“Layouts”→“Save Layout”命令来保存当前的布局，如图 2-11 所示。

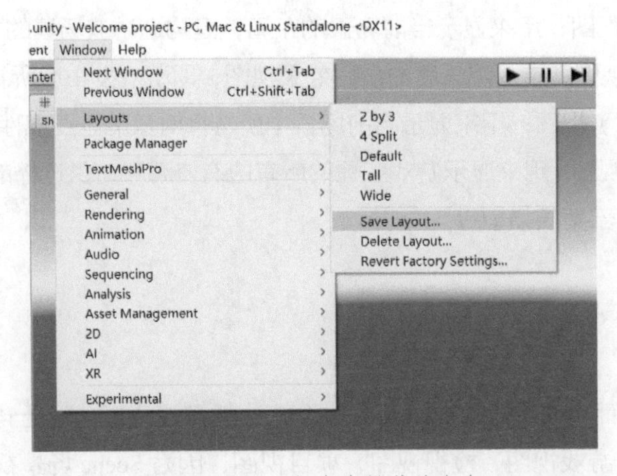

■ 图 2-11　保存布局菜单命令

2.3 工具栏

Unity 的工具栏位于 Unity 编辑器的下方，主要实现游戏对象的转换、游戏发布、连接账户信息、分层显示和布局摆放等不同的功能，如图 2-12 所示。

■ 图 2-12　工具栏

2.3.1　转换工具

转换工具 主要针对游戏对象进行操作，实现对游戏对象的移动、缩放、旋转等操作。

（1）Hand Tool ：手形工具。

◆快捷键为【Q】键。

◆选中手形工具，按住鼠标左键可以在场景视图中对场景进行平移操作。

◆选中手形工具，同时按住鼠标左键和【Alt】键可以对场景视图中的场景进行视角的变换。

（2）Move Tool ：移动工具。

◆快捷键为【W】键。

◆选中移动工具后，选中场景中的对象则可以对游戏对象在 X、Y、Z 三个轴上进行移动，如图 2-13 所示。

●红色：X 轴。

●绿色：Y 轴。

●蓝色：Z 轴。

◆移动方法：

●拖动对象可以分别沿着 X 轴或者 Y 轴或者 Z 轴进行移动。

●用鼠标按住中心点进行任意方式的移动。

●在检视视图 Inspector 中通过“Transform”→“Position”中的 XYZ 坐标来改变其位置。显示立方体游戏对象处于（−0.64，−1.2，−0.7）的坐标位置，如图 2−14 所示。

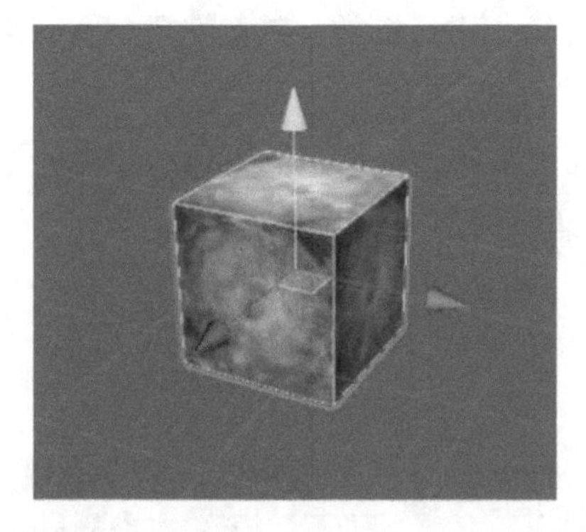

■ 图 2−13　立方体使用移动工具效果

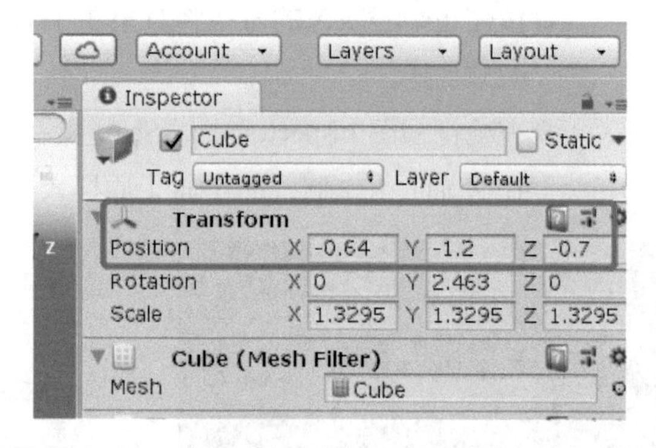

■ 图 2−14　游戏对象在属性面板中的位置坐标属性

（3）Rotate Tool ：旋转工具。

◆快捷键为【E】键。

◆选中旋转工具后，可以对场景中的游戏对象按照围绕方式进行旋转，如图 2−15 所示。

◆旋转方法：

●拉动轴线可以使对象分别沿着红色 X 轴或者绿色 Y 轴或者蓝色 Z 轴进行旋转。

●按住游戏对象的任意一个空白处，进行任意旋转。

●在检视视图 Inspector 中通过“Transform”→“Rotation”直接设定旋转的角度。显示立方体游戏对象沿着 X 轴旋转了 0.315°，沿着 Y 轴旋转 −313.58°，沿着 Z 轴旋转了 545.101°，如图 2−16 所示。

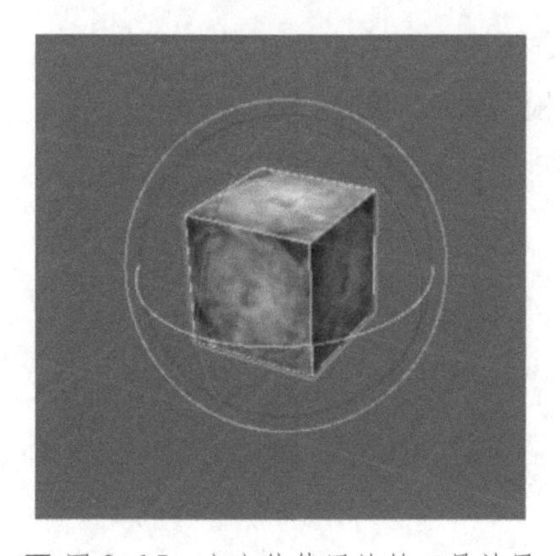

■ 图 2−15　立方体使用旋转工具效果

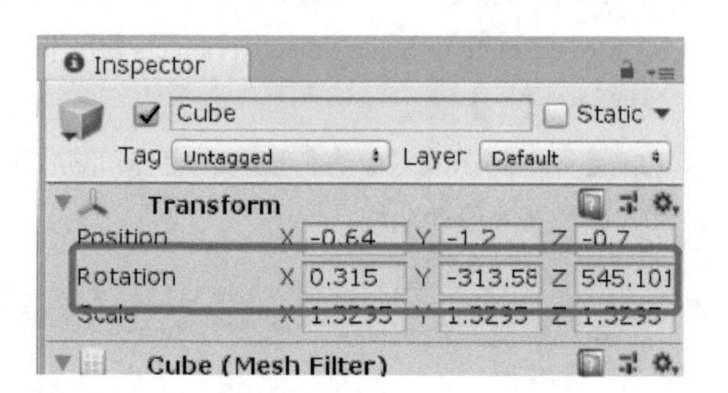

■ 图 2−16　游戏对象在属性面板中的旋转角度属性

（4）Scale Tool ：缩放工具。

◆快捷键为【R】键。

◆选中缩放工具后，可以对场景中的游戏对象按照坐标轴进行缩放，如图 2−17 所示。

◆缩放方法：

●可以拉动坐标轴上的小点，而使对象沿着某一个轴进行放大和缩小。

●按住正中心灰色的方块将对象在 3 个坐标轴上统一进行缩放，其实就是物体的整体缩放功能。

●在检视视图 Inspector 中对 Scale 检视视图属性进行修改。显示立方体游戏对象处于在 X 轴放大 2 倍，在 Y 轴上原样大小，在 Z 轴放大 2 倍，如图 2−18 所示。

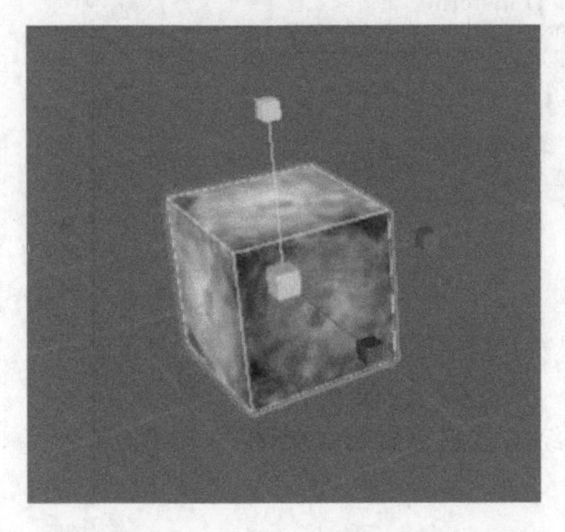

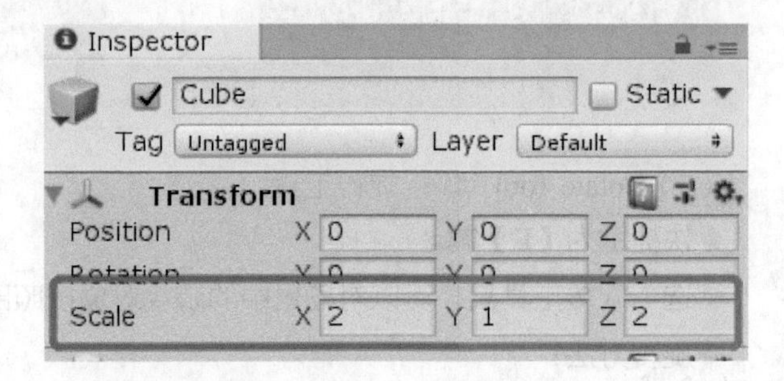

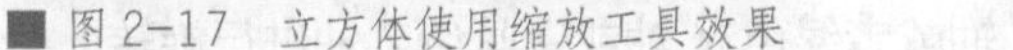

■ 图 2−17　立方体使用缩放工具效果

■ 图 2−18　游戏对象在属性面板中的缩放属性

（5）Rectangle Tool ：矩形工具。

◆快捷键为【T】键。

◆选中矩形工具后，可以看到游戏对象的矩形手柄，拖动手柄的边点可以对游戏对象进行相应方向上的缩放，如图 2−19 所示。

◆按住【Shift】键时无论拖动哪个边界点都是对物体进行等比例缩放。

◆同样道理，缩放也可以通过缩放工具或者 Inspector 检视视图中的 Scale 来设定。

（6）Move Rotate or Scale Selected objects ：同时移动、旋转或者缩放工具。

◆快捷键为【Y】键。

◆功能是同时对游戏对象进行移动、旋转和缩放功能，如图 2−20 所示。

●箭头为移动功能。

●小方块为缩放功能。

●红绿蓝三色圆环分别代表移动轨迹。

■ 图 2-19　游戏对象的矩形工具效果

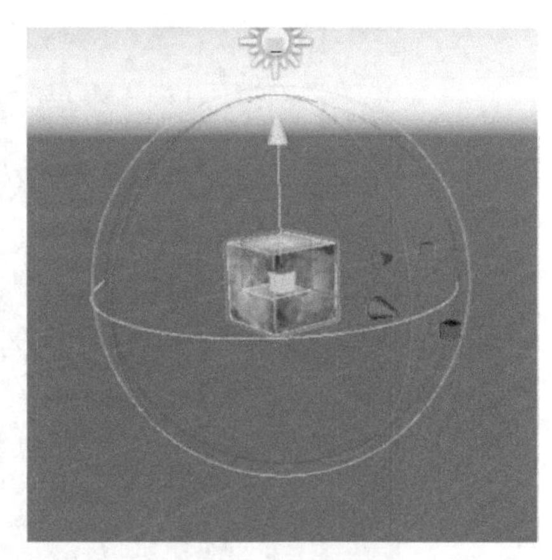
■ 图 2-20　游戏对象的效果

2.3.2　转换辅助工具

（1）Center/Pivot：显示游戏对象的中心参考点。

◆ Center：以所有选中物体所组成的轴心作为游戏对象的轴心参考点，一般用在多个物体的整体移动，是默认值。

◆ Pivot：模型坐标轴的真实位置。

（2）Global/Local：显示游戏对象的坐标方位。

◆ Global：所选中的游戏对象使用场景的坐标轴方位，即世界坐标系。

◆ Local：所选中的对象使用自己的坐标系。当一个游戏对象在进行了一定方向的旋转后自身坐标系就会发生变化，图 2-21 和图 2-22 所示分别展示 Rotation（60，30，90）的立方体在 Global 和 Local 坐标系的关系。

■ 图 2-21　Global 下的立方体坐标系

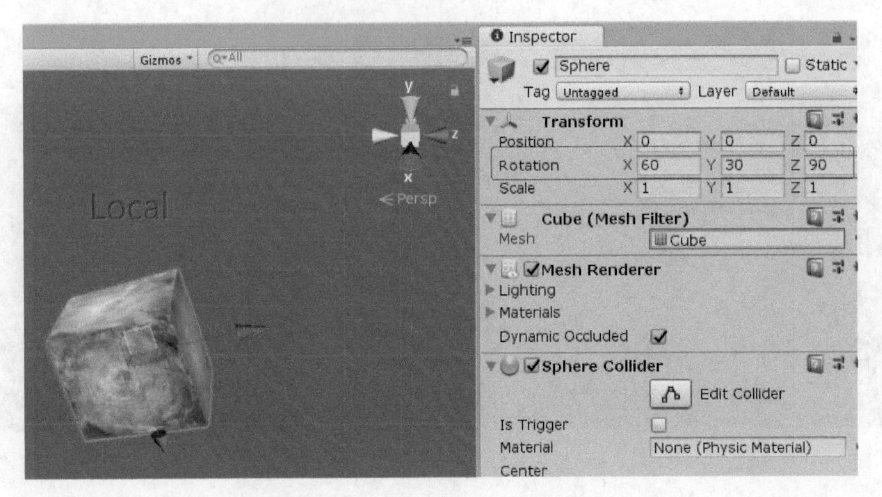

■ 图 2-22　Local 下的立方体坐标系

2.3.3　播放控制工具

播放控制工具是在游戏视图中对仿真游戏的控制功能。

（1）Play：当单击播放按钮时，就会激活 Game 游戏视图，呈现游戏仿真的运行画面效果，用户可以在编辑和游戏状态之间进行切换。在运行环境中，再次单击 Play 按钮，则游戏运行结束。

（2）Pause：单击暂停按钮，使得游戏暂停，编辑状态被激活，当游戏中有动画时效果比较明显，一切动画效果暂停，返回到场景视图。

（3）Step：单击步骤按钮，单步执行游戏，使得游戏可以按照逐步方式运行，可用于游戏调试功能。

2.3.4　其他辅助工具

其他辅助工具 Collab ▾ Account ▾ Layers ▾ Layout ▾ 用来控制与场景、发布、登录账户等信息有关的控制内容。

（1）Collab：协作控制，用来发布文件控制。

（2）：Unity 网络云端协助服务链接。

（3）Account：Unity 账户信息。

（4）Layers 分层下拉列表：用来控制游戏对象在 Scene 场景视图中的显示，在下拉列表中显示的物体才会在 Scene 中被显示出来，如图 2-23 所示。

（5）Layout 布局下拉列表：用来切换在 Unity 主界面中各视图的显示布局，用户也可以根据自己定制的布局来进行存储，如图 2-24 所示。

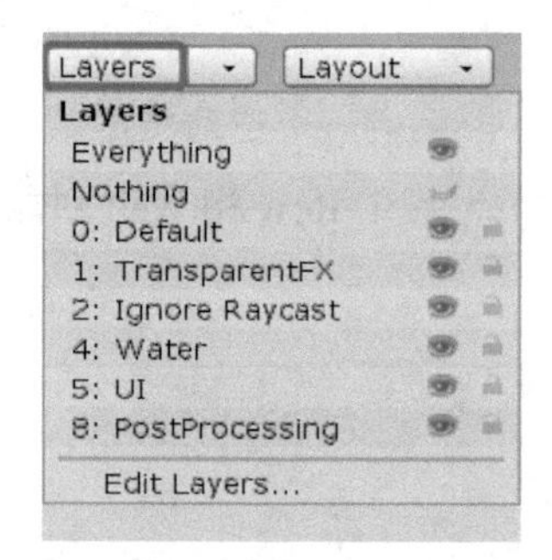

■ 图 2-23　Layers 分层下拉列表

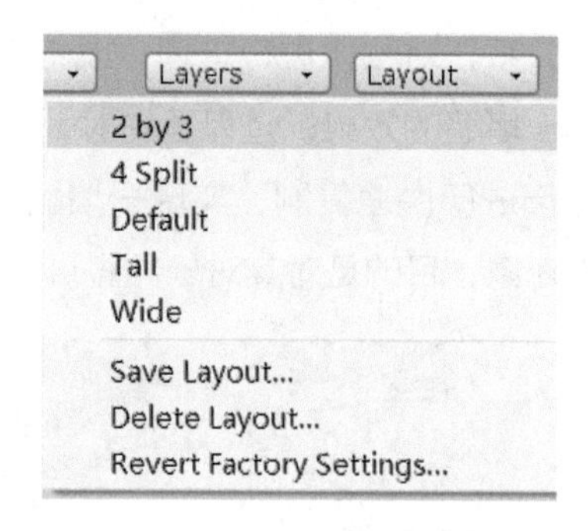

■ 图 2-24　Layout 布局下拉列表

2.4 常用视图

常用视图的认识和操作技巧是学习 Unity 的基础，各种操作技巧的熟练使用会提高在 Unity 中搭建场景的效率，本节将主要介绍 Unity 各种常用视图的界面布局以及相关操作技巧。

2.4.1 层级视图（Hierarchy）

层级视图用来显示当前场景中的游戏对象以及对象之间的关系，如图 2-25 所示。

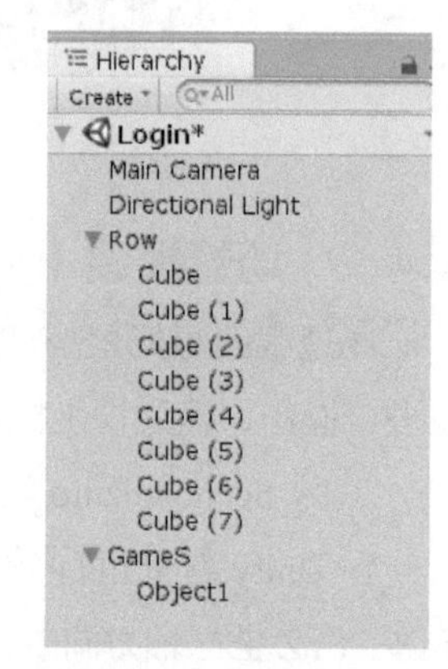

■ 图 2-25　Hierarchy 视图

在 Hierarchy 中除了能够看到对象的名字之外还能关注到对象之间的父子关系等内容，因此对于游戏对象的命名就至关重要，游戏对象的名称不仅可以清晰地表达层次关系，更能帮助用户便捷地查找所需的对象，在重命名时要参照为以下命名规则：

◆游戏对象名字要有一定的代表性，不能用无关的名字来表示。

◆游戏对象名字尽量不要用中文，很多软件编辑环境对中文的支持程度可能不是很好。

◆要有明确清晰的父子层次关系，尤其是当工程中有很多游戏对象时这一点更加重要，否则都堆在一起很难找到所需要的内容。

下面来学习一些在 Hierarchy 中的操作技巧：

◆【Ctrl+D】组合键：此操作可以快速地复制粘贴所选中对象，位置、材质、大小等其他相关属性完全相同。

◆【Ctrl+ 鼠标左键拖拉】：一般的鼠标拖拉可以实现任意位置的移动，但是对于位置的精准对齐却不容易，此操作以所选对象的大小为单位进行移动位置，实现快速对齐。

◆双击：在 Hierarchy 中双击某一个对象名称，可以实现此对象物体的快速对焦。

◆ CreateEmpty：空对象的使用在 Unity 的场景创建中比较常见，一般可以充当容器来实现父子关系，对物体进行管理，或者帮助用户实现某些特定的操作。例如，图 2-26 所示为创建一堵墙的效果，过程是先对一个立方体进行快速复制，然后用一个空对象做成一行，再对行进行快速复制，实现一堵墙（Cube → Row → Wall），其中 Row 和 Wall 对象都为其空对象，目的是对其对象内容进行层次管理。

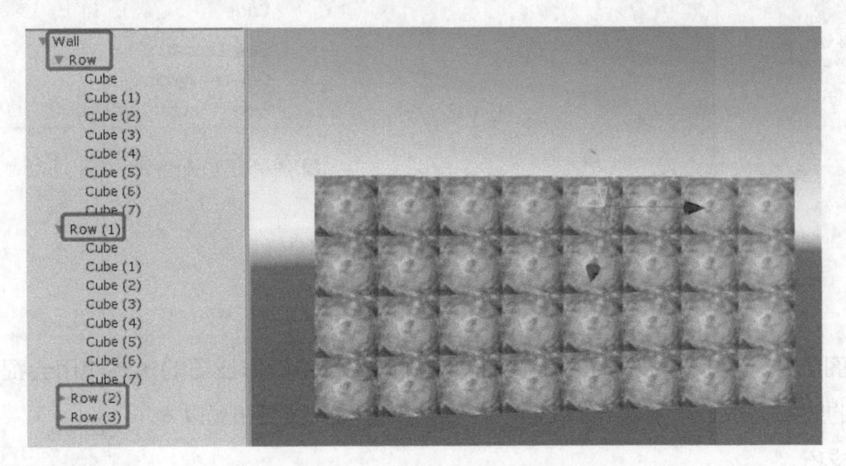

■ 图 2-26　用空对象和快速复制的效果

2.4.2　场景视图（Scene）

场景视图是场景搭建的主要区域，也是 Unity 常用的视图之一，用户可以在此区域对游戏对象进行操作，需重视坐标、视野等基本概念。

（1）Scene Gizmo 坐标工具。

在 Unity 右上角有个坐标指示图，即所说的 Scene Gizmo 坐标工具，如图 2-27 所示。分别表示 X、Y、Z 坐标轴方向的位置，需要注意：在一个项目开始之前都需要一个统一规定的坐标轴属性，在一个真实的三维空间中坐标决定着一个物体的位置，以及和其他物体的空间关系，只要符合自己的意愿和习惯就好。在坐标工具中有如下两种视觉坐标模式：

■ 图 2-27　Scene Gizmo 坐标工具指示图

◆ ISO（等角投影模式）：ISO 平行视野，不论物体距离摄像头远近，给人的感觉都是一样大的。

◆ Persp（透视视图）：是一种真实的三维空间效果模式，物体会有近大远小的效果。此模式是默认视野效果模式，建议用户使用 Perspective 透视视野模式，因为跟 Game 中呈现的界面效果相同。

在 Scene Gizmo 中还有六种场景的视角，如下所示：

◆ Top（顶视图）：单击 Y 轴正方向就会呈现出顶视图模式，顶视图是以目光朝向 Y 轴正方向为标准的视图模式，如图 2-28 所示。

◆ Bottom（底视图）：单击 Y 轴负方向就会呈现出底视图模式，底视图是以目光朝向 Y 轴负方向为标准的视图模式，如图 2–29 所示。

◆ Front（前视图）：单击 Z 轴正方向就会呈现出前视图模式，前视图是以目光朝向 Z 轴正方向为标准的视图模式，如图 2–30 所示。

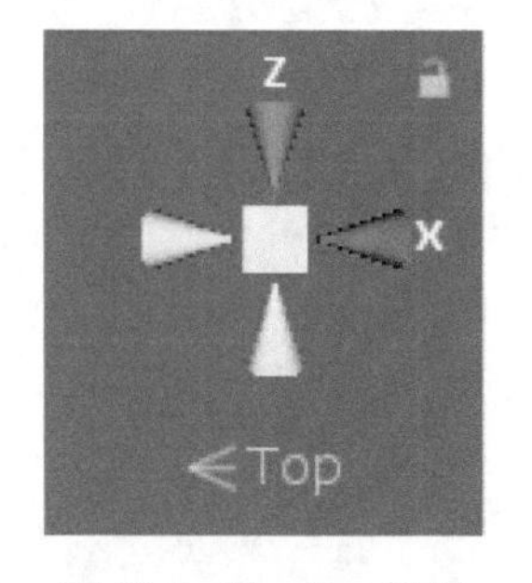

■ 图 2–28　Top 视图

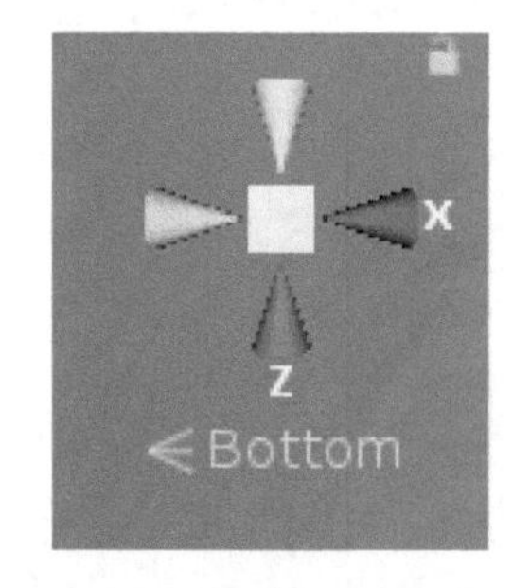

■ 图 2–29　Bottom 视图

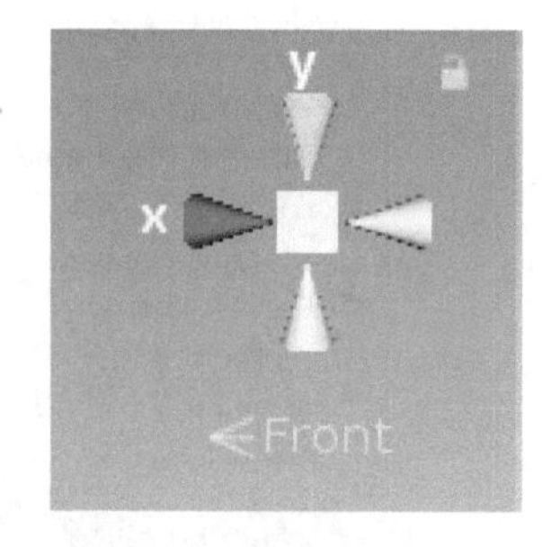

■ 图 2–30　Front 视图

◆ Back（后视图）：单击 Z 轴负方向就会呈现出后视图模式，后视图是以目光朝向 Z 轴负方向为标准的视图模式，如图 2–31 所示。

◆ Right（右视图）：单击 X 轴正方向就会呈现出右视图模式，右视图是以目光朝向 X 轴正方向为标准的视图模式，如图 2–32 所示。

◆ Left（左视图）：单击 X 轴负方向就会呈现出左视图模式，左视图是以目光朝向 X 轴负方向为标准的视图模式，如图 2–33 所示。

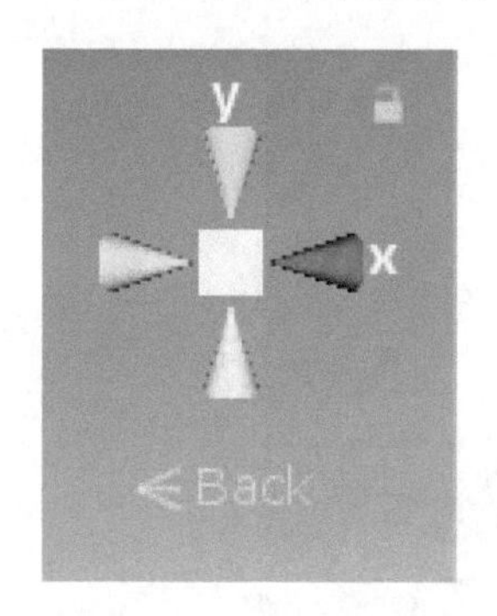

■ 图 2–31　Back 视图

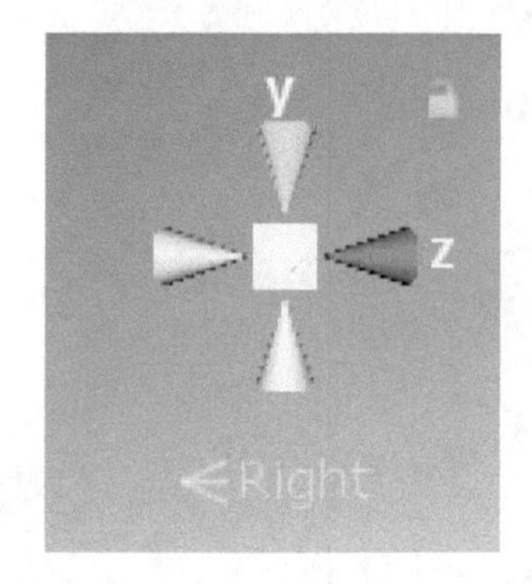

■ 图 2–32　Right 视图

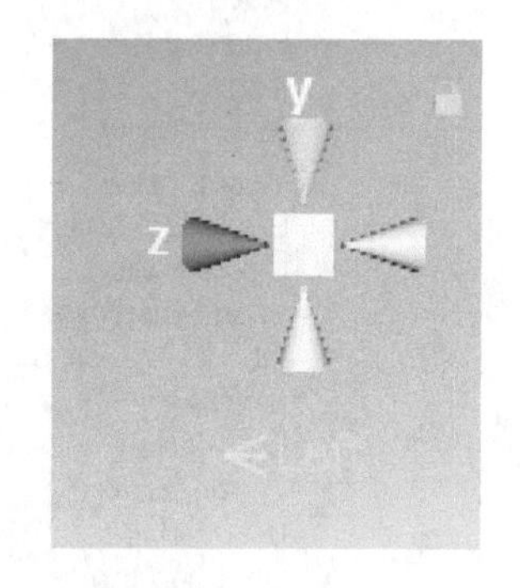

■ 图 2–33　Left 视图

（2）在 Scene 场景视图中还有 Scene View Controller（场景视图控制栏）。

◆ Shaded：可以给用户提供多种场景渲染显示模式，常用的 Shaded 模式是默认选项，需注意这些模式只改变在场景中的显示模式，不会改变 Game 中的最终显示效果。图 2–34 所示为场景渲染模式下拉列表。

◆ 2D：切换场景在 2D 或 3D 模式下进行视图构建。

◆ ☼：场景中的灯光开关。

◆ 🔊：声音开关。

◆ 🖼：切换天空盒、雾化效果、光晕等的显示与隐藏，默认为显示，如图 2-35 所示。

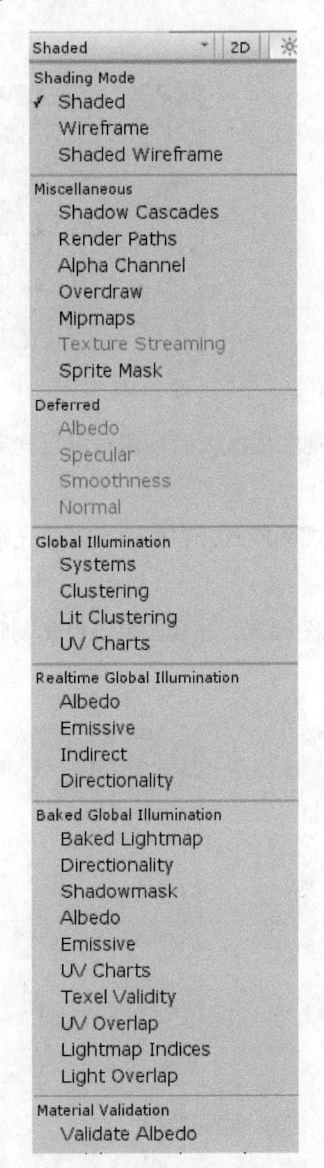

■ 图 2-34　场景渲染模式下拉列表

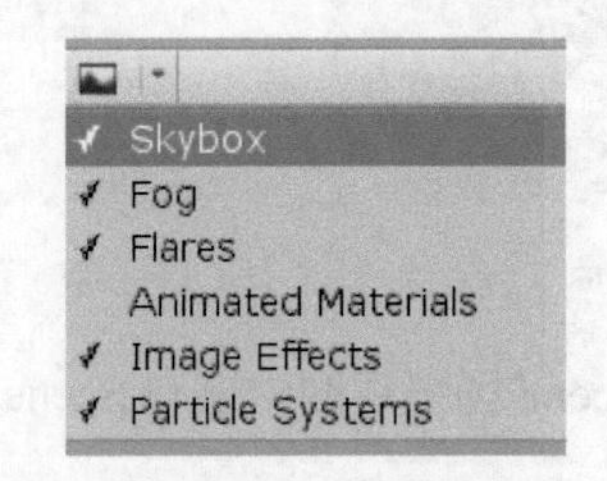

■ 图 2-35　其他效果的显示与隐藏

◆ Gizmos：显示或隐藏场景中用的光源、声音、动画、脚本等对象的图标。

◆ Q▾All：搜索框，用来查找相应的对象或者资源，在搜索框中输入要查找物体的名称，找到以后就会在 Hierarchy 上进行显示。例如，在搜索框中输入“Sphere”，则在 Hierarchy 中显示其相应的结果，如图 2-36 所示。

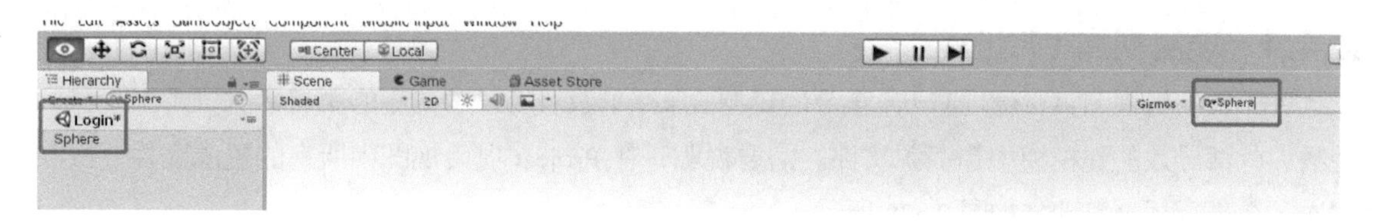

■ 图 2-36　搜索与显示结果界面

（3）在 Scene 场景视图中除了要重视视图坐标的关系之外还要注意一些操作上的基本方法，对这些技巧的熟练掌握可以提高场景构建过程中的效率，如下所示：

◆【Alt+ 鼠标左键】组合键——旋转空间角度：使用【Alt】键加上鼠标左键可以实现对 Scene 场景视图的方位转换，这样可以帮助读者从不同的角度观察场景中物体的位置。

◆鼠标滚轮拉动——拉近或拖动视点的位置：用鼠标滚轮可以推拉视点的位置，即放大或者缩小观察的视野，这一点在场景创建过程中是被经常使用的。

◆鼠标右键——旋转模型：用鼠标右键旋转操作可以旋转模型的方位，但区别于 Alt+ 鼠标左键的旋转。鼠标右键的旋转是以场景的中心点为中心旋转物体，而 Alt+ 鼠标左键是以物体为中心旋转场景，请读者自己体会其中的关系。

◆鼠标中键拖拉——平移场景：用鼠标的中间滚轮的拖拉可以实现对场景中物体的平移。

2.4.3　检视视图（Inspector）

检视视图是用来显示所选对象的属性和详细信息，一般包括每个对象都会有的位置、旋转、缩放属性，组件、碰撞体等信息，如图 2-37 所示。

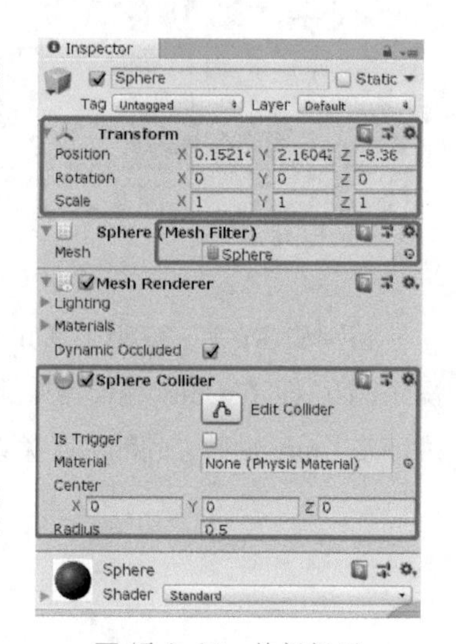

■ 图 2-37　检视视图

（1）Transform：是每个对象都会有的属性。包含：

◆ Position：三维坐标。

◆ Rotation：旋转角度。

◆ Scale：每个坐标轴的放大和缩小比例。

特别说明，在检视视图每个小面板中都有按钮，可以用来进行 Reset 重置、Remove 移除、Copy 复制等操作，如图 2-38 所示。Reset 后该物体就会被重置为初始状态，位置恢复到（0，0，0），在任何方向没有旋转和缩放。

（2）Mesh Filter：用来控制物体的外形，可以通过按钮来改变物体的形状。

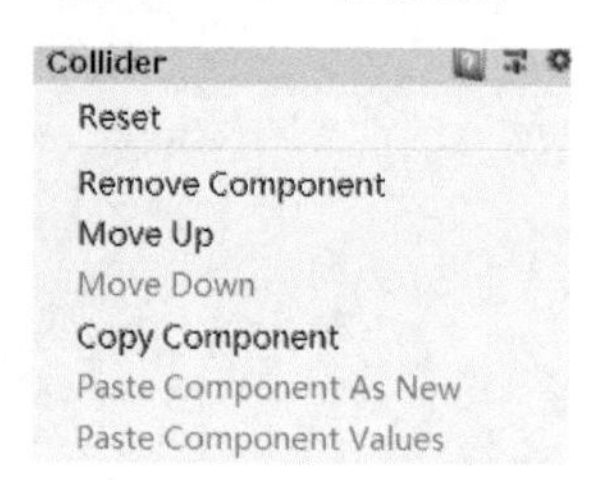

■ 图 2-38　检视视图中的设置按钮

（3）Collider：碰撞体面板，Mesh 碰撞体，为了防止物体被穿透，在后期的碰撞测试中，只有添加了 Collider 碰撞体属性才可以发生真实的碰撞效果。

（4）最下面为材质面板，可以用来设置物体的材质属性等。

2.4.4 项目视图（Project）

Project 项目视图负责管理 Unity 全部的资源，保存了游戏场景中使用的所有素材、脚本、音频、视频、外部导入的建模模型等资源文件。需要说明，在 Project 项目视图中所有的资源文件要按照层次关系进行规划整理，如图 2-39 所示。

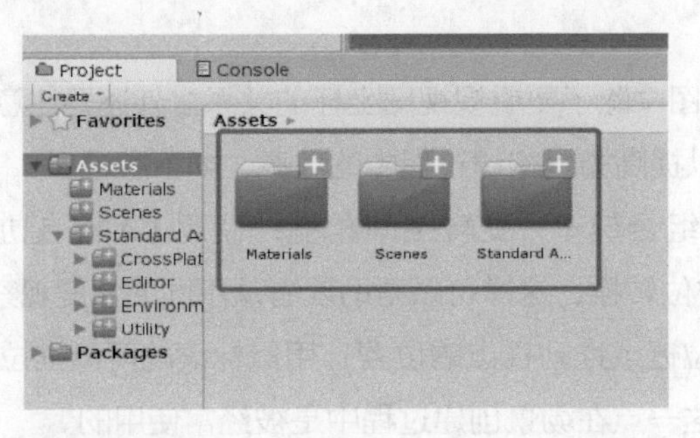

■ 图 2-39 Project 视图中的文件夹层级关系

Project 项目视图中的所有资源文件都放在一个为 Assets 默认文件夹中，如果需要在一个项目中查找某一个文件，可以通过 Project 项目视图中的搜索框进行搜索。在 Project 中搜索所有带“rock”的资源的结果界面，如图 2-40 所示。

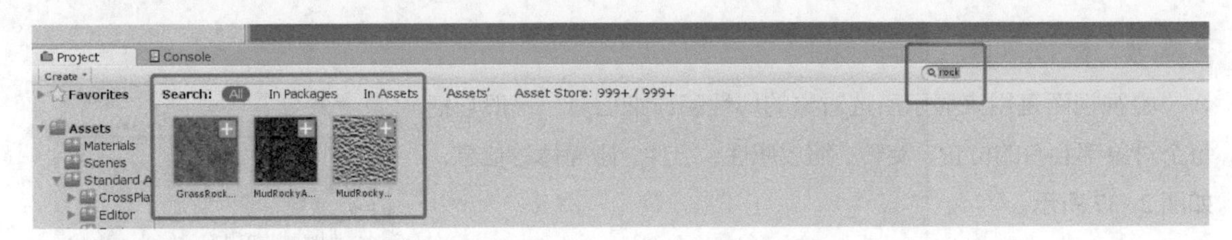

■ 图 2-40 Project 搜索结果

特别注意：用户应该在 Unity 内部的 Project 项目文件夹中对文件资源进行移动或者重命名等操作，切不可在 Unity 编辑器外部进行文件的移动、重命名或删除等操作，以免造成不必要的麻烦，破坏了 Unity 文件之间的关联关系，有可能出现因 Unity 工程的破坏而打不开的现象。

第3章 Unity 快速入门

本章结构

Unity 中基本游戏对象、天空盒、摄像机、预制体等内容是构建游戏场景中的重要组成部分，本章重点介绍在游戏构建中经常使用到的一些基本游戏对象，并介绍在 Unity 中天空盒、摄像机和预制体的主要功能及相关属性，并详细阐述了天空盒材质球和预制体资源的生成、导出和导入过程。本章中还将重点介绍游戏对象的 Rigidbody 和 Collider 的物理属性及各参数的主要含义，并且以一个实践案例加深学习，综合了游戏对象、天空盒和物理属性的使用等内容。本章知识结构如图 3-1 所示。

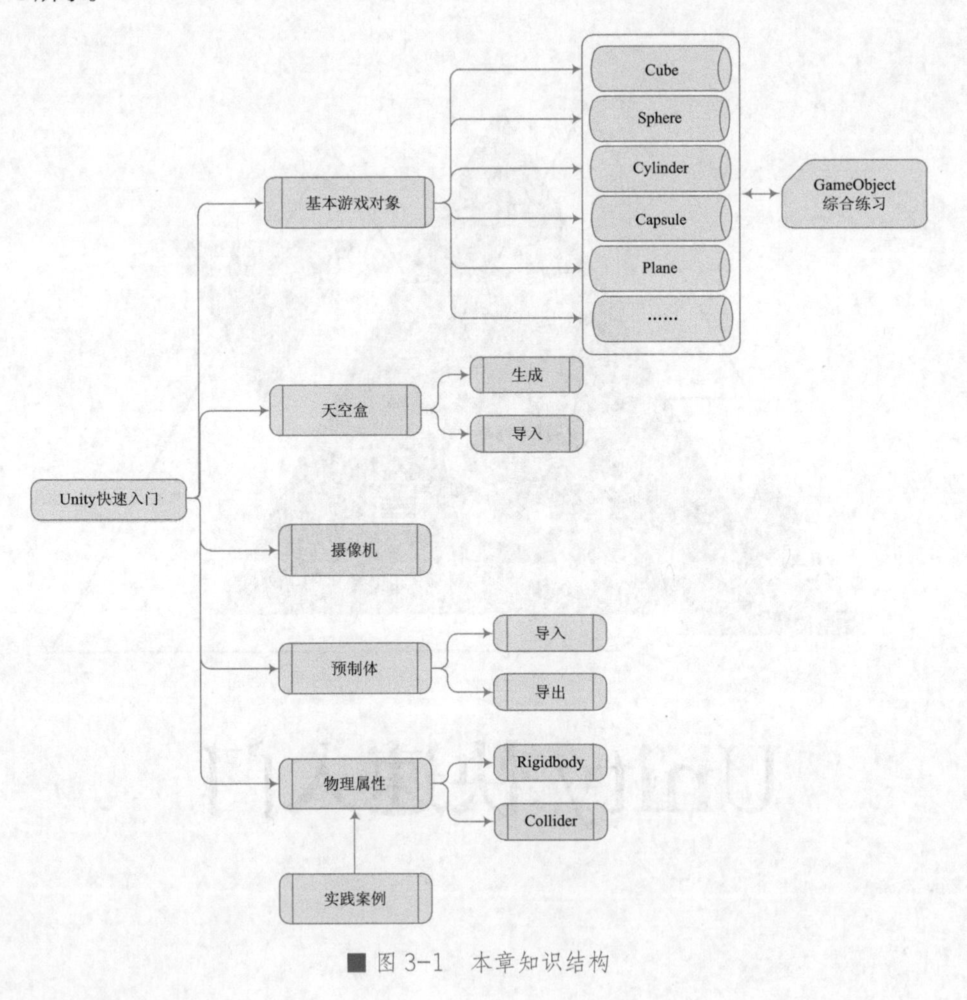

■ 图 3-1　本章知识结构

学习目标

1. 掌握 Unity 的基本游戏对象及特征。

2. 掌握游戏对象之间通过 Empty 创建的父子关系。

3. 了解在 Unity 中利用基本对象形成预制体的过程。

4. 掌握 Unity 中预制体等资源的导入与导出过程。

5. 熟悉在 Unity 场景中 Camera 的设定及视图的关系。

6. 掌握 Rigidbody 等各个组件的基本作用。

3.1 基本游戏对象

在 Unity 的场景构建中除了使用外部建模模型之外更重要的需要用到一些基本的游戏对象，例如，Cube 立方体、Sphere 球体、Capsule 胶囊体、Cylinder 圆柱体、Plane 平面、Quad 小方块等，除此之外，还有天空盒、摄像机和预制体等基本元素。本节重点围绕 Unity 中常用的几种对象展开介绍，详细介绍各种对象的基本特征和使用方法等内容。

3.1.1 创建方法

在 Unity 主编辑器中有两种添加 GameObject 的方法：

（1）通过“GameObject”菜单中的 3D Object 子菜单添加，如图 3-2 所示。

（2）在 Hierarchy 中右击，通过弹出的快捷菜单选择 3D Object 中的对象，如图 3-3 所示。

需要说明的是刚刚创建的对象，可能位置不在初始值（0，0，0），这跟创建时的操作对象和鼠标的位置有关，因此一般在创建完成以后需要在 Inspector 中针对 Transform 进行 Reset 的初始化操作，保证其位置在中心原点之后再进行其后续的操作。

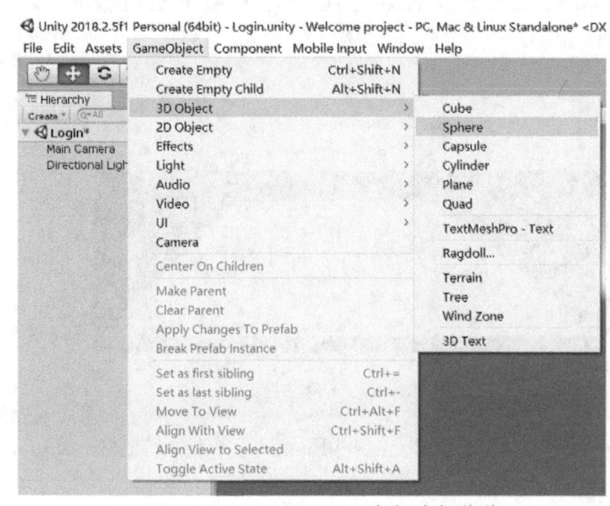

■ 图 3-2　GameObject 游戏对象菜单

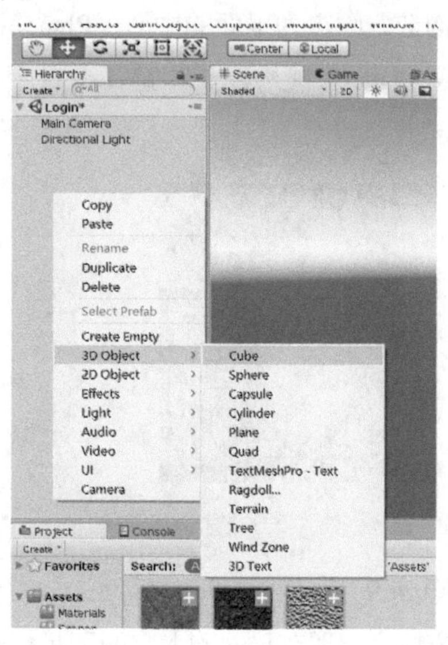

■ 图 3-3　Hierarchy 中右击添加 GameObject

3.1.2 基本对象

（1）Cube 立方体。图 3-4 所示为初始状态的立方体对象，初始位置为（0，0，0），在场景中有时候添加一个游戏对象的时候其初始状态不是坐标原点，需要在 Transform 中进行统一的 Reset。

Cube 立方体默认大小为 1×1×1，原点位于立方体的中心，即立方体的边界分别为 -0.5 和 0.5 的位置。

（2）Sphere 球体。图 3-5 所示为初始状态的球体对象，同样道理需要进行 Transform 的 Reset。Sphere 的原点为球体的中心，默认半径为 0.5。

（3）Capsule 胶囊体。图 3-6 所示为初始状态的胶囊体对象，原点位于胶囊体的正中心。默认状态下横切面为半径 0.5 的圆，高度为 2。

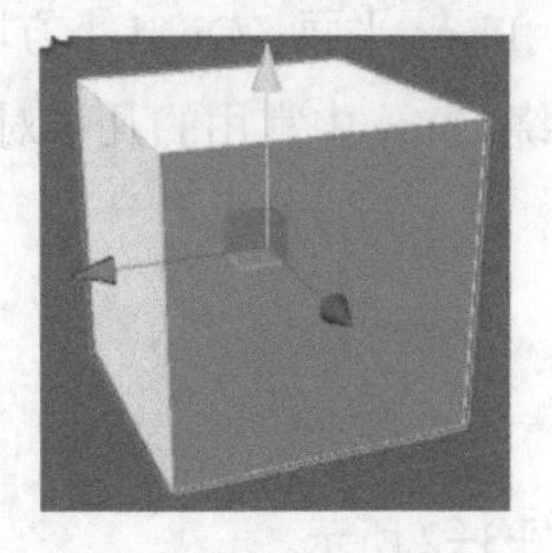

■ 图 3-4　立方体对象

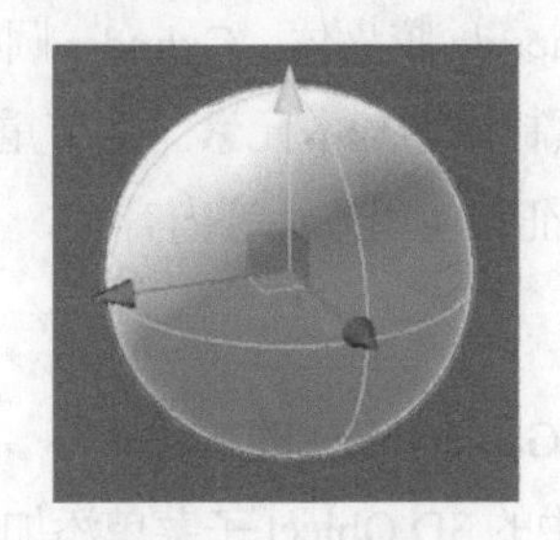

■ 3-5 球体对象

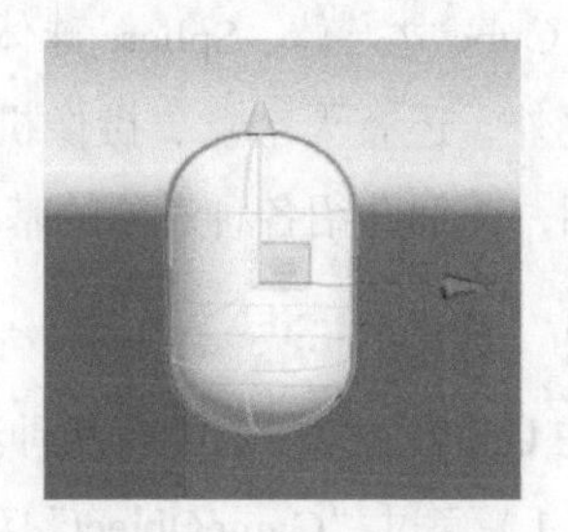

■ 图 3-6　胶囊体对象

（4）Cylinder 圆柱体。图 3-7 所示为初始状态的圆柱体对象，原点位于物体的中心点。默认状态下横切面为半径 0.5 的圆，圆柱体的总高度为 2。

（5）Plane 平面。图 3-8 所示为平面对象，平面 Plane 的功能就像一个地板可以用来辅助场景的构造，原点为平面的中心。Plane 由 10×10 的小方块组成，即 Plane 平面长和宽都是 10。需要注意 Plane 只能构建长和宽，没有厚度，即在 Scale 放大比例上可以对 X 和 Y 进行放大，Z 值只能是 1。

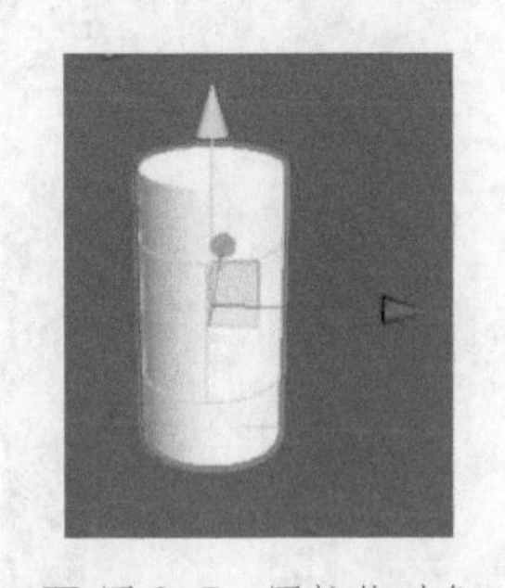

■ 图 3-7　圆柱体对象

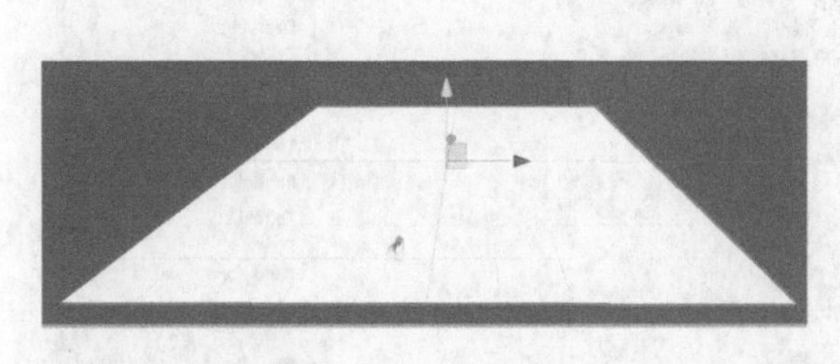

■ 图 3-8　平面对象

图 3-9 所示为在 Plane 平面上放着的一个立方体。此时已经把 Plane 的 Y 值设置为 -0.5，因此立方体会出现在平面的上方而不是穿过平面。

■ 图 3-9　带有材质的 Plane 与 Cube

需要说明的是 Plane 在 Unity 中只能渲染其正面，Plane 的背面在 Unity 中是渲染不出来的。图 3-10 所示为图 3-9 所示场景的 Bottom 视图，可以看到 Plane 不能正确渲染，而出现透明效果。

■ 图 3-10　Plane 不能渲染背面的效果

（6）Quad 小方块。Quad 小方块其实是 1 × 1 的平面，其余属性设置与 Plane 相同，只能渲染正面，不能渲染背面。图 3-11 所示为 Plane 上的 Quad。

■ 图 3-11　带有材质的 Plane 上的 Quad

（7）Empty 空对象。在 Unity 中有一种对象是空对象，一般使用空对象管理某些对象，使其具有某种父子关系，从而在后期提高管理效率。例如，生成一个棋盘和棋子的模型或者用砖块堆成的一面墙的模型都可以用空对象来进行管理，方便后期场景中的使用、操作和统一管理。

3.1.3 GameObject 组合案例

本节综合应用以上 GameObject 的各基本游戏对象，设计一个简单的案例场景，目的就是为了熟练各种对象的创建、属性以及关系的设定。

（1）案例效果。本案例使用了 Plane、Cube 和 Sphere 等基本对象，在一个 Skybox 天空背景下，用一个 Plane 衬托了两个完全一样的对称造型。案例效果如图 3-12 所示。

■ 图 3-12 案例效果示意

（2）准备工作：

◆本案例应用了 Skybox，另外还需要一些图片作为材质的素材。因此需要在 Image 文件夹中导入一些图片。

◆在 Materials 文件夹中创建几个不同的材质以备用。

（3）基本过程：

◆调整 Scene 视图 为坐标的透视视图模式。

◆导入一个 Day Skybox 天空盒资源包，并应用到场景中。

◆在 Hierarchy 层次视图中右击，在弹出的快捷菜单中选择“3D Object”→“Plane”，创建一个 Plane 对象，并将刚才已经创建好的材质直接拖入 Plane 对象，应用地板材质样式，如图 3-13 所示。

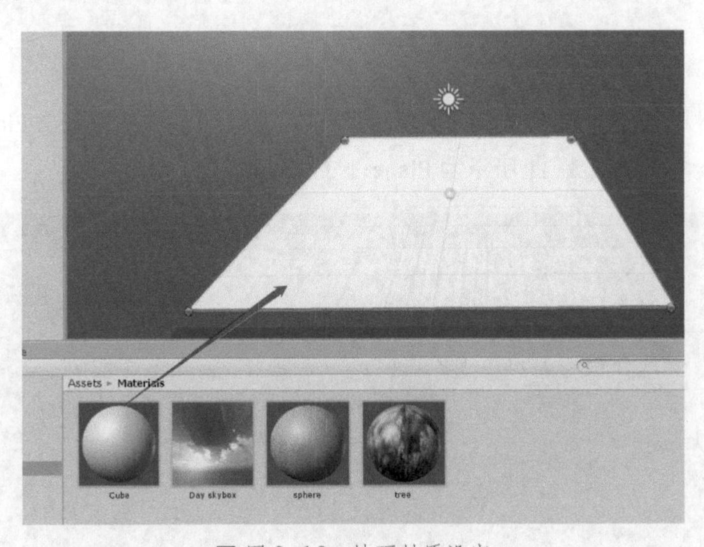

■ 图 3-13 地面材质设定

◆在 Hierarchy 中继续创建一个 Cube。

● Transform 中进行重置位置。

●应用其中一个材质。

● Plane 的原点是位于立方体的中心位置，因此设置 Plane 的 Y 值为 −0.5，往下放，以保证立方体的正确位置。效果如图 3-14 所示。

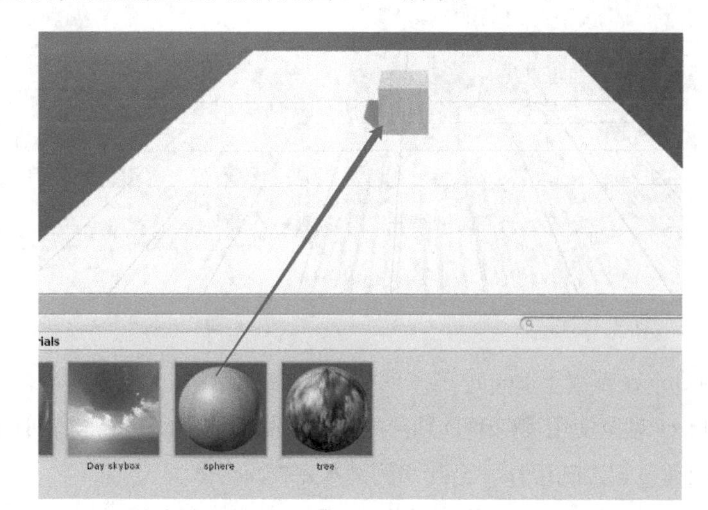

■ 图 3-14　加入立方体效果

◆使用【Ctrl+D】组合键将 Cube 排列成墙体形状。并使用【Ctrl+ 鼠标左键】的组合拉动立方体，使得位置能够以 Cube 的大小为单位进行移动，提高操作效率。

◆下面要完成八个方块一行的过程。

●首先要八个小方块为一行。一个复制粘贴成两个，两个复制粘贴四个，四个复制粘贴成八个，并统一安排位置。

●创建 Empty 对象，并重命名为 Row，来管理第一行，将 Cube 到 Cube7 都拖入 Row 中，称为子对象，如图 3-15 所示

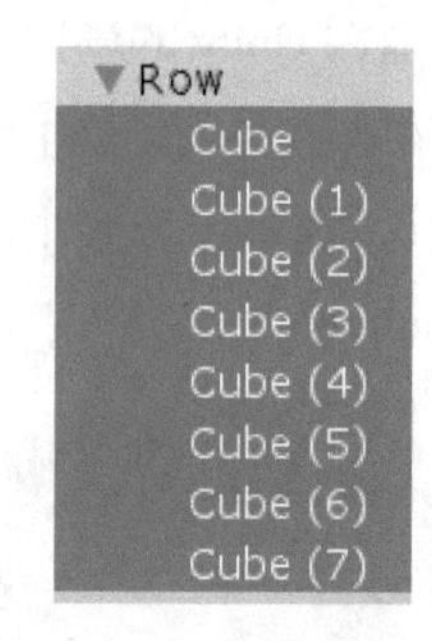

■ 图 3-15　立方体基石创建中的父子关系

◆在 Hierarchy 中创建一个圆柱体 Cylinder，命名为 Column1，加上一个不同的材质。调整 Cylinder 的位置，使其摆放在立方体基石的上方。

◆选中 Column1 使用【Ctrl+D】组合键来快速复制粘贴出 Column2，并放在与 Column1 对称的位置，如图 3-16 所示。

◆创建一个 Empty 对象，对 Column1 和 Column2 进行统一管理，命名为 Column。

◆选中 Row，利用【Ctrl+D】组合键快速复制另一个 Row，并且使用【Ctrl+ 鼠标左键】沿着 Y 轴进行位置对齐。

◆再创建一个 Sphere 对象，并应用一个不同的材质。放置于两个 Row 的上方，如图 3-17 所示。

■ 图 3-16　初步效果

■ 图 3-17　一个基本的造型

（4）把所有的 Object 都置于 Empty 的子对象，形成一个整体的管理对象。

（5）整个 TObject 对象使用【Ctrl+D】组合键快速复制粘贴。与上一个 TObject 形成位置上的对称。并在 Z 轴上有位置上的位移。至此案例基本完成。

说明：场景的制作过程基本都是从简单到复杂。因此从一个点开始，慢慢扩大场景的构建过程。

3.2 天空盒

天空盒在 Unity 的场景中起着至关重要的作用，天空盒可以渲染场景进入一个更加逼真的效果，并且在有些游戏场景中可以提高游戏的视觉效果和仿真度。

在默认的 Unity 场景中都会有一个默认的天空盒，就是上方为蓝色，下方为黑灰色的场景天空盒 Default Skybox，如图 3-18 所示。

■ 图 3-18　默认天空盒效果

在菜单工具栏中选择“Windows”→“Rendering”→“Lighting Settings”命令，会弹出 Lighting 的设置窗口，其中第一项就为 Environment 的 Skybox Material，里面指定了使用的 Skybox 资源名称，默认为 Default Skybox，如图 3-19 所示。

如何制作一个天空盒，其实天空盒（Skybox）是一种特殊的材质球，材质球是由六个面组成的一个 Box，因此在生成天空盒的时候需要一些素材，就是生成 Box 的六个面的图片，如

图 3-20 所示。

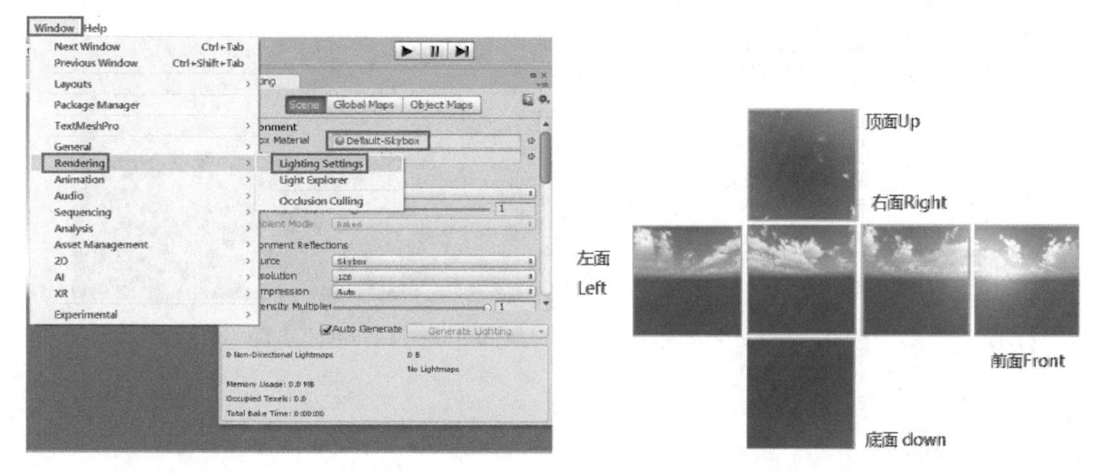

■ 图 3-19　Default Skybox　　　■ 图 3-20　Skybox 材质球

具体过程如下：

（1）导入六张素材分别表示上、下、左、右、前和后的图片。图片之间需要无缝对接，因此在准备素材时需要使用广角摄像机或者可以利用鱼眼摄像机进行拍摄，或者使用 3d Max 等一些专业的软件来生成所使用的六张图片。

（2）在 Assets 中创建一个 Materials 文件夹，用来保存所有的材质文件。

（3）在 Materials 中新建一个材质，命名为 Day Skybox。

（4）对材质进行六个边的着色方式改变。选中材质，在右侧 Inspector 属性面板中选中“Shader”，选择“Skybox”→“6 Sided”命令，设定材质为六个面的 Skybox，如图 3-21 所示。

（5）在 Skybox 材质的属性面板中分别指定六个面的每一张图片。

- Front：02。
- Back：00。
- Left：04。
- Right：05。
- Top：01。
- Bottom：03。

（6）此时在材质球的预览窗口中可以通过鼠标拖动来预览材质球的效果。

（7）应用材质。选择“Windows”→“Rendering”→“Lighting”命令，在弹出的 Lighting Settings 面板中设置应用“Day Skybox”材质，或者直接把 Day Skybox 新材质球拖入场景中。效果如图 3-22 所示。

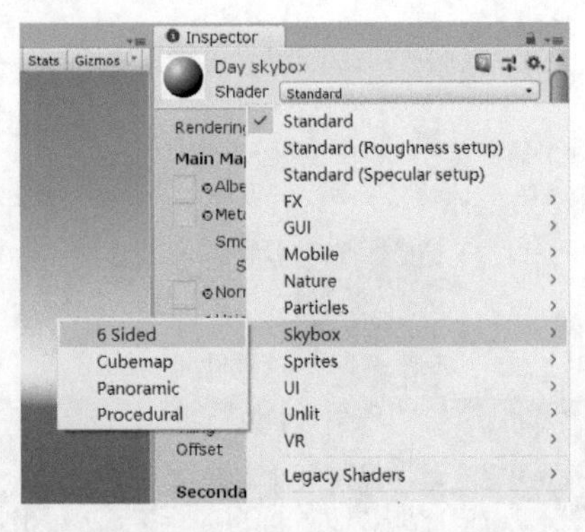

■ 图 3-21　Skybox 材质设定

■ 图 3-22　应用新天空盒的场景效果

3.3 摄像机

摄像机是捕获和显示世界的主要工具，在 Unity 的新 Project 中会有一个默认的 Main Camera，主摄像机决定了游戏的视角，在 Scene 中单击 Main Camera 会在 Scene 场景视图的右下角显示摄像机的预览小窗，即 Game 游戏视图的主要窗口信息。

摄像机的 Projection 投影分为两种：Perspective 透视和 Orthographic 正交。其中透视投影会有近大远小的视觉感，而正交投影摄像机会均匀地渲染物体，没有透视感，一般 3D 场景使用透视投影的摄像机，而 2D 游戏的场景使用正交的摄像机。

在后期的游戏中会加入很多动作过程，在动画实现中主摄像机要追随一个固定的物体进行视角移动，否则画面真实感不强。摄像机跟随是动画中常用的一个方法，可以更好地仿真现实世界的场景，即用户的视野随着物体的运动而不断变换，提高真实的体验感。

3.4 预制体

预制体 Prefab 是 Unity 中的一种资源类型，可理解为 Unity 的对象模型，可以被用来重复实例化的对象，只要在场景中对 Prefab 实例化出来的对象有任何的修改，可以通过“Apply”进行应用，即更新预制体。

预制体必须来源于具体的游戏对象，因此不能是空白的 Prefab，只能是从场景中生成或者从外部导入。下面将第 3.3 节中创建的对象用预制体的概念来实现。

（1）在 Assets 中创建一个 Prefabs 文件夹。

（2）从场景中把 TObject 用鼠标拖动到 Prefabs 文件夹中，如图 3-23 所示。

（3）此时会发现在 Hierarchy 层次视图中 TObject 变为蓝色，并且在 Prefabs 中会有解析之后的对象模型。其实 Prefabs 可以看作一个容器，把很多资源都整理在一起的一个容器，是一个模板，如图 3-24 所示。

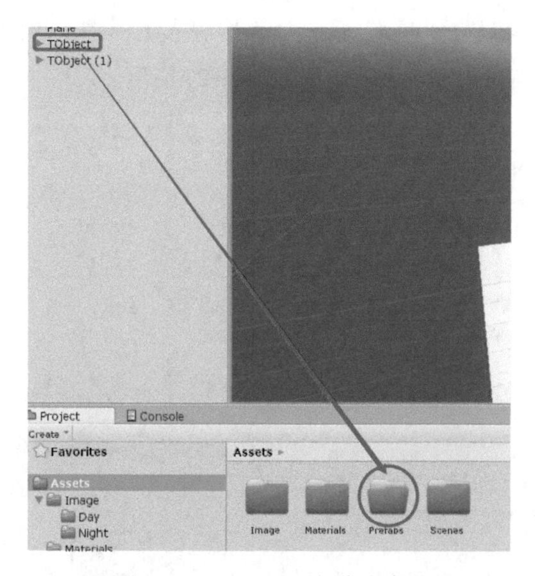

■ 图 3-23　Prefab 预制体生成过程

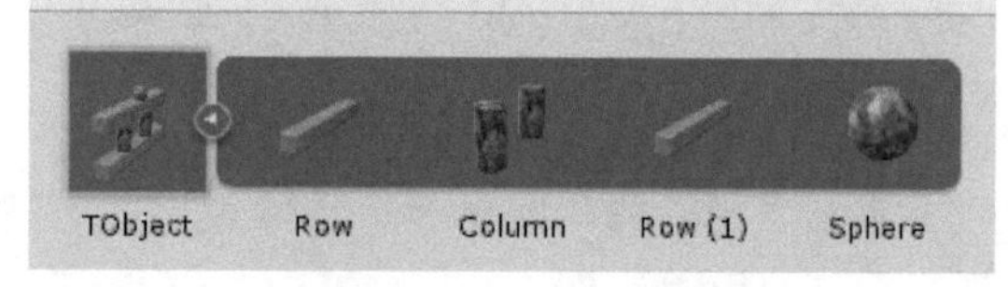

■ 3-24　Prefabs 预制体游戏模型

（4）从 Hierarchy 中把 TObject1 删掉。

（5）从 Prefabs 文件夹中把 TObject 预制体中拖入层次面板中，则在原位置就会出现一个 TObject 预制体的新实例模型，重新摆放位置。

（6）预制体信息的改变。预制体资源其实就是一个模板资源，如果预制体中某一个属性或者内容发生变化，一定要在属性面板中单击“Apply”应用按钮 Apply ，应用到模板上，即对其他实例化的对象进行更新。例如，在一个 TObject 中对 Sphere 进行形状变化，在 Sphere 属性面板的“Mesh”进行重新选择，选择为“Cylinder”，在没有“Apply”之前，是一个 Sphere，一个 Cylinder，但是在“Apply”之后，信息都会有变化。

（7）预制体导出。对于已经完成的预制体可以从 Unity 中导出为资源包，方便其他平台或者用户使用。方法是选中并右击预制体，在弹出的快捷菜单中选择“Export Package”命令导出资源包，并保存到相应的目录，格式为 unitypackage 类型。后期如果需要 TObject.unitypackage ，可以通过“Import Package”进行资源导入，导入内容为对象所需的所有资源，包括材质、图片、组件、脚本等基本信息，如图 3-25 所示。

（8）资源包的导入。资源包的导入有两种方法：一种是直接在 Assets 中右击，在弹出的快捷菜单中选择“Import Package”→“Custom Package”命令导入 UnityPackage 或者选择“Import New Assets”命令导入 FBX 等其他建模工具的模型文件；另一种是直接将资源包文件复制到相应的文件夹下。下面分为两种方式操作。

◆新建一个 Project，命名为 Load Object。

◆第一种方法，在 Assets 中新建一个文件夹，并命名为 BasicObject。然后直接从资源管理器中将“TObject”资源包拖入 BasicObject 文件夹中。会显示是否需要 Import 的操作提示，过程如图 3-26 所示。单击“Import”按钮，将“TObject”预制体直接导入工程中，包括预制体所需的素材，以及素材所需的图片等信息。导入后的界面如图 3-27 所示。

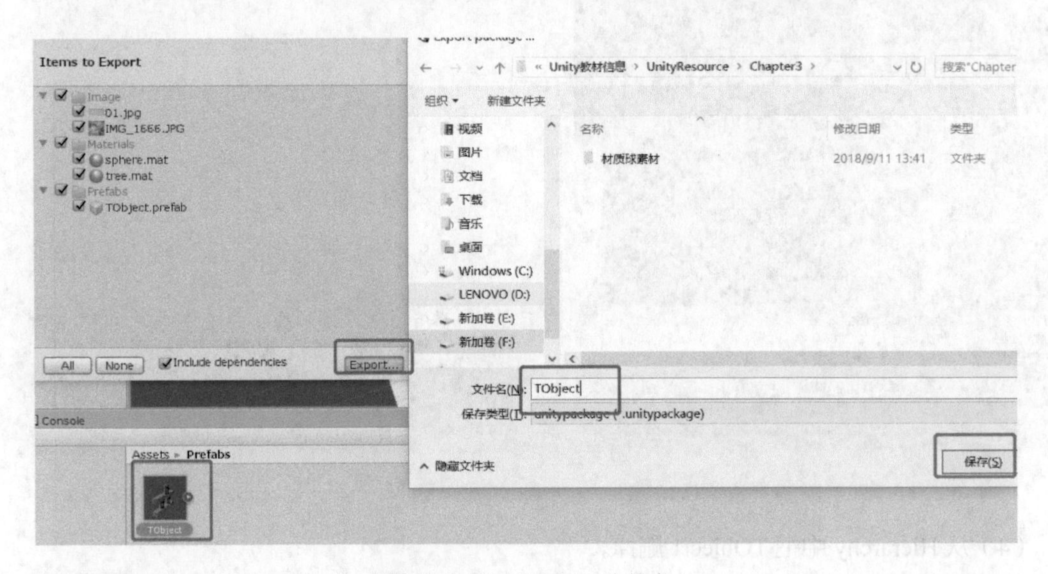

■ 图 3-25 Prefabs 的导出

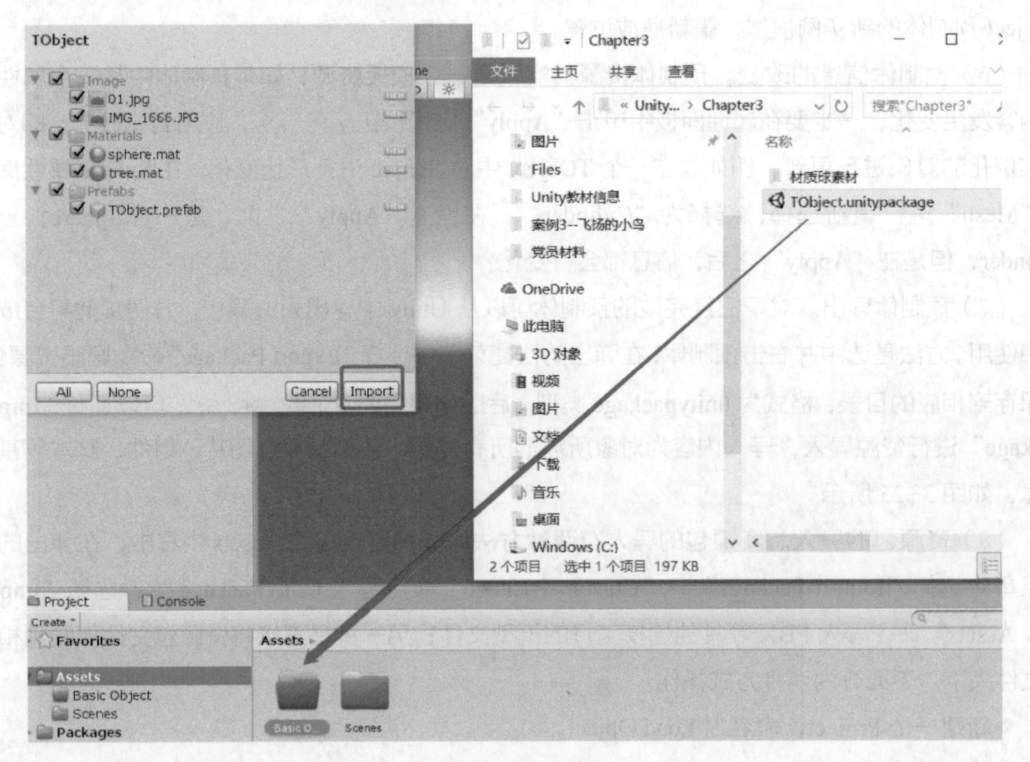

■ 图 3-26 直接拖入的 Import 过程

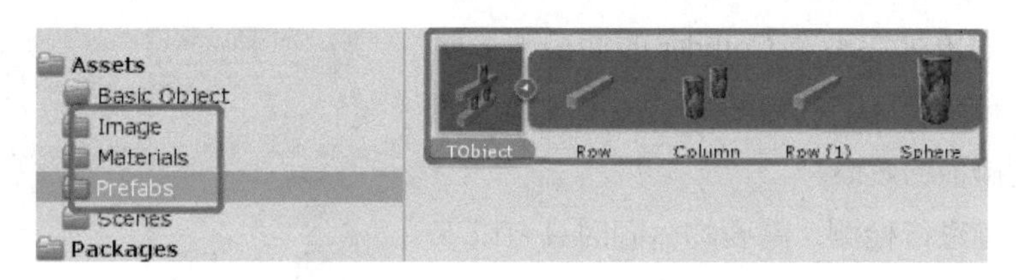

■ 图 3-27　导入后的界面

◆第二种方法，是使用 Import New Assets 方法。第一种方法适用于任何模型。但是右键菜单中的“Import New Assets ”和“Import Package”命令代表不同的操作对象，Import Package 只用于导入扩展名为“unityPackage”的文件模型，而“Import New Assets”可以导入任何格式的模型。图 3-28 所示为导入战车资源的过程。

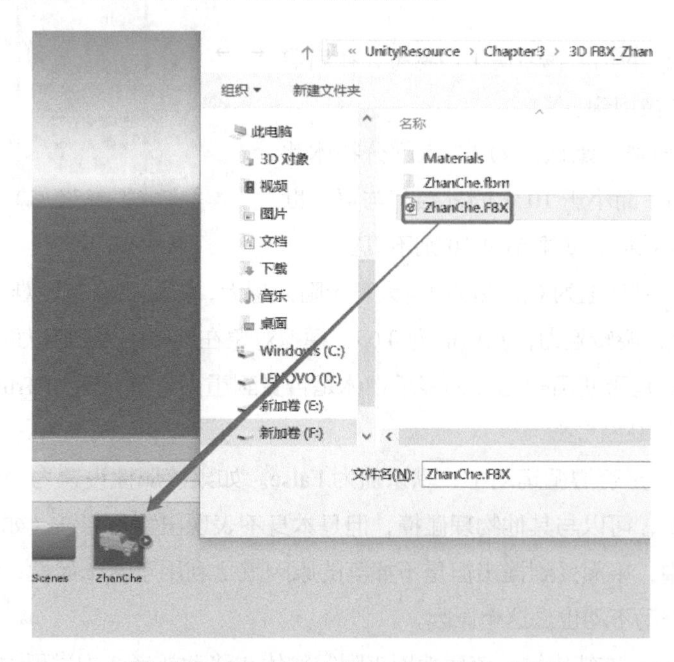

■ 图 3-28　Import New Assets 导入资源

3.5 物理属性

如果组件想要一种更加真实的仿真效果，则必须具有相应的物理属性，常用的物理属性如刚体、各种形式的碰撞体以及关节等组件。一般情况下，如果在运动过程中需要有物体之间的碰撞信息，必须具有刚体以及碰撞体等物理属性。

给物体添加物理属性的方法：选中物体对象→ Add Component → Physics →相关属性。一般情况下，对象在创建初期就会具有一个跟形状相配套的 Collider 碰撞属性。例如，Cube 具有 Box Collider，Sphere 具有 Sphere Collider 等信息，如图 3-29 所示。如果从外部导入的物体对象，或者 Empty 对象等在没有 Collider 的情况下，要根据实际的情况和游戏环节的需要而添加不同类型的 Collider，以达到碰撞的效果。

如果要对碰撞进行检测，需要物体同时具有以下两个物理属性：

◆ RigidBody：刚体属性。

◆ Collider：碰撞体属性。

并且在后期要针对添加了 Collider 和 RigidBody 属性的物体添加相应的脚本进行检测，并控制其运动的效果和轨迹等内容。

其中，RigidBody 的相关属性请用户熟悉，在后期的场景设置中要经常被用到。

◆ Mass：物体质量，默认值为 1，大部分物体此属性在大于 0.1 而小于 10 之间才会有与真实世界接近的感官效果，如果超过 10 则不真实。

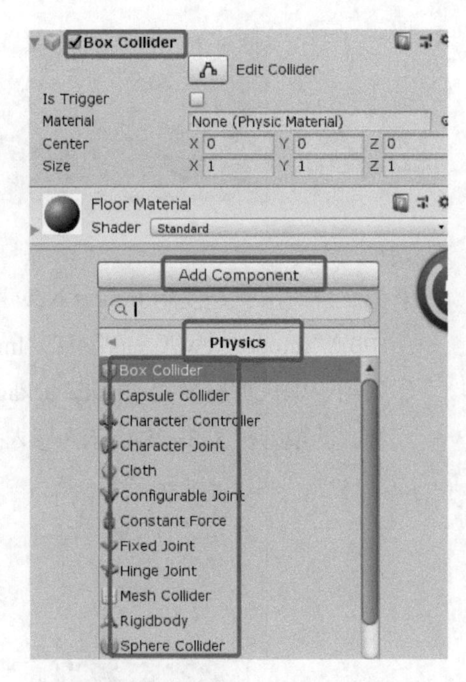

■ 图 3-29　添加物理属性的过程

◆ Drag：阻力，默认值为 0，该数值越大表示阻力越大，其运行就越困难。

◆ Angular Drag：旋转阻力，默认值为 0.05，模拟对象在旋转中受到阻力的效果。

◆ Use Gravity：是否使用重力，即表示物体是否受到重力，默认值为 True，当值为 False 时是不受重力的真空状态。

◆ Is Kinematic：是否遵循运动学，默认值为 False。如果该属性设置为 True，表示物体拥有物理碰撞模型，可以与其他物理碰撞，但是本身不表现出物理特性，如碰撞后的反弹等。在实践案例中，平面受到撞击但是不掉落的原因就是利用了这个属性，或者游戏中被击倒的物体能够一动不动也是这个原因。

◆ Freeze Rotation：冻结旋转，该属性用来限定物体在移动或者选中过程中是否需要冻结某个方位。例如，某种移动只需要在 X 轴或者 Y 轴上移动，而不允许在 Z 轴上移动，因此需要冻结在 Z 轴上的移动。该属性分为 Freeze Position 和 Freeze Rotation 冻结位置和冻结旋转两方面，即是否限制在某个方位的移动和是否限制在某个方位的旋转两种选择操作。

3.6 实践案例：带有刚体属性的基本场景

本节将结合基本 GameObject 及物理属性等内容实现基本案例，在案例中需要对场景中的组件添加具有某种效果的物理属性，案例效果如图 3-30 所示。场景中会有一个空中的球体掉落下来砸中 Plane 上的另一个球体，并产生一系列的反应。

■ 图 3-30　带有刚体和碰撞体的场景撞击效果

3.6.1　场景基本元素分析

本场景主要实现平面上的两个球体，其中一个球体由于远离平面，在重力的作用下向下掉落，而在平面上的球体由于受到掉落球体的撞击而向旁边滚落。

因此场景中包含以下对象：

◆一个 Plane，受到掉落球体的撞击但是不掉落。

◆两个 Sphere，一个由于受到重力作用而掉落，一个由于受到上方掉落球体的撞击而滚动到其他位置。

3.6.2　具体实现过程

（1）新建一个 3D Project，并保存其工程和场景。

（2）在默认场景中导入第 3.5 节中的案例材质以备对象使用，并导入第 3.5 例中的 Skybox，直接拖入场景中。

（3）在默认场景中新建一个 Plane。

◆使用 Inspector 中的 Reset 进行位置等属性的初始化。

◆应用一个材质。

◆设置 Plane 位置 Y=−0.5，为了给后期的物体做好平面位置的对接。

◆选中 Plane，选择“Add Component”→“Physics”→“Box Collider”命令给 Plane 添加一个碰撞器，如图 3-31 所示。此时如果单击“Edit Collider”按钮会发现碰撞器是包围在 Plane 四周的。

◆选中 Plane，选择“Add Component”→“Physics”→“Rigidbody”命令给 Plane 添加一个刚体，如图 3-32 所示。为了使 Plane 不掉落，因此在刚体属性中去掉使用重力，即取消选中“Use Gravity”复选框，并且在碰撞后不受外力的影响需选中“Is Kinematic”复选框，如图 3-32 所示。

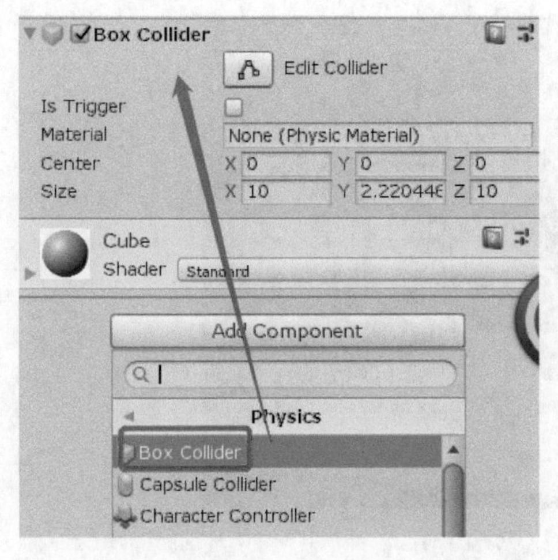

■ 图 3-31　给 Plane 添加 Box Collider

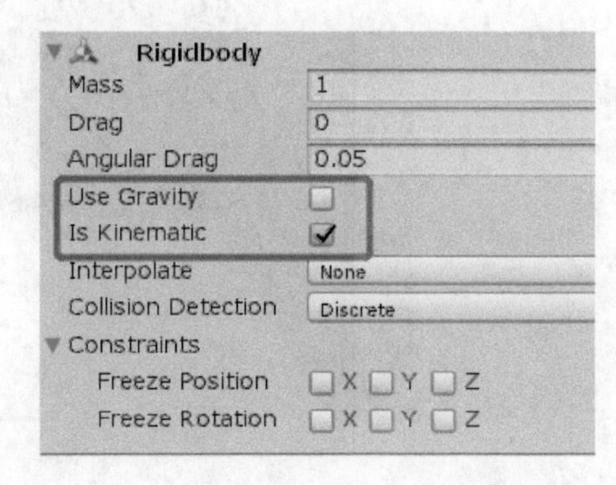

■ 图 3-32　Plane 的 Rigidbody 属性设置

（4）在场景中添加一个半空中的 Sphere。

◆在场景中 Create Sphere。

◆应用一个不同于 Plane 的材质。

◆使用属性面板中的 Reset 对位置等属性进行初始化。此时默认具备了一个包住球体的 Sphere Collider。

◆移动 Sphere，设置 Y=4，置于平面的上方。

◆为了让球体掉落，选择“Add Component”→“Physics”→“Rigidbody”命令，给 Sphere 增加 Rigidbody 属性。在 Rigidbody 的属性中选中“Use Gravity”复选框使用重力，同时为了撞击的物理效果，取消选中“Is Kinematic”复选框，具体的属性设置如图 3-33 所示。

（5）添加平面上的 Sphere。

◆在场景中 Create Sphere。

◆应用一个不同于 Plane 和空中 Sphere 的材质。

◆使用属性面板的 Reset 进行基本物理属性的初始化，此时 XYZ 坐标均为 0，置于 Plane 上方的正中心位置。此时默认具备了一个包住球体的 Sphere Collider。

◆使该球体在 X 轴上错开悬空的球体，设置 X=0.3，注意不能大于 1，也不能小于 −1，如果超出这个范围则球体不会被撞到。

◆给 Sphere 添加刚体。选择“Add Component”→“Physics”→“Rigidbody”命令，给 Sphere 增加 Rigidbody 属性。在 Rigidbody 的属性中取消选中“Use Gravity”复选框使用重力，同时为了撞击的物理效果，取消选中“Is Kinematic”复选框，具体的属性设置如图 3-34 所示。

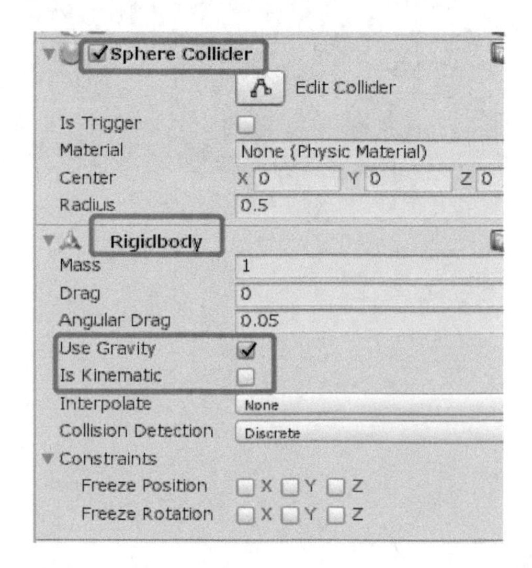

■ 图 3-33　平面上方悬空 Sphere 的属性设置

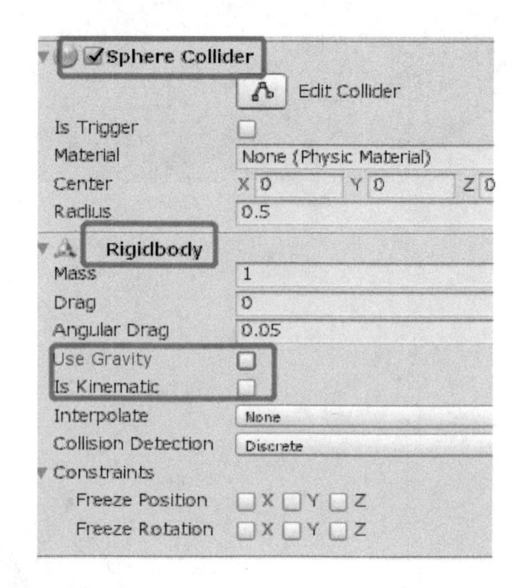

■ 图 3-34　平面上 Sphere 的属性设置

（6）此时运行程序，会看到悬空球体掉落后的撞击效果，并且下方的平面虽然受到了撞击但是由于“Is Kinematic”为 true，不会有任何的变化，而两个球体一个改变了掉落的方向，一个由静止滚动到其他位置。

（7）请读者自行修改 Plane 的值“Is Kinematic”为 False，即取消选中，会得到什么效果呢？此时会出现平面由于受到撞击而掉落下去的效果，而且静止平面上的球体因为没有 Plane 平面的托力也会掉落。

本节通过设置了不同的 Rigidbody 属性而实现了一个简单的案例，请读者认真体会并在此案例中通过不同的组合方式自行验证其他的模式情况下的动画效果，会对以后的学习有很大的帮助。

第4章 基本脚本介绍

本章结构

本章主要介绍在 Unity 中经常使用到的 C# 脚本以及在游戏创建过程中的一些基本知识，包括脚本编辑器、如何创建一个 C# 脚本、脚本中常用的事件和游戏对象经常使用到的一些组件和方法等内容，重点介绍 Transform 组件和内含的一些成员属性及成员方法的使用过程。尤其是要重点区别在物体绕自身中心点旋转和绕任意点旋转的不同实现方法。

本章主要采用一些具体的案例来进行讲述，深入浅出，帮助读者树立脚本的基本概念。需要注意：一个好的游戏和动画必须要通过一些特定脚本语言才能够进行控制，否则只是一些简单拼凑而已。本章知识结构如图 4-1 所示。

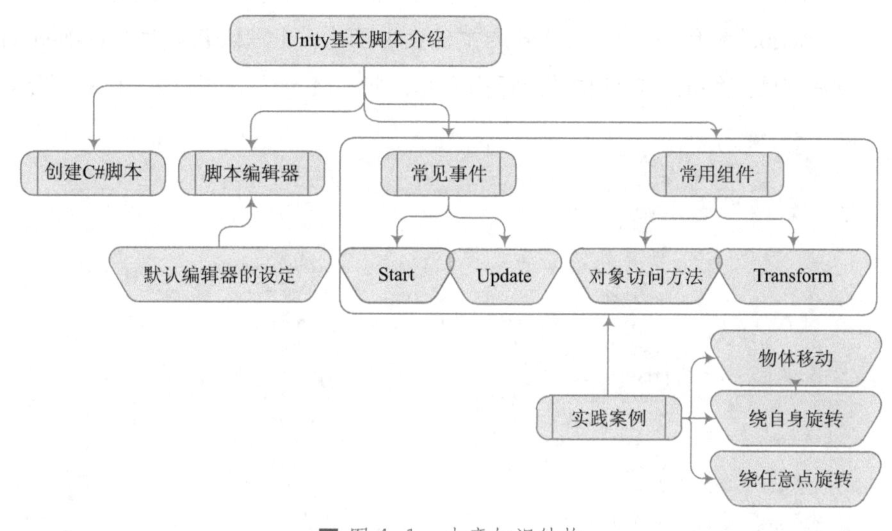

■ 图 4-1　本章知识结构

学习目标

1. 掌握创建一个 C# 脚本的基本方法。
2. 掌握对象和相关脚本创建关联的方法。
3. 了解 C# 脚本的基本结构。
4. 熟练掌握在 C# 脚本中与移动、旋转等基本操作有关的方法。

4.1 创建脚本

Unity 脚本可以理解为附着在物体对象上的一种特殊的指令代码，脚本的用法与组件用法相同，必须绑定到相应的游戏对象上才有效果。Unity 中内置了很多的函数和资源包都可以被用户调用，大大地提高了游戏开发的工作效率。Unity 的脚本编辑器则内置了 MonoDevelop，它具有使用简单，跨平台使用的基本特性，同时在 Unity 的安装过程中可以自由选择是否安装 Visual Studio 的编辑软件，并在 Unity 中可以自由设定本地计算机默认打开脚本的编辑器。本书使用 Visual Studio 的编辑软件进行编辑。

在早期版本的 Unity 中可以创建 JS 和 C# 两种类型语言的脚本，但是在高版本的 Unity 中仅可以创建 C# 脚本，由于脚本文件是以“.cs”类型而保存到项目文件夹中的文件，因此在每个项目中应该首先创建一个 Scripts 文件夹，把该项目中某一个模块下的文件都放置于此文件夹中，以便于对该项目中所有的脚本文件进行管理，在文件资源管理器中也方便查找并查看内容。同时读者也可以很容易在 Unity 的官网或者网上的一些论坛中找到关于 C# 的学习材料。

创建的具体方法是：在 Project 项目视图中的 Scripts 文件夹中右击，在弹出的快捷菜单中选择“Create”→“C#Script”命令，同时会在 Scripts 文件夹中创建一个默认名称为“NewBehaviorScript”的脚本文件，然后对此文件按照功能模式进行重命名，如“Move”，具体如图 4-2 所示。

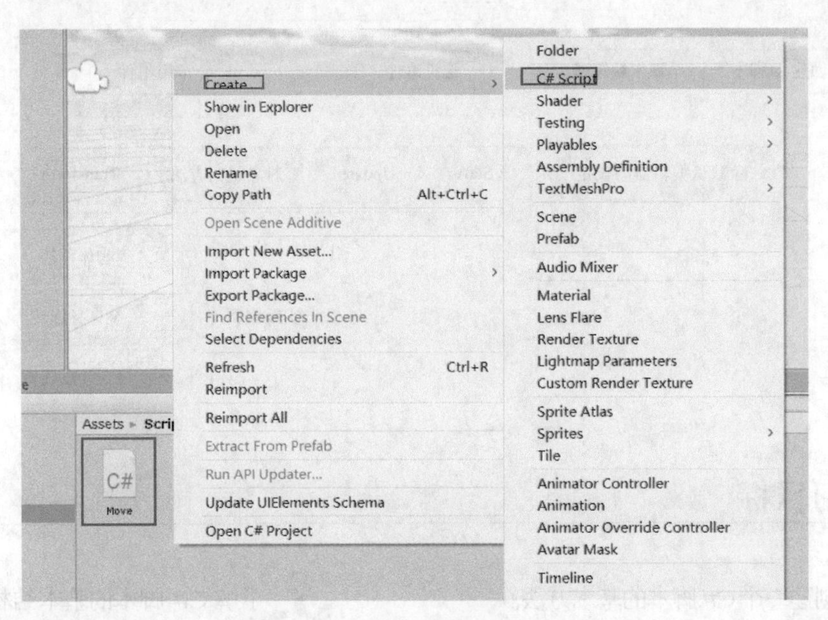

■ 图 4-2 Create C# 脚本过程

在脚本生成之后，用户可以在 Project 项目视图中根据脚本的图标来辨别 C# 脚本文件。另外在命名过程中需要注意以下几个问题：

◆所有的脚本文件最好都不使用默认脚本名称，应该重新给出一个代表某种功能的名称，如“Bird”“Move”“GameController”等内容，仅通过名称就清晰地看出该脚本的功能。

◆在名称中尽量不包含中文，因为很多编辑器对中文的解释程度不够，出现很多不必要的麻烦。

◆在名称中不能用空格，如“Game Controller”。脚本名字中如果存在空格会使系统在识别中出现错误，会提示该脚本不存在等问题。

4.2 脚本编辑器

在生成了 C# 脚本文件之后，双击脚本文件会自动以默认编辑器来编辑脚本。本机中已经安装了 Visual Studio 的软件，因此会自动打开 Visual Studio 编辑器，如图 4–3 所示。

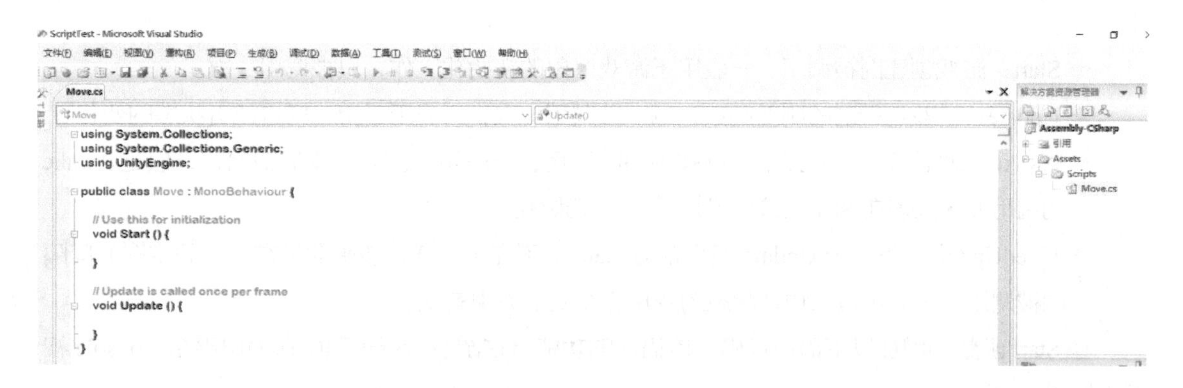

■ 图 4–3　Visual Studio 编辑器

在编辑器中会以不同的颜色显示不同的状态，如蓝色为关键词、绿色为注释、黑色为自定义变量、函数名称、基本语句等。

如果存在多个可用的编辑器，用户可以根据自己的喜好自行设定默认编辑器，选择 Unity 中的“Edit” → “Preferences” 命令，在弹出的对话框中单击“External Tools”选项卡中的“External Script Editor”下拉列表框中选择相应的选项进行设定，如图 4–4 所示。

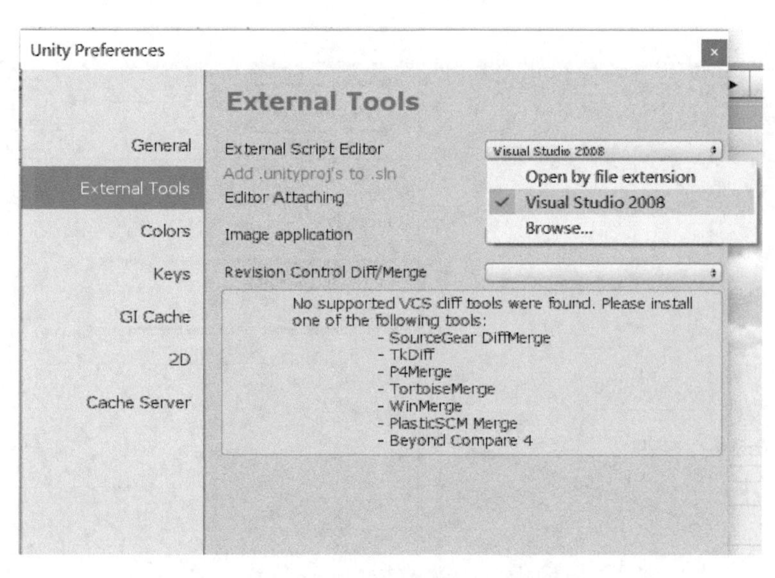

■ 图 4–4　Unity 默认脚本编辑器设置

4.3 常见事件

在新建的 Unity C# 脚本中有几行默认的代码，其中 Using 指的是已经包含了一些系统提供的命名空间，包含两个默认事件：一个是 Start()，一个是 Update()。下面介绍几个在 Unity 中的常用事件：

◆ Start：游戏创建时被调用，一般用于游戏对象的初始化工作，只被调用一次。

◆ Update：游戏运行时的刷新函数，每一帧调用一次，一般用于游戏场景或者状态的变化。

◆ Awake：激活函数，当脚本实例被创建时调用，一般用于游戏对象的初始化，但是 Awake 的调用顺序应该在 Start 之前，即先激活再初始化。

◆ FixedUpdate：类似于 Update 但是跟 Update 又不完全一样，该函数是在一个固定时间间隔内被调用，一般场景的物理状态的变化会在此函数中实现。

在 Start 函数中增加以下语句代码，该语句的功能是在游戏运行过程中在输出平台 Console 视图上输出一句话。

```
void Start () {
        Debug.Log("Project Initinal.");
    }
```

在场景中新建一个 Empty 对象，命名为“Objecttest”，功能就是为了绑定上述脚本。因此首先选中该对象，然后单击选中 Move 脚本文件并拖入“Objecttest”的属性面板中，作为“Objecttest”的一个组件绑定到该对象。其脚本绑定以后，在 Inspector 视图中会增加刚才所添加的脚本属性，如图 4-5 所示。

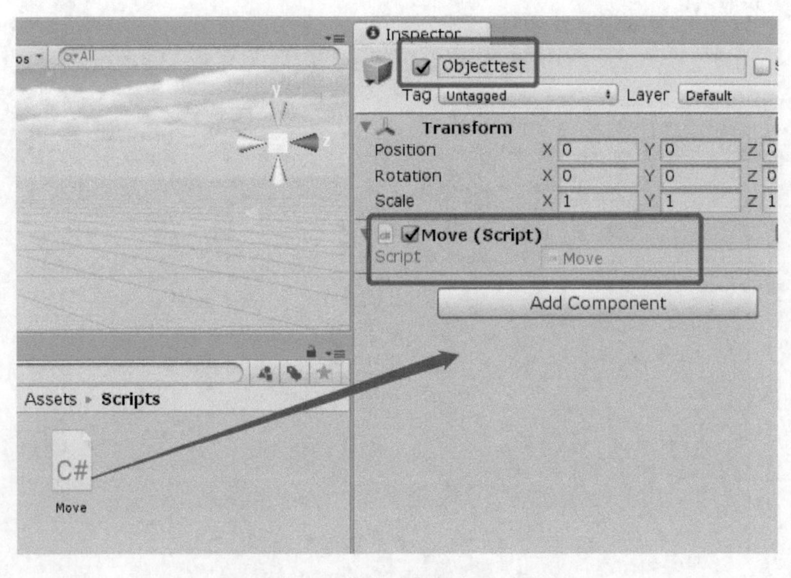

■ 图 4-5　游戏对象添加脚本属性

至此，在场景中绑定了脚本后，可以单击工具栏中的▶播放按钮来查看项目的运行效果，会看到在 Console 中输出“Project Initinal.”字样，运行结果如图 4-6 所示。

特别说明：脚本文件必须依附于某一个或者多个游戏对象，游戏对象的所有组件属性共同决定了对象的运行特征和效果，因此作为一个组件，脚本是无法脱离对象而独立运行的，它必须绑定到特定的对象上才会有相应的效果。

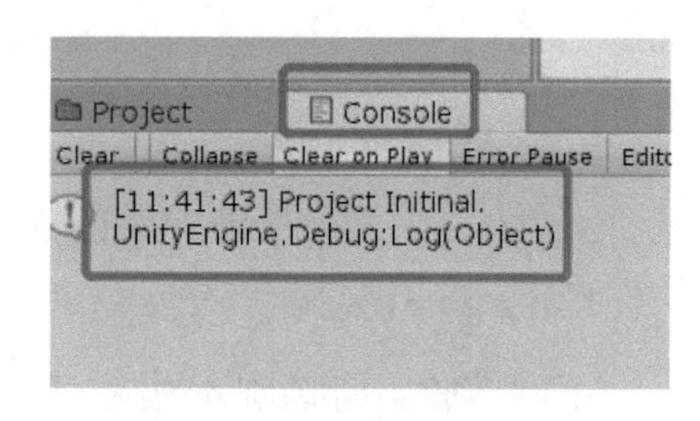

■ 图 4-6　运行脚本的结果

4.4 常用组件

4.4.1　访问绑定对象的组件

Unity 中的脚本是用来定义或者控制游戏对象行为的一种特定的组件，因此经常需要访问游戏对象的各种组件并设置相关的参数，如跟位置有关的 Position，与旋转角度有关的 Rotation，与物体刚体有关的 Rigidbody 等物理属性，对于 Unity 系统内置的常用组件，Unity 提供了非常快捷的方式，只需要在脚本中直接对游戏对象的组件或者组件的某一个属性进行访问即可，常用的组件有：

- ◆ Transform：只是访问对象的位置、旋转或者缩放比例等。例如，Transform.Position.x 访问游戏对象位置上的 X 坐标。
- ◆ Rigidbody：访问游戏对象的刚体组件。
- ◆ Collider：用来设置碰撞体属性等。
- ◆ Animation：设置游戏对象的一些动画属性。
- ◆ Audio：用来设置游戏对象的声音属性。

在访问组件时应该首先获取游戏对象的相应组件的引用，方法是 GetComponent< 组件名字 >(). 属性名字。例如，在 Update 中增加如下语句：

```
this.GetComponent<Transform>().position = new Vector3(3, 3, 3);
```

上述语句用来修改访问对象的位置属性。此时需要注意：this 代表被绑定的对象，因此该语句用来表示获取绑定对象的 Transform 组件的 Position 属性，并赋值为一个新的 Vector3 向量变量。因此可以将 Move 脚本更新为：

```
public class Move : MonoBehaviour {

    // Use this for initialization
    void Start () {
        Debug.Log("Project Initinal.");
    }
```

```
    // Update is called once per frame
    void Update () {

        this.GetComponent<Transform>().position = new Vector3(3, 3, 3);
    }
}
```

（1）从场景中删除刚才的空对象，因为空对象不能明确地反映位置的变化。

（2）在场景中导入一些材质和天空盒的素材以备用。

（3）把天空盒拖入场景中，实现天空盒的更新。

（4）在场景中 Create 一个 Plane，位置 Reset 初始化，并设置 Y=−0.5，应用一个材质。

（5）在场景中 Create 一个 Cube，位置 Reset 初始化，并应用一个不同于 Plane 的材质。

（6）给 Cube 绑定脚本“Move”。

（7）播放游戏后、会发现，原本在平面上立方体，在游戏启动后跑到了平面上空的一个位置，就是 Cube 所绑定脚本起的作用，脚本中设置了绑定对象的位置定位为（3，3，3）。同时因为还保留刚才 Start 中的 Debug 的输出，所以在 Console 控制台中还会输出提示信息，整个运行界面如图 4−7 所示。

■ 图 4−7　脚本运行结果界面

4.4.2 访问外部对象组件

在 Unity 中当需要在脚本中访问除了绑定对象之外的游戏对象的组件或者游戏对象的其他属性时有一种非常方便的方法，即通过访问权限为 Public 的变量，然后在绑定的对象脚本中指定所需要的其他资源即可。

假设在刚才的场景中再增加一个 Sphere，已有的 Cube 已经添加了 Move 脚本 Move.cs，现需要在脚本中访问 Sphere 对象，以及 Sphere 对象的 Transform 组件，主要是根据 Cube 的位置来重置 Sphere 的位置属性。

（1）更新 Move 脚本信息，添加权限为 Public 的 GameObject 成员变量，更新 Start 函数内容为:

```
public class Move : MonoBehaviour {

    public GameObject SphereObject;

    void Start() {

        int x,y,z;
        //定义 XYZ 坐标在某一个范围内的随机数
        x=Random.Range (-4,4);
        y=0;                    //注意 Y 控制的垂直坐标，设置为 0，即对象没有离开 Plane
        z=Random.Range (-4,4);

        this.GetComponent<Transform>().position = new Vector3(x,y,z );

        SphereObject.GetComponent<Transform>().position = new Vector3(x - 1, y, z - 2);
                                  //固定 Sphere 与 Cube 的偏移量
    }
}
```

（2）在上述脚本中，首先利用随机函数 Random 中的 Range 来定义一个范围内的随机数，用来生成一个随机位置，并且保存脚本。

Random.Range 是数学中的一个随机函数，格式为：Random.Range（min，max），是产生一个包含 min，但不包含 max 的一个随机数，即 [min,max）的范围，当游戏对象实例化时会被经常用到。

（3）查看 Cube 游戏对象的 Inspector 属性视图，会看到绑定脚本的视图中增加了一个内容为“None GameObject”的一个成员变量，初始没有赋值，因此需要单击 ⊙ 按钮来进行对象的指定，在弹出的“Select GameObject”对话框中选定 Sphere 即可完成赋值，如图 4–8 所示。或者直接从 Hierarchy 层次视图中拖动 Sphere 对象到 Inspector 视图的 Sphere Object 参数上也可以完成对变量的赋值。

（4）运行游戏后会发现，每次运行时 Cube 和 Sphere 所在的位置都不同，但是 Sphere 永远在 Cube 左侧一个单位和外侧两个单位的位置。运行效果如图 4–9 所示。

请读者自行调试，如果将脚本 Start 函数中的代码完全放到 Update 中会有什么不同的效果吗？首先 Start 只在运行初期初始化的时候运行一次，因此 Cube 和 Sphere 的位置在重新赋值后固定不动，但是如果将脚本都放到 Update 中就完全不一样，Update 函数是每一帧执行一次，因此会出现界面不停地刷新，位置不停地变化的闪动效果了。请读者根据具体情况具体分析其代码的位置。

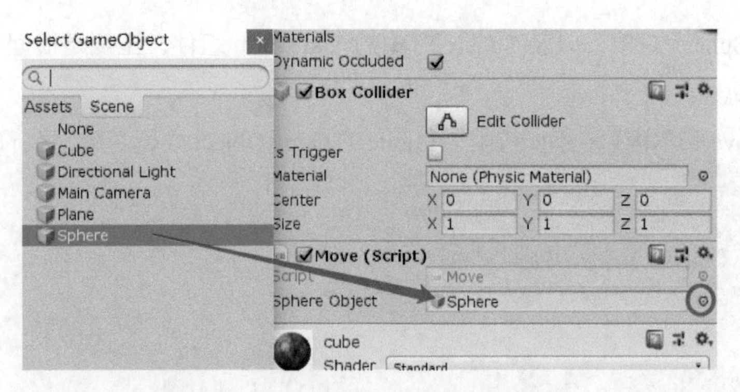

■ 图 4-8 指定脚本中的外部对象变量

■ 图 4-9 指定外部对象组件的脚本运行效果

4.4.3 Transform 组件

Transform 组件是控制游戏对象在 Unity 中的位置、缩放比例和旋转角度的基本组件，每个游戏对象都会包含一个相应的 Transform 组件，因此要想控制游戏对象的基本物理属性就必须访问对象的 Transform 组件。其相应的属性有：

- position：具体的位置，包括 X 坐标、Y 坐标和 Z 坐标。
- rotation：旋转的角度。
- right：左右方向，即 X 轴上的方向，正为右，负为左。
- up：上下方向，即 Y 轴上的方向，正为上，负为下。
- forward：前后方向，即 Z 轴上的方向，正为前，负为后。
- parent：父对象的 Transform 组件。

下面介绍 Transform 中的一些常用方法：

- Translate：移动，按指定方向进行移动。
- Rotate：旋转，按照指定方向进行旋转。

◆ Find：查找，按照 Tag 或者 Name 等方式查找子对象。

4.4.4　Transform 实践案例

根据 Transform 组件一些常用的属性和方法，来进行关于移动和旋转的实践案例。

（1）物体的移动。修改刚才 Cube 的 Move 脚本代码如下：

```
public class Move : MonoBehaviour {

    void Update()
    {
        float MoveSpeed=0.2f;
        this.GetComponent<Transform>().Translate(Vector3.right *Time.delta Time
        * Move Speed);
    }
}
```

特别说明：Time 类表示获取和时间有关信息的类，可以用来计算帧运行的速度，其中的 deltatime 表示上一帧所耗费的时间，因此在移动速度中调用了 Time 类的 deltatime 成员，表示逐帧移动在时间上做的一些处理工作。

刷新 Cube 所绑定的 Move 脚本组件，单击播放按钮，会发现 Cube 立方体会逐帧不停地向右侧移动，其中 MoveSpeed 代表了移动的方向和速度，数字越大则速度越快，如果 MoveSpeed 为整数则向右侧移动，如果 MoveSpeed 为负数则向左侧移动。

说明：物体的移动可以使用 Transform 中的 Position 直接赋值到某一个位置，也可以使用 Position 逐渐加上一个固定的偏移量，同时也可以使用 Translate 方法。以下代码代表了相同的功能：

```
void Update()
{
    float MoveSpeed=0.2f;
    this.GetComponent<Transform>().position += new Vector3 (MoveSpeed ,0,0);
}
```

（2）物体的旋转 Rotate。

◆ Rotate 函数的原型：Rotate（Vector3 Axis 方向，float angle 角度）等 5 种不同的重载格式。

◆新增一个 Rotate 脚本，并完成如下所示代码：

```
public class Rotate : MonoBehaviour {
    float rotatespeed = 2f;

    // Update is called once per frame
    void Update () {
        this.GetComponent<Transform>().Rotate(Vector3.up,  rotatespeed);
    }
}
```

◆去掉 Cube 的 Move 脚本，并关联 Rotate 旋转脚本。会发现立方体沿着 Y 轴正方向做顺时针旋转。

● rotatespeed 代表了旋转的速度，数字越大则旋转速度越快。

● Vector 中有 up、down、left、right、forward、back 六个方向。

（3）物体绕某一个物体旋转。下面要实现球体绕中心点的 Cube 运动，因此需要设定球体所围绕的中心在 Cube 的中心点上。

◆去掉 Cube 上的 Move 和 Rotate 脚本，并且 Reset 到中心点。

◆球体位置在（2，0，0）。

◆在 Hierarchy 中创建一个 Empty 对象，并 Reset 到中心点，即 Cube 所在的位置，命名为 Center。

◆设置 Sphere 为 Center 空对象的子对象 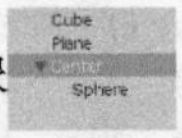 。

◆把 Rotate 脚本关联到空对象 Center 上，即球体的父对象。

◆播放游戏，会发现球体绕着 Cube 立方体在转动，其实质是空对象在 Cube 位置，而 Sphere 又是空对象的子对象，所以当空对象绕着 Y 轴旋转时，Sphere 自然也会绕着 Y 轴，即 Cube 转动。

本章重点介绍了脚本中经常用到的一些方法和属性，在后续的案例中会经常用到，运行效果请读者自行演示并观察其不同点。

鼠标和键盘交互

本章结构

用户的键盘和鼠标交互是游戏过程中必不可少的环节，本章主要介绍如何通过键盘和鼠标与游戏进行交互的基本过程，详细介绍 Input Manager 中 Input 类成员函数 GetKey、GetKeyDown、GetMouseButton、GetMouseButtnDown 的键盘和鼠标的各种参数和使用方法，并通过案例的方式进行系统的学习。本章最后用一个实践案例来综合应用本章的知识点，以达到巩固练习的作用。本章知识结构如图 5-1 所示。

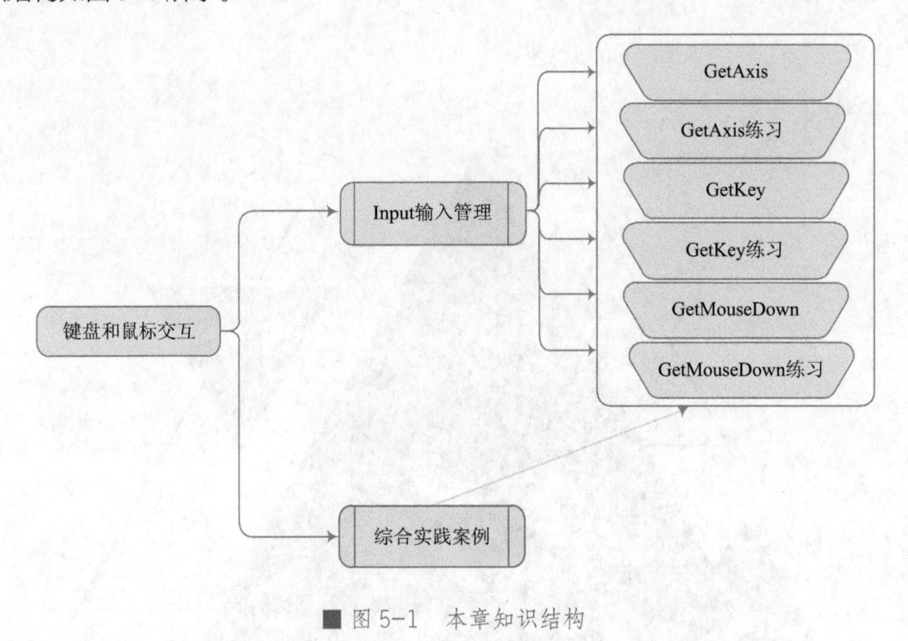

■ 图 5-1　本章知识结构

学习目标

1. 掌握交互的基本处理形式。
2. 熟练掌握 Input 中针对 GetKey 和 GetKeyDown 等键盘操作处理过程。
3. 熟练掌握 Input 中的针对 GetMouseButton 和 GetMouseButtonDown 等鼠标操作处理过程。

5.1 Input 输入管理

Input 是 Unity 在输入过程中的基本入口，Input 中的 Key 与物理按键是一一对应的，下面介绍其主要函数。

5.1.1　GetAxis() 方法

GetAxis() 是根据名字得到输入值，在 Unity 中选择菜单“Edit”→“Project Setting”→“Input”命令，可以在 Inspector 属性面板中看到 InputManager 关于 GetAxis 的各种名称和所代表的虚拟按键，如图 5-2 所示。例如，水平方向是左右箭头和【A】【D】键，这是在 Unity 中命名的代表某些操作的虚拟按键。

（1）用 Input.GetAxis (“按键名称”) 来获取输入的内容并执行其功能。

（2）例如：Input.GetAxis ("Vertical ") 表示上下箭头；Input.GetAxis ("Horizontal ") 表示左右箭头。

（3）返回值：所有的 Input.GetAxis (“箭头方向”) 函数返回 -1 到 1 之间的一个值，如果按左箭头返回 -1，按右箭头返回 1，通过结果的正负来实现其方向上的变化。

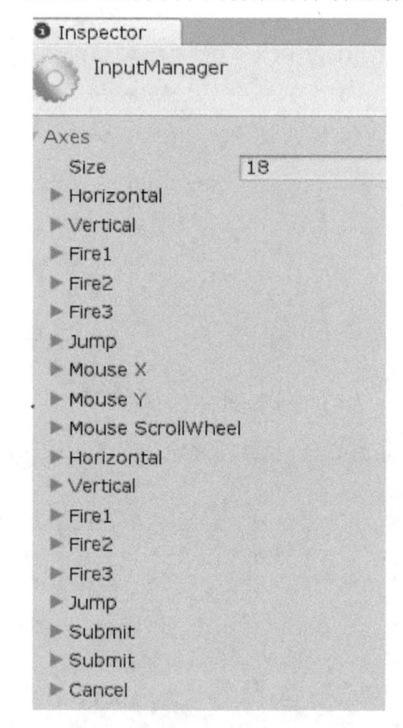

■ 图 5-2　InputManager

5.1.2　GetAxis 实践案例

（1）案例效果：通过 GetAxis() 获取按键，并用来控制棋盘上棋子的运行。

（2）思路：

◆场景：棋盘、棋子。

◆脚本：Chess.cs，关联到棋子 Cube 上，并按照以下思路完成脚本：

●首先定义一个速度变量（float 类型）。

●其次定义一个 X 轴和 Z 轴上通过按键改变的方向值。

●再定义一个 Vector3 的变量，初值赋值为刚才改变方向的向量。

●最后 Translate，移动。

◆效果：在棋盘上每按一次方向键，棋盘上的棋子就会有相应的动作。

（3）具体过程：

◆新建一个 Unity 3D Project，并保存场景到“UnityProgram/5”文件夹中。

◆在 Project 中导入一些常用的材质和天空盒备用，并把天空盒应用到场景中做好准备。

◆在 Assets 文件夹中创建 Scripts 文件夹，用来创建一些常用的脚本文件。

◆在场景中准备一个 Plane，Y 设置为 -0.5，应用材质，作为棋盘。

◆创建一个 Cube，应用材质，作为棋子，场景如图 5-3 所示。

◆新建 C# 脚本文件 Chess.cs，并关联到 Cube 中。

■ 图 5-3 GetAxis ( ) 改变棋子运动

（4）脚本具体代码如下：

```
public class Chess : MonoBehaviour {

    // Update is called once per frame
    void Update () {

        float moverange = 0.5f;

        float h = Input.GetAxis("Horizontal") * Time.deltaTime * moverange;
        float v = Input.GetAxis("Vertical") * Time.deltaTime * moverange;

        Vector3 direction = new Vector3(h, 0, v);
        this.GetComponent<Transform>().Translate(direction);
    }
}
```

通过运行案例，可预览运行过程中按下键盘上的上、下、左、右等方向键实现立方体的相应运动方向的控制功能。水平控制左右移动，上下控制前后移动。

5.1.3 GetKey() 按键控制

（1）GetKey：当指定按键被按下时返回 True。

（2）GetKeyDown：指定按键被按下的那帧返回 True，有时候会出现一些特殊的情况，如果按键就触发一次则必然要使用 GetKeyDown，如果需重复调用可使用 GetKey。

- Input.GetKey(KeyCode.UpArrow) 用来判断是否按下了上箭头，如果按下了返回 True，否则返回 False。
- 经常用 GetKey 来控制键盘输入，实现键盘交互。
- 具体按键键名：
  - BackSpace：退格。
  - F1~F9。

- Return：回车。
- Space：空格。
- Esc：取消。
- Tab：【Tab】键。
- UpArrow：上箭头。
- DownArrow：下箭头。
- LeftArrow：左箭头。
- RightArrow：右箭头。
- LeftShift。
- LeftAlt。
- RightShift。
- RightAlt。
- LeftCtrl。
- RightCtrl 等。

5.1.4　GetKey 实践案例

（1）案例：通过 GetKeyDown 来实现棋盘上棋子的移动过程。

（2）具体过程：

◆使用 GetAxis 案例中的场景。

◆修改 Chess 脚本，把通过 GetAxis 来获取方向的过程修改为通过按键 GetKeyDown 来获取。

- 此时需要具体的操作，即上箭头 Z 增加。
- 下箭头：Z 减小。
- 左箭头：X 减小。
- 右箭头：X 增加。

（3）具体代码如下：

```
public class Chess : MonoBehaviour {

    // Update is called once per frame
    void Update () {

        float moverange = 0.5f;
        float h, v;

        if (Input.GetKeyDown(KeyCode.LeftArrow))
        {
            h = -moverange;
            v = 0;
        }
```

```
        else if (Input.GetKeyDown(KeyCode.RightArrow))
        {
            h = moverange;
            v = 0;
        }
        else if (Input.GetKeyDown(KeyCode.UpArrow))
        {
            v = moverange;
            h = 0;
        }
        else if (Input.GetKeyDown(KeyCode.DownArrow))
        {
            v = -moverange;
            h = 0;
        }
        else
        {
            v = 0;
            h = 0;
        }
        Vector3 direction = new Vector3(h, 0, v);
        this.GetComponent<Transform>().Translate(direction);
    }
}
```

（4）比较 GetAxis() 和 GetKey()：其实不管通过哪种方法，原则就是先确定方向，然后就是移动的距离，从而生成一个移动的 Vector3 向量，而 GetAxis() 可以把左右和上下用正负来同时获取，而 GetKey() 必须要用不同的按键来进行判断，所以两者一个笼统一个细节，需要具体情况具体分析。

5.1.5 GetMouseButton() 鼠标操作

（1）GetMouseButton：用来指定鼠标按键是否被按下，其中 0 代表鼠标左键，1 代表鼠标右键，2 代表鼠标中键。

（2）GetMouseButtonDown：跟 GetMouseButton 类似，但是代表鼠标按键被按下的那一帧返回 True。

5.1.6 GetMouseButton() 实践案例

（1）案例效果：需要在场景中设置棋盘上的棋子自动运行，如果按住鼠标左键不断地向左运动，按住鼠标右键不断地向右运动，键盘上箭头向前运动，键盘下箭头向后运动。

（2）此案例中有键盘操作，也有鼠标操作，具体思路如下：

◆场景同上（棋盘、棋子），新建 C# 脚本 ChessButton.cs，并把脚本关联到 Cube 中（从 Cube 中去掉上一个脚本，关联新的脚本文件，否则相互之间有影响）。

◆在 Chess 脚本中完成棋子的持续运动，默认值向左（需要把棋子置于棋盘的右侧）。

◆在 Start 函数中对 Direction 进行赋值。

◆在 Chess 脚本中 GetAxis() 获取前后方向的按键操作。

◆在 Chess 脚本中 GetMouseButton() 获取左右方向的鼠标操作。

◆设置不同的运动 Vector3 变量。

（3）修改 Chess 脚本如下：

```
public class ChessButton : MonoBehaviour {

    float h, v;
    float MoveSpeed = 1f;
    Vector3 direction ;

    // Use this for initialization
    void Start () {
        h = Time.deltaTime * ( - MoveSpeed);
        v = 0;
        direction = new Vector3(h, 0, v); //设置了初始移动 Vector3 值，保证能够持续运动
    }

    // Update is called once per frame
    void Update () {

        if (Input.GetMouseButtonDown(0))
        {
            h = Time.deltaTime * (-MoveSpeed);
        }
        else if (Input.GetMouseButtonDown(1))
        {
            h = Time.deltaTime * (MoveSpeed);
        }

        v = Input.GetAxis("Vertical") * Time.deltaTime * MoveSpeed;

        direction = new Vector3(h, 0, v);
        this.GetComponent<Transform>().Translate(direction);
    }
}
```

在以上的脚本文件中 Start 函数对 Direction 赋一个非 0 的值，在 Update 中执行 Translate，才能够保证棋子可以持续运动。在 Update 中通过按键和鼠标分别改变 Direction 的赋值从而来改变运动的方向。请读者自行验证运行效果。

5.2 交互综合案例

本案例将延续第 5.1 节中案例的场景，但是要求在棋盘中的棋子始终沿着棋盘的边缘进行运动，单击后运动停止的具体过程，并用按键来控制摄像机的移动。用上下箭头改变主摄像机的位置从而控制主摄像机，来实现游戏场景视角的变化。

（1）在刚才的 Project 中新建一个场景，并命名为 Chess。

（2）把天空盒应用到场景中。

（3）场景中完成一个棋盘（Y=−0.5）和两个棋子，其中一个棋子在中心点，一个棋子在边缘，场景效果如图 5-4 所示。调整好效果之后，选中 Camera，并选择“GameObject”→“Align With View”命令，调整 Game 视图的视图效果与场景视图效果对齐。

■ 图 5-4　交互综合案例场景

（4）首先需要确定此时棋盘所决定的外侧棋子的运行范围：X ∈∈ [-4，4]，Z ∈∈ [-4，4]，因此在后期的代码控制中，这也是外侧棋子的运行范围的边缘值。

（5）创建一个 C# 脚本命名为“ChessMove”，并绑定外侧的 Cube。代码第一步实现功能是棋子能够持续向前运动。具体代码如下：

```
public class ChessMove : MonoBehaviour {

    float h, v;
    float MoveSpeed = 1f;
    Vector3 direction;

    // Use this for initialization
    void Start()
    {
        v = Time.deltaTime * (-MoveSpeed);
        h = 0;
```

```
            direction = new Vector3(h, 0, v); //设置了初始移动Vector3值，保证能够持续运动
        }

        // Update is called once per frame
        void Update () {
            this.GetComponent<Transform>().Translate(direction);
        }
}
```

（6）代码实现第二步：能够在运动中自动改变方位。方法是随时判断是否达到边缘，如果达到了边缘改变方向，即改变 Direction 的赋值。

◆首先定义一个 String 类型变量 MoveDirection，用来记录当前运动的方向。值有以下几种：

- Forward；
- Right；
- Back；
- Left；

◆其次定义一个 Move（movedirection）: 根据传递参数的方向来改变 h 和 v 的值，从而改变 Directon 的 Vector3 的内容，也就改变了 Translate 情况。

◆在 Update 中根据当前运动方向和逐渐变化的值来决定下一个运动是什么方位，改变 MoveDirection 的内容，并调用 Move 函数来实现该运动。具体代码如下：

```
public class ChessMove : MonoBehaviour {

    public float h, v;
    float MoveSpeed = 2f;
    Vector3 direction;

    string movedirection = "orward";

    // Use this for initialization
    void Start()
    {
        v = Time.deltaTime * (-MoveSpeed);
        h = 0;
        direction = new Vector3(h, 0, v); //设置了初始移动Vector3的值，保证能够持续运动
    }

    void Move(string movedirection)
    {
        if (movedirection == "right")
        {
            v = 0;
            h = Time.deltaTime * MoveSpeed;
        }
```

```
        else if (movedirection == "back")
        {
            v = Time.deltaTime * MoveSpeed;
            h = 0;
        }
        else if (movedirection == "left")
        {
            v = 0;
            h = -Time.deltaTime * MoveSpeed;
        }
        else if (movedirection == "forward")
        {
            v = -Time.deltaTime * MoveSpeed;
            h = 0;
        }

        direction = new Vector3(h, 0, v);
    }

    // Update is called once per frame
    void Update () {

        //先获取当前位置
        float x, z;
        x = this.GetComponent<Transform>().position.x;
        z = this.GetComponent<Transform>().position.z;

        //固定初始运动在左侧向前，下一步应该后方向右
        if (movedirection =="forward" && z<-4)
        {
            movedirection = "right";
        }
        else if (movedirection =="right" && x>4)
        {
            movedirection = "back";
        }
        else if (movedirection =="back" && z>4)
        {
            movedirection = "left";
        }
        else if (movedirection =="left" && x<-4)
        {
            movedirection = "forward";
        }
        Move (movedirection);
        this.GetComponent<Transform>().Translate(direction);
    }
}
```

（7）添加对运动停止的控制，即鼠标左键的检测。

◆在脚本中增加 Bool 类型变量 IsSport，初始值为 True，用来判断是否在运动。

◆把 Update 控制运动的代码完全复制到 IsSport=true 的判断语句中。

◆在 Update 的起始位置，增加对于按键的检测判断，如果按下鼠标左键则 IsSport= ! IsSport，从真到假，从假到真。修改代码如下：

```
bool IsSport = true; //判断是否继续运动的开关
void Update () {
  if (Input.GetMouseButtonDown(0))
        {
            IsSport = !IsSport;
        }

        if (IsSport)
        {
            ...//运动有关的控制语句
        }
}
```

到目前为止，对棋子的运动控制基本完成，ChessMove 的完整代码如下：

```
using System.Collections;
using System.Collections.Generic;
using UnityEngine;

public class ChessMove : MonoBehaviour {

    public float h, v;
    float MoveSpeed = 2f;
    Vector3 direction;

    bool IsSport = true; //判断是否继续运动的开关

    string movedirection = "forward"; //运动的方向记录

    // Use this for initialization
    void Start()
    {
        v = Time.deltaTime * (-MoveSpeed);
        h = 0;
        direction = new Vector3(h, 0, v); //设置了初始移动 Vector3 的值，保证能够持续运动
    }

    void Move(string movedirection)
    {
        if (movedirection == "right")
        {
            v = 0;
```

```
            h = Time.deltaTime * MoveSpeed;
        }
        else if (movedirection == "back")
        {
            v = Time.deltaTime * MoveSpeed;
            h = 0;
        }
        else if (movedirection == "left")
        {
            v = 0;
            h = -Time.deltaTime * MoveSpeed;
        }
        else if (movedirection == "forward")
        {
            v = -Time.deltaTime * MoveSpeed;
            h = 0;
        }

        direction = new Vector3(h, 0, v);
    }

    // Update is called once per frame
    void Update () {

        if (Input.GetMouseButtonDown(0)) //鼠标是否按下
        {
            IsSport = !IsSport;
        }

        if (IsSport) //如果允许运动
        {
            //先获取当前位置
            float x, z;
            x = this.GetComponent<Transform>().position.x;
            z = this.GetComponent<Transform>().position.z;

            //固定初始运动在左侧向前，下一步应该后方向右
            if (movedirection == "forward" && z < -4)
            {
                movedirection = "right";
            }
            else if (movedirection == "right" && x > 4)
            {
                movedirection = "back";
            }
            else if (movedirection == "back" && z > 4)
            {
                movedirection = "left";
```

```
            }
            else if (movedirection == "left" && x < -4)
            {
                movedirection = "forward";
            }
            Move(movedirection);
            this.GetComponent<Transform>().Translate(direction);
        }

    }
}
```

（8）最后用 C# 脚本控制摄像机的移动过程。创建一个 C# 脚本，命名为“CameController”，关联到 Main Camera 上，用来控制摄像机的移动。具体代码如下：

```
    public class CameraController : MonoBehaviour {

     float Speed = 2f;

     // Update is called once per frame
     void Update () {

         float h = Input.GetAxis("Horizontal") * Time.deltaTime * Speed;
         float v = Input.GetAxis("Vertical") * Time.deltaTime * Speed;

         this.GetComponent<Transform>().Translate(new Vector3(h, v, 0));
     }
}
```

（9）运行效果，可以看到棋子自动沿着棋盘边缘运行，当鼠标按下时运动停止，再次按下鼠标则运动继续，并且上下和左右箭头各控制摄像机在 XY 轴上的移动。注意此时没有 Z 轴上的变化，如果需要请读者自行完成，即视觉点的远与近，在摄像机的控制中再找一个可以控制 Z 轴变化的按键，把移动的 Vector3 修改为 X、Y、Z 三个轴上的变化。

第6章

三维漫游地形系统

本章结构

在 Unity 中可以很方便地创建一个 3D 地形的游戏场景，包含地形中的基本地貌，有山、湖、树、草等小的组件。本章主要讲述通过 Terrain 地形组件来完成在 Unity 中创建一个基本的 3D 游戏场景，以及如何用第一人称角色控制器来进行场景漫游和如何在地形中加入外部模型的具体过程。本章知识点结构如图 6-1 所示。

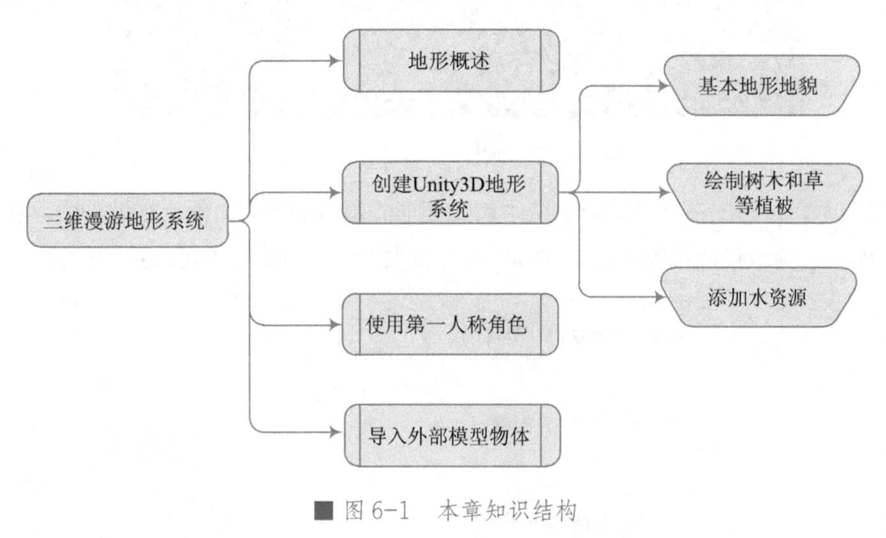

■ 图 6-1　本章知识结构

学习目标

1. 了解 Terrain 中基本属性设置的操作。
2. 熟悉在 Terrain 中抬高地形设置洼地的具体方法。
3. 掌握在 Terrain 地形中添加树木和草的过程。
4. 能够熟练地根据实际情况创建出所需的 3D 游戏场景。

6.1 地形概述

Unity 中的地形系统 Terrain 是形成 3D 漫游游戏场景的一个必备过程，可以在 Terrain 地形系统中通过 Terrain 的属性设置来完成基本的地形地貌，并在地形中形成高山、丘陵、湖泊、洼地等不同的状态，如图 6-2 所示。

■ 图 6-2 Terrain 地形系统概貌

从效果图中可以看出在整个地形系统中首先要形成基本的地貌，然后在地貌中再添加一些必须的资源，如水、树木和植被等内容。3D 地形系统创建过程具体流程如图 6-3 所示。

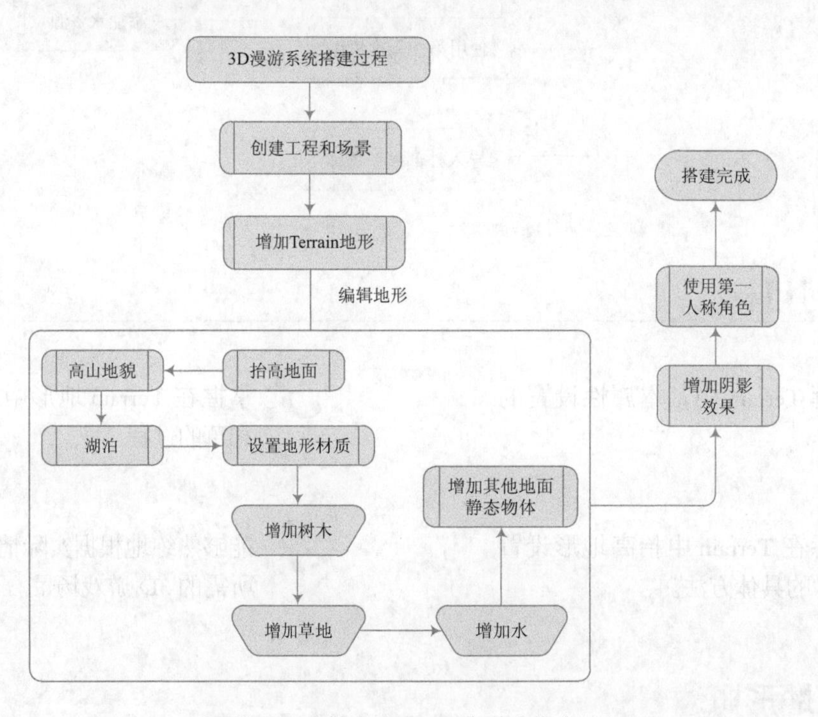

■ 图 6-3 创建 Terrain 地形系统流程

在形成 3D 地形漫游系统中，需要的是 Environment 环境资源包，在 Unity 低版本中需要从官网上自行下载，但是在 Unity 高版本中已经包含了内部组件 Environment，只需要用户在 Project 中 Import 导入。方法是：在 Assets 空白处右击，在弹出的快捷菜单中选择“Import Package”→“Environment”命令来完成环境资源包的导入。如果读者使用 Unity 的低版本请从官网上自行下载 Unity 的标准资源包进行安装（具体请参考第 1 章），之后才会有 Environment 资源包。导入的具体过程如图 6-4 所示。

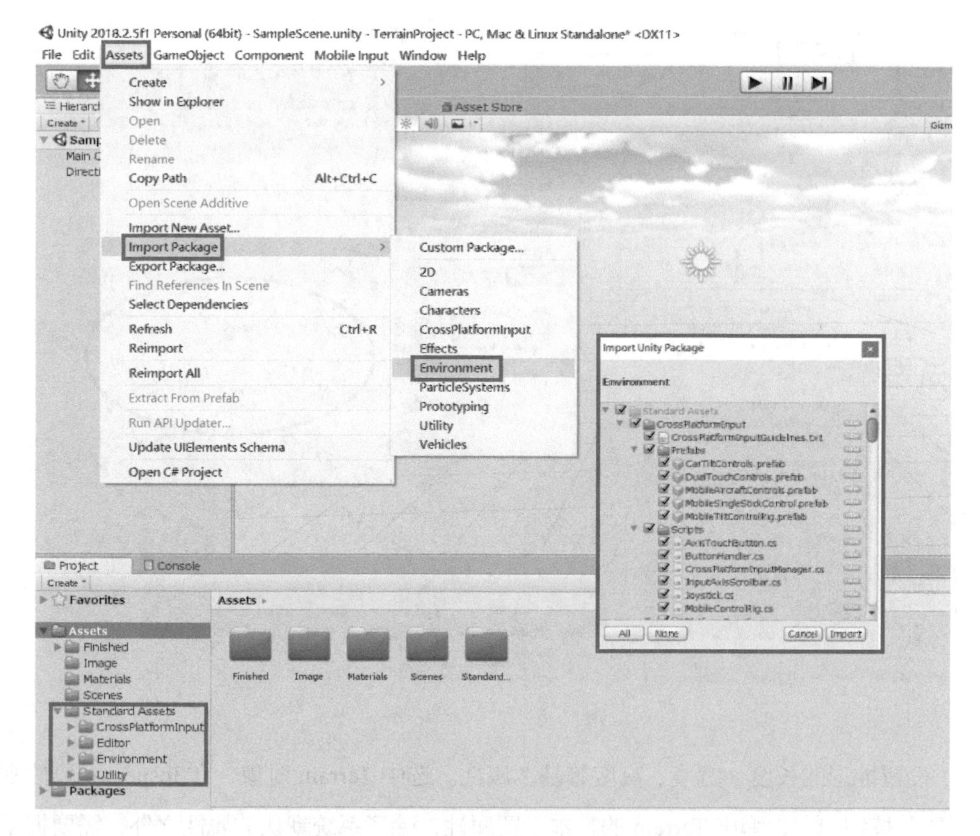

■ 图 6-4　Import 导入 Environment

导入过程结束后会在 Assets 中出现 Standard Assets 的文件夹，里面包含了 Environment 的所有资源和相关素材。

6.2 创建 Unity 3D 地形系统

在创建地形系统的过程中首先需要在 Terrain 组件的基础上完成，因此一切以 Terrain 为前提条件，下面就来实现一个具体的案例。

6.2.1 基本地形地貌

（1）新建 Project，并保存工程以及场景。

（2）导入 Skybox 天空盒资源，并应用到场景中。

（3）选择“Assets”→“Import Package”→“Environment”命令导入 Environment 环境资源包。

（4）在 Hierarchy 层次视图中右击，在弹出的快捷菜单中选择“3D Object”→“Terrain”命令，创建一个地形系统。注意：新创建的地形系统会在 Project 视图中自动生成一个地形资源和一个 Terrain 对象实例，如图 6-5 所示。

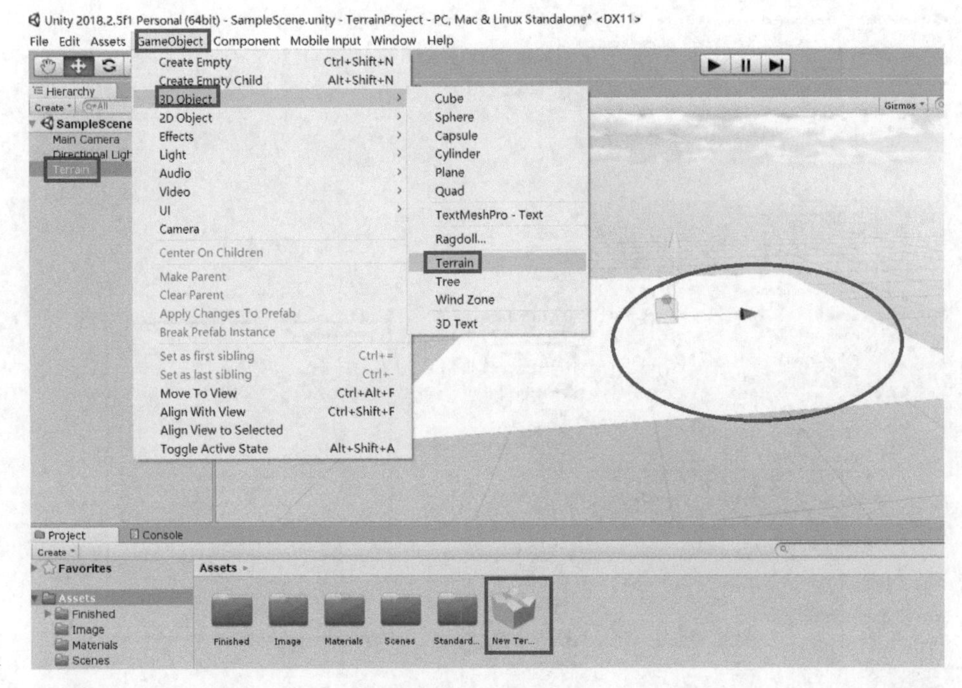

■ 图 6-5　创建地形

（5）设置地形的长度、宽度、高度等基本属性。选中 Terrain 对象，在 Inspector 属性视图中单击“设置”按钮，弹出 Terrain 的基本设置属性，除了系统默认的属性之外，需要根据实际情况修改地形的分辨率，即地形的长度、宽度和高度，此时修改为 200×200×60，如图 6-6 所示。

说明：Terrain 中的 Width 宽度、Length 长度、Height 高度分别对应了三维坐标中的 X、Z 和 Y 轴上的大小，因此该数值决定了地形系统的范围大小，数字越大地形面积就越大。另外，Height 高度决定了在地形上可以深挖的高度，即湖泊的深度。

（6）绘制地形高度。在 Terrain 属性面板中找到“Paint Height”，在绘制地形中选择一个稍微大一点的画刷，并设置“Brush Size=25”（Size 表示画刷面积的大小），Height 高度设置为 20，同时单击“Flatten”按钮，此时地面会抬升 20 个单位，如图 6-7 所示。。

说明：刚才虽然设置了 Terrain 的 Height，但是如果 Terrain 没有进行“Flatten”的操作，则 Terrain 的地面始终跟系统的地平面保持一致，而湖泊的洼地只能从 Terrain 的地面和系统的水平面的垂直高度上找到高度差，因此没有抬高 Flatten 操作就不能形成洼地的地面，在此需要特别注意。

（7）对地形增加底层纹理，因为地面绘制纹理后效果会比较明显。在 Terrain 属性面板中单击“Paint Texture”绘制纹理按钮。单击“Edit Textures”按钮，在弹出的增加纹理对话框中单击“Select”按钮，在弹出的 Select Texture2D 对话框中搜索“grass”，选择 GrassHillAlbedo 纹理，然后单击“Add”按钮，如图 6-8 所示。此时会看到底层纹理已经平铺到了 Terrain 地形上。

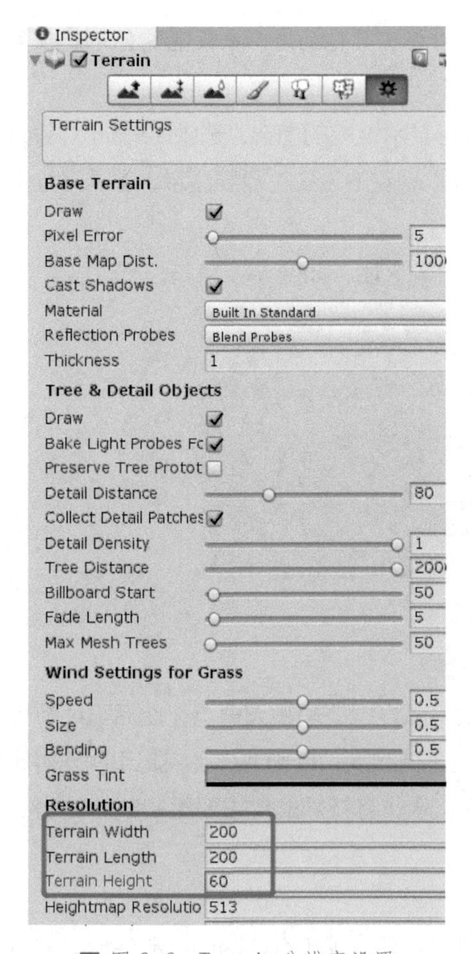

■ 图 6-6　Terrain 分辨率设置

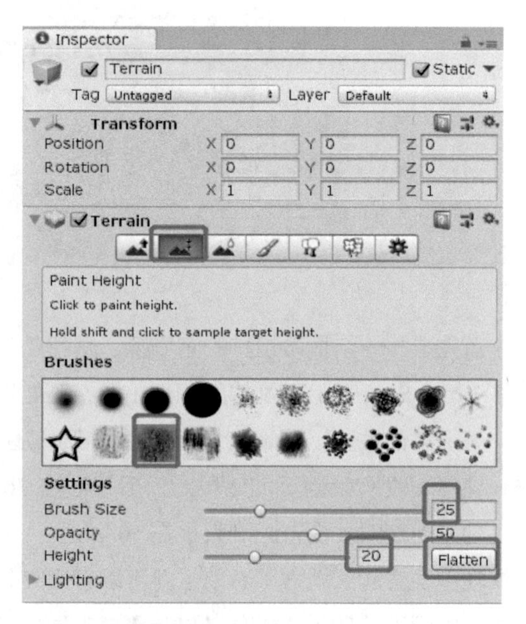

■ 图 6-7　Terrain 的绘制高度

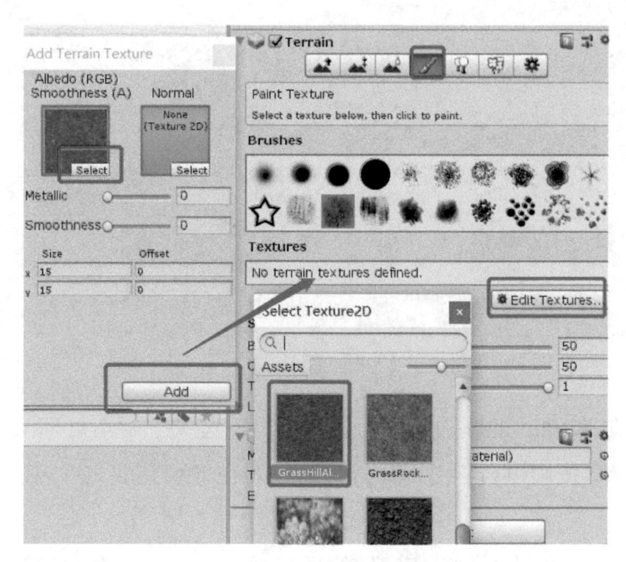

■ 图 6-8　Terrain 绘制底层纹理

说明：底层纹理是平铺到整个地形的，在后面还可以根据具体的地形来设置其他不同位置的纹理，只要再添加纹理然后选择在不同的地点做渲染就可以了。

（8）绘制地貌。在已经抬高了的 Terrain 中可以进行基本地貌的塑造，选中 Terrain 对象，在属性面板中单击“Raise/Lower Terrain”按钮，进行基本地貌的设定。需要注意，单击为抬高，【Shift】键 + 单击是降低地形，即洼地的形成。

◆此时地形上会看到蓝色的椭圆区域，这是地形的绘制区域，如图 6-9 所示。

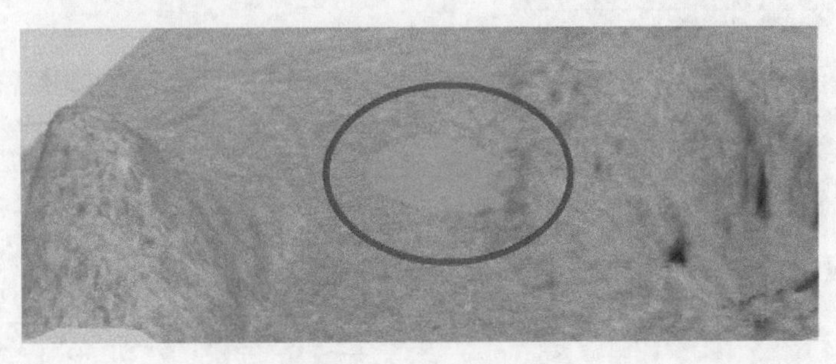

■ 图 6-9　绘制区域

◆首先选择一个稍微粗犷的画刷，进行整体的设置。

◆ Brush Size 表示画刷的面积大小，在开始的时候可以设置得稍微大一点，然后再细节性地表示其他地貌。Opacity 表示强度，强烈建议强度不要太大，否则地形会突起和凹陷得比较突然，没有太逼真的效果。一般设置在 30 以下，除非有特殊的需求要绘制突兀的岩石等地形地貌时才设置画刷大小在 50 以上。

◆在需要突起的地方不断单击就可以看到突起。

◆在需要凹陷的地方按住【Shift】键的同时不断单击，并且采用合适的画刷和强度。整体地貌效果如图 6-10 所示。

■ 图 6-10　Terrain 整体地貌

（9）平滑处理。在 Terrain 地形的属性面板中会有一些关于平滑处理的操作，当抬高地形时棱角太明显，可以单击按钮进行平滑操作处理。一般在地貌完成之后应该有整体的平滑处理，仿真程度会更高一些。

（10）绘制其他纹理。在基本地貌和底层纹理完成之后，应该在地形的一些其他位置做一些特殊的纹理处理。单击绘制纹理按钮，选择“Edit Texture”→“Select”→“Add”命令，继续添加一个“GrassRockAlBeDo”的纹理，带岩石效果。

说明: 此时纹理面板中有两个纹理，第一个作为主要底层纹理存在，如果选错了可以选择“Add Texture”→“Remove Texture”命令删除已添加的纹理。

选择新添加的带有岩石效果的纹理，并选择一个画刷，在蓝色绘制区域中设置部分纹理，可以画出一个带有路径效果的纹理图。效果如图 6-11 所示。

6.2.2　绘制树木和草等植被

（1）Terrain 可以很方便地在地形上绘制树木，首先单击属性面板中的绘制树木的按钮，选择“Edit Tree”→“Add Tree”→“设置”→选择某种类型树木→“Add”命令，把树资源添加到 Inspector 视图中，如图 6-12 所示。

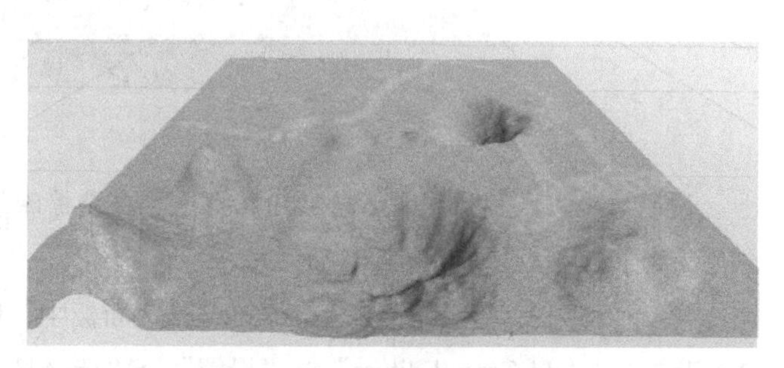

■ 图 6-11　绘制其他纹理效果

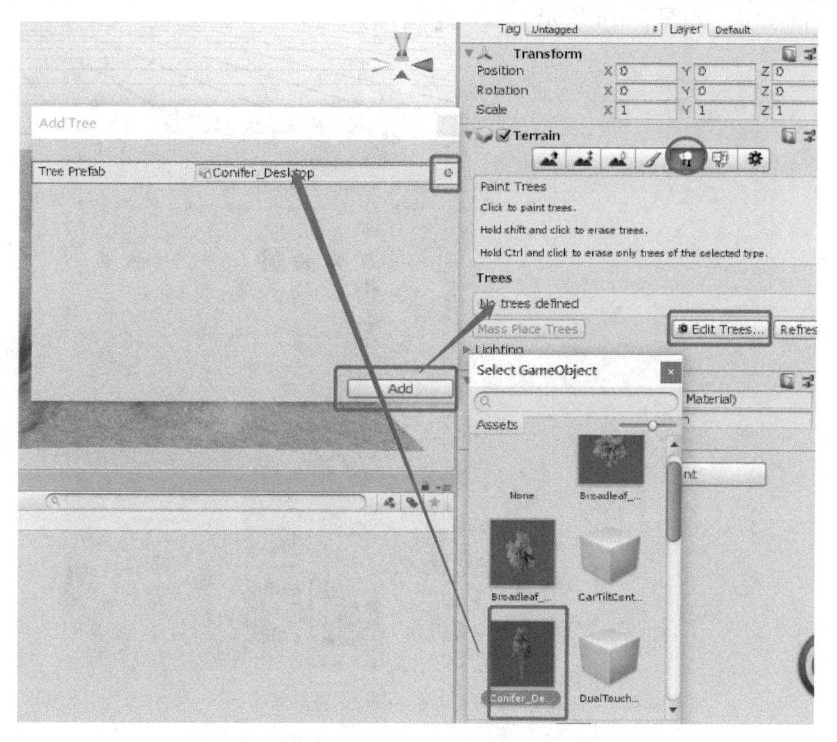

■ 图 6-12　选择添加树资源

（2）在属性面板中调整绘制树木画刷的大小和强度，不宜太大，在 Terrain 中蓝色区域内种植树木。

（3）同样道理，再添加其他树木到属性面板中，并且绘制到 Terrain 上。绘制效果如图 6-13 所示。

■ 图 6-13　带有树木的 Terrain 地形

说明：单击是种植树木。【Shift】键 + 单击是擦除绘制区域的树木。【Ctrl】键 + 单击是仅仅擦除选中树木类型在绘制区域的树木。

（4）添加草。在 Terrain 的 Inspector 属性面板中，单击按钮绘制植被。然后选择“Edit Details”→“Add Grass Editure”→“设置”→“选择某种类型草”→“Add”命令，把草资源添加到 Inspector 视图中，如图 6-14 所示。

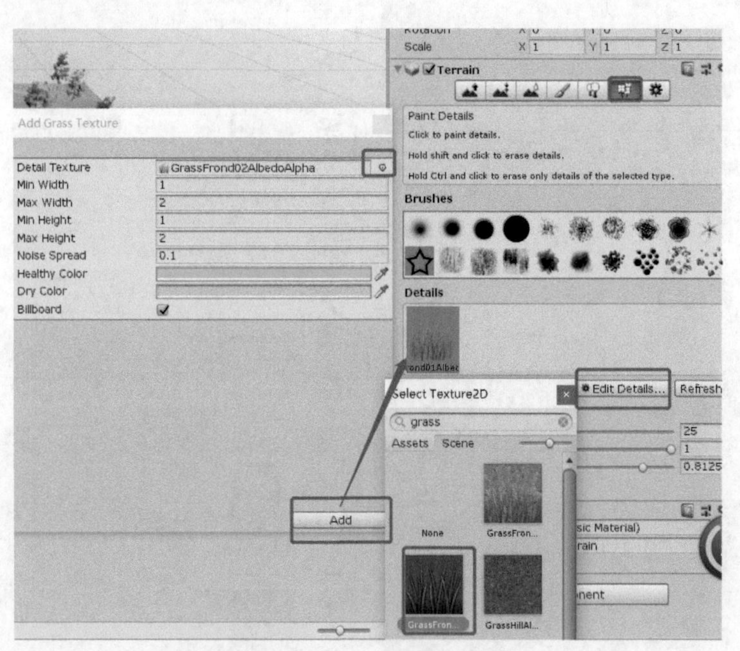

■ 图 6-14　选择添加草资源

（5）种植草。在 Paint Details 中选择一种画刷，并调整画刷的大小和强度，要注意强度不能太大，强度太大草会很密集，仿真效果比较差。绘制完成草的 Terrain 地形效果如图 6-15 所示。

■ 图 6-15　种植草

说明： 草在 Terrain 中由于受到地形面积的影响，游戏播放过程中，只有当摄像机的角度离得很近时才能被渲染出来，如果超出了视觉范围，草是不能被渲染的，也是为了节省 Unity 渲染的资源。

6.2.3　添加水资源

（1）在 Terrain 中添加的水其实是 Environment 中一个资源包中的组件。

（2）在 Environment 中有两个文件夹 Water、Water（Basic），包含了白天和晚上两种水效果资源。在 Water（Basic）中的 Prefabs 预制体文件夹中有两种水资源的预制体，如图 6-16 所示。

（3）选择 WaterBasicDaytime 预制体到地形的凹陷处，此时会在 Hierarchy 中显示名为 WaterBasicDaytime 的对象，并且很小，添加水预制体资源方法如图 6-17 所示。

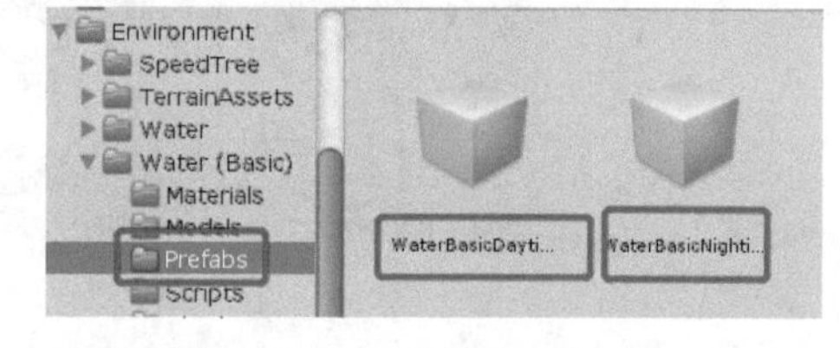

■ 图 6-16　Environment 资源包中的水资源

（4）重命名为 Water1。

（5）对 Water1 资源按照实际情况进行缩放和抬高、降低位置等操作，以适合洼地的位置。选中 Water1，将 Scale 中的 X 设置为 20，Z 设置为 20，并抬高 Position 中 Y 的数值，以适合在 Terrain 地形中的恰当位置。效果如图 6-18 所示。

说明： 水效果的 Water 对象其实在 Terrain 中始终保持 Y 的缩放比例为 1，即缩放时 X 可以放大缩小，Z 可以放大缩小，但是 Y 不能变化，始终保持值为 1。摄像机的位置如果到了水下，即 Y 值小于 Water 对象 Y 值时，是看不到水填充效果的，如果想要实现水下的效果还要进行其他处理。

（6）在 Scene 场景视图中，选中主摄像机，选择“GameObject”→“Align With View”进行设置，使摄像机的位置正好与调试的视角对齐。

■ 图 6-17 添加水

■ 图 6-18 添加了水效果的地形

（7）运行后，可以看到水的流动和草的晃动效果，请读者自行演示查看其他效果。

6.3 使用第一人称角色

在完成了 Terrain 的基本设定，包括地形地貌、山、湖、水、树和草等内容后，目前 Game 视图中只能看到一个固定的视角，不能实现漫游功能。本节尝试使用 Unity 中的“FirstCharacter”第一人称角色控制器来实现人物在 Terrain 地形系统中的漫游效果。

（1）FirstCharacter 是在标准资源包中进行导入。在 Assets 中右击，在弹出的快捷菜单中选择“Import Package”→“Characters”命令，在弹出的对话框中单击“Import”按钮，将 Characters 人物资源包导入，如图 6-19 所示。

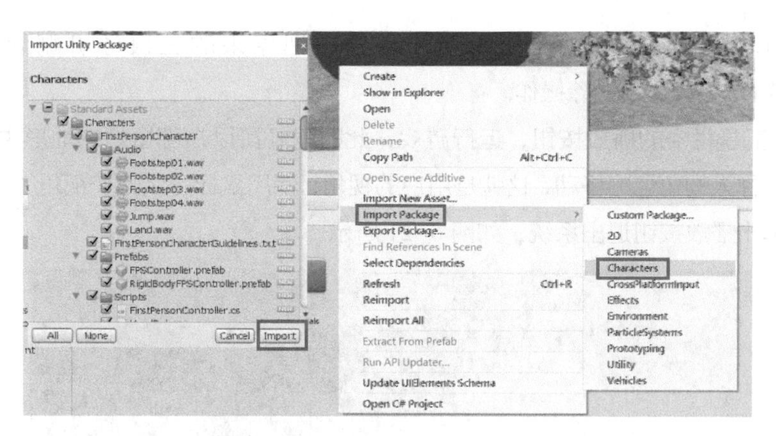

■ 图 6-19　导入 Character

导入资源包后会在 Assets 的 Standard Assets 文件夹中添加一个“Characters”的文件夹，里面包含第一人称和第三人称两种人物角色。

（2）添加第一人称角色。在 FirstPersonCharacter 文件夹中选择 Prefabs 预制体文件夹，将“RigidBodyFPSController”预制体拉到 Terrain 的指定位置，并拉高摄像机的位置，即加大 Position 的 Y 值，如图 6-20 所示。

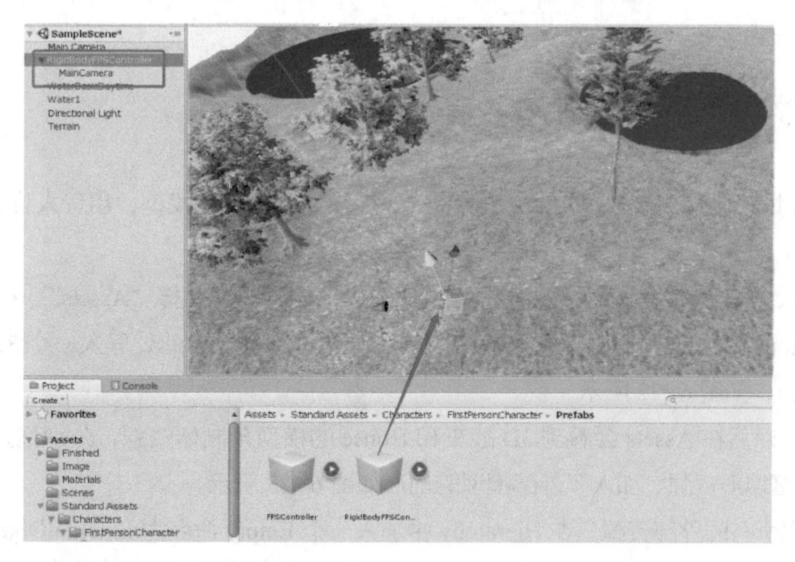

■ 图 6-20　添加 FPS（FirstPersonController 第一人称）

在 Hierarchy 中会添加一个 RigidBodyFPSController 的对象，其子对象是一个 MainCamera，其实就是一个摄像头，也就是说第一人称其真实的对象就是一个摄像机。由于已经在系统配置中默认绑定一个脚本，在 Inspector 属性面板中会看到自身带有一个“RigidbodyFirstPersonController.cs”的脚本，功能就是控制运动，因此可以通过键盘控制人物的前后左右移动，其实也是控制了摄像机的位置，使得第一人称角色带着用户在场景中进行漫游。

注意：第一人称的摄像机位置要高于 Terrain，否则就穿过 Terrain，照射在地面以下。

（3）此时 Hierarchy 中有两个摄像机，因此需把原来的主摄像机删除。选中“Main Camera”，按【Del】键进行删除操作。

（4）单击工具栏中的播放按钮，运行游戏，此时已经可以在部署好的地形中漫游，并通过键盘控制第一人称人物角色的移动，这就是用户的视角，使用鼠标可以改变视角的角度。按【Esc】键后可以再次单击播放按钮退出系统，如图 6-21 所示。

■ 图 6-21　带有第一人称的 Terrain 漫游效果

6.4 导入外部模型物体

在 Terrain 地形中可以导入 3d Max 或者 Maya 等软件制作好的模型，用导入资源包的方式进行导入。

（1）导入方式可以选择直接将资源包拖入 Assets，或者选择“Assets”→“Import Package”→“Custom Package”命令，并选择相应的资源包进行导入，此处导入一个 3D 战车和一个 House 的资源包，如图 6-22 所示。

（2）导入以后在 Assets 会看到 3D 战车和 House 的模型预制体资源，分别拖入 Terrain 的不同位置，以丰富地形资源。加入了外部模型的地形如图 6-23 所示。

（3）管理所有的外部资源。在 Hierarchy 中加入一个 Empty 命名为 ExternalObject，并把所有加入的外部资源模型作为 Empty 的子对象，以方便对所有资源进行统一的管理。

（4）运行游戏，在播放模式下通过第一人称角色控制器，在漫游过程中看到的地形和外部模型的过程，如图 6-24 所示。

到此为止，一个 3D 地形漫游系统基本上完成，包含了 Terrain 和相关地形地貌设置、水效果添加、外部模型导入、第一人称角色控制器加入等过程，实现在一个 3D 场景中漫游，这是一个比较重要的突破，地形系统的思想和认识在以后的创作过程中也要被应用，请读者多加练习。

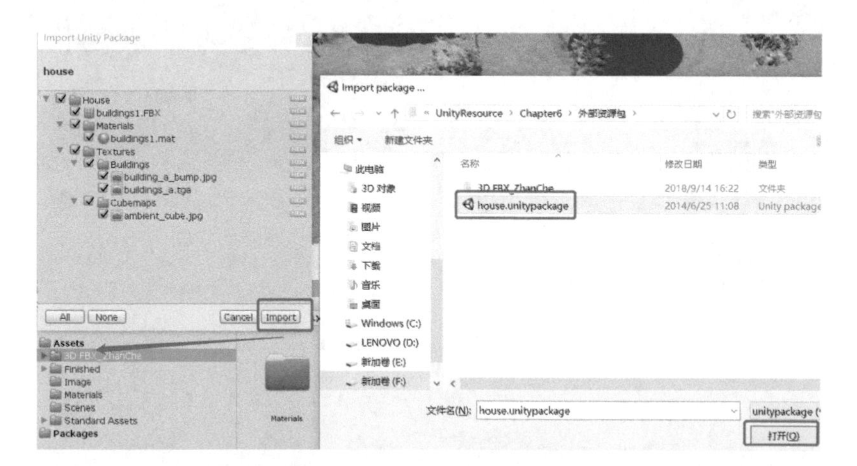

■ 图 6-22　导入外部资源包

■ 图 6-23　导入外部模型的 Terrain

■ 图 6-24　运行状态下的 Terrain

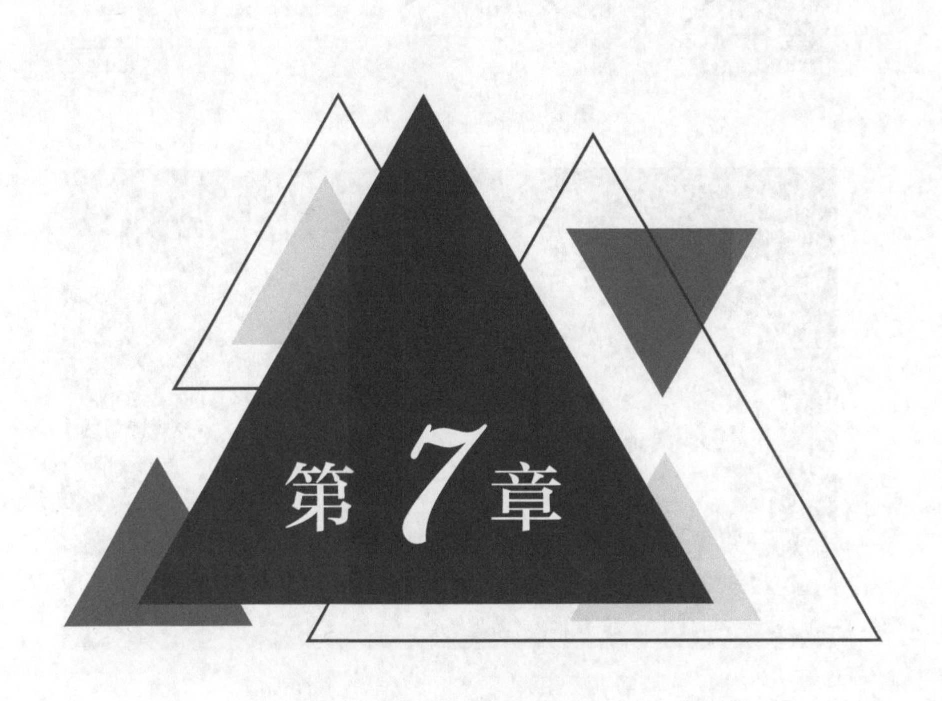

第7章 物理引擎

本章结构

本章主要介绍物理引擎中的刚体相关方法的定义及使用，详细论述了与物体碰撞的相关过程和触发函数，介绍与碰撞类似的触发器的定义以及触发方式等内容。本章中的“打砖块游戏”、“碰撞体”和“疯狂教室”等三个实践案例分别从不同角度深入运用刚体的基本方法、碰撞以及触发器的不同内容。本章知识结构如图 7-1 所示。

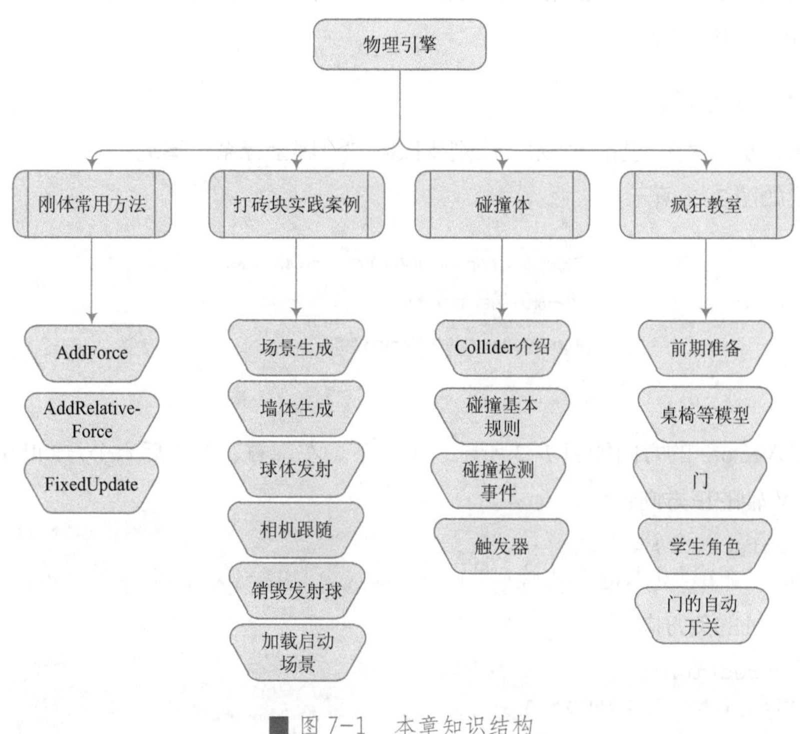

■ 图 7-1　本章知识结构

学习目标

1. 理解刚体常用方法的基本格式以及应用环境。

2. 熟练掌握在碰撞过程中的基本过程和碰撞检测方法。

3. 理解触发器与碰撞的区别，以及不同的使用方法。

7.1 刚体及常用方法

物理系统中的主要组件即为 Rigidbody 刚体组件，只有给对象增加了 Rigidbody 刚体组件之后，才能实现该对象在场景中的交互、增加仿真效果、接受碰撞等外力的作用，才能有重力的影响等真实感动作的效果。本节主要介绍 Rigidbody 刚体组件的常用方法。

刚体的常用方法有三个，分别是：

◆ AddForce() 给刚体添加一个力。

◆ AddRelativeForce() 给刚体添加一个力，让刚体沿着“自身坐标系”进行运动。

◆ FixedUpdate() 固定时间调用的更新方法，所有和物理有关的更新方法。

下面将分别介绍这三个方法。

7.1.1 AddForce()

（1）作用：是给对象增加一个力，让刚体按照“世界坐标系”运动。

（2）格式如图 7-2 所示。

Rigidbody.AddForce(Vector3，ForceMode);

Vector3：力的方向和大小；

ForceMode：力的模式[enum 类型]。

■ 图 7-2 AddForce（ ）方法具体格式

（3）关于 Vector3 的方向如图 7-3 所示，上、下、左、右、前、后六个方向的代码如下：

◆向上为 Y 轴的正方向：

```
Vector3 direction;
direction = Vector3.up;
```

◆向下为 Y 轴的负方向：

```
Vector3 direction;
direction = Vector3.down;
```

◆向左为 X 轴的负方向：

```
Vector3 direction;
direction = Vector3.left;
```

◆向右为 X 轴的正方向：

```
Vector3 direction;
direction = Vector3.right;
```

◆向前为 Z 轴的正方向：

```
Vector3 direction;
direction = Vector3.forward;
```

◆向后为 Z 轴的负方向：

```
Vector3 direction;
direction = Vector3.back;
```

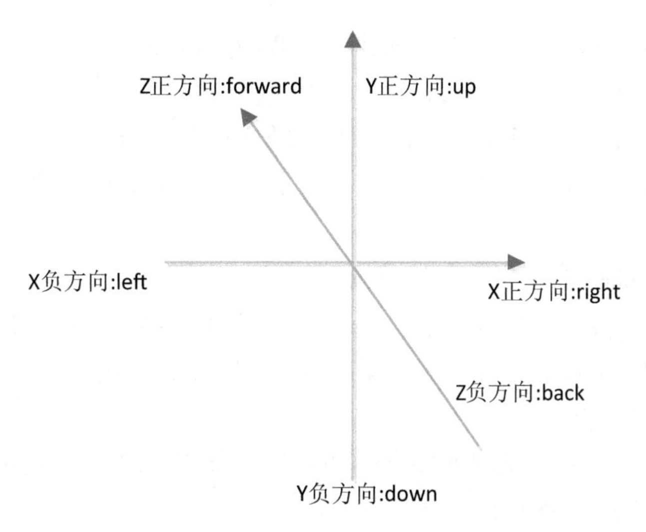

■ 图 7-3　增加力的方向说明

（4）ForceMode：力的模式为枚举类型，有以下几种：

◆ Acceleration：加速度模式。

◆ Force：外加力，通常用于设置真实的物理效果。

◆ Impulse：冲击力，这种模式通常用于一种瞬间的力。

◆ VelocityChange：速度的变化。

例如，在脚本中给物体一个向前的加速度力。具体的过程如下：

◆第一步：需要获取对象的 Rigidbody 组件。

◆第二步：给获取到的对象的 Rigidbody 组件使用 AddForce，增加定义的力。（需要注意使用力时需要有特定的触发点，如单击，或者按下键盘某一个键的时刻，如果始终增加力的话对象就会失去控制，超出实现范围。）

例如，在场景中添加一个 Plane 和一个球体，给球体添加脚本，并绑定下面的代码，其功能可以看出平面上的球体在开始时静止，但是如果按下鼠标左键则给了一个向前的力，因此球体会向前滚动，如图 7-4 所示。

```
private Rigidbody m_rigidbody;

        void Start () {
            m_rigidbody = gameObject.GetComponent<Rigidbody>();// 获取对象自身的刚体
        }
        void Update () {
            if (Input.GetMouseButton(0))
            {
                m_rigidbody.AddForce(Vector3.forward, ForceMode.Acceleration) ;
                // 向前运动，包括方向和力量
            }
       }
```

需注意，使用 AddForce 增加力的过程必须要有 Rigidbody 刚体组件，并且规定给力的方向是以世界坐标系为标准，向前即是 Z 轴的正方向，虽然可以沿着任意方位运动，但是可能会导致物体的运动方向和物体的朝向不一致。因此，加力的方向应符合实际情况。

（5）将创建的球体对象换成“战车”资源包，来实验 AddForce() 的效果。

◆删除 Ball 对象。

◆导入“3D Zhanche”资源包，并放入场景中。

◆调整战车的朝向，绕 Y 轴旋转 90°。此时车的前面和世界坐标系的前方不是一个方位。

◆给战车加入“Rigidbody”，因为没有刚体的物体是不能加力的。

◆把脚本关联到战车上。

◆此时运行游戏，会看到虽然战车在鼠标的控制下运动了，但是并不顺着车头给力，有违物理原理，还需调整。效果如图 7-5 所示。

■ 图 7-4 AddForce() 的效果

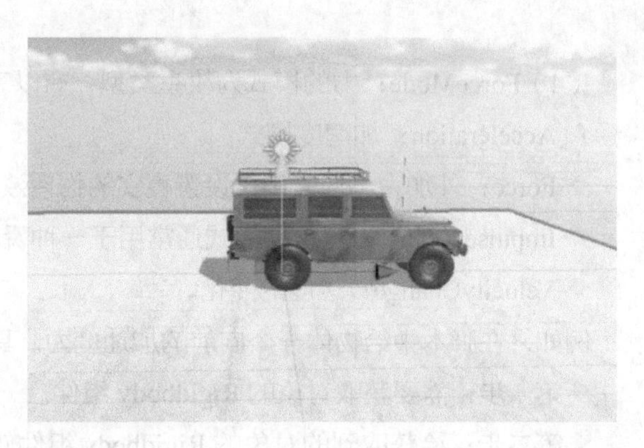

■ 图 7-5 车头与 Forward 不顺着一个方向运动

7.1.2 AddRelativeForce()

（1）功能：给刚体添加一个力，让刚体沿着“自身坐标系”进行运动，施加力时它是以自身坐标系为基准，这可以保证力的方向与物体自身方向一致。

（2）具体格式同 AddForce()。

（3）把战车脚本的 AddForce() 方法改成 AddRelativeForce() 方法，通过修改后的运行效果可以对比其两者的区别。代码如下：

```
private Rigidbody m_rigidbody;

      void Start () {
          m_rigidbody = gameObject.GetComponent<Rigidbody>();// 获取对象自身的刚体
      }

     void Update () {
          m_rigidbody.AddRelativeForce(Vector3.forward * 10, ForceMode.Force);
     }
```

7.1.3　FixedUpdate() 函数

（1）固定更新的方法，所有和物理有关的更新方法都写到此函数中。

（2）默认的更新时间间隔：0.02 s。

（3）可以依次通过 Edit → Project Setting → Time 面板中的 Fixed TimeStep 设置其默认的间隔时间，如图 7-6 所示。

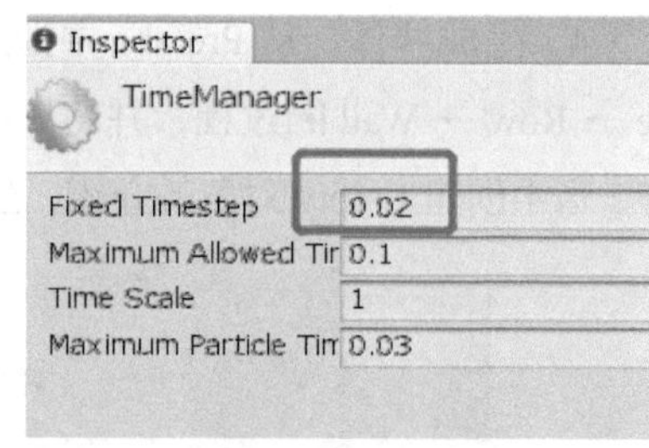

■ 图 7-6　FixedUpdate() 间隔时间设定

（4）与 Update 的区别：Update 是每帧执行一次。

说明： Update () 方法是每帧执行一次。画面每渲染完一次，就是一帧，每帧的时间是不固定的。在 Update () 方法中执行物理操作，会出现卡顿的情况。有时候场景简单，每帧耗费时间就短一些，场景复杂，一帧需要的时间就会长一些。

7.2　实践案例：打砖块游戏

本节主要应用 Rigidbody 以及 AddForce 等方法来实现“打砖块”的经典案例，包括场景构建、对象实例化、球体发射等内容。

7.2.1　主要场景及墙体

（1）新建 3D Porject，并应用 Skybox 等资源。

（2）导入资源包。本案例需要使用墙体砖块、发射的球体等资源。具体如图 7-7 所示。

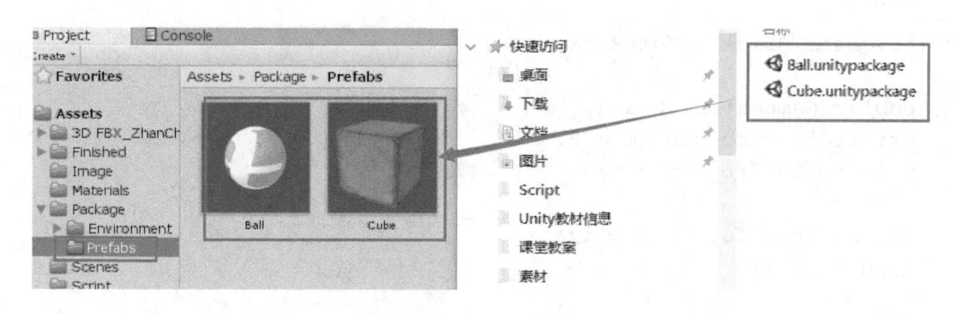

■ 图 7-7　导入资源包

（3）在新的场景中创建一个 Plane，并应用其设定的材质，同时在 X 和 Z 轴上放大两倍，设置 Y=−0.5。属性设置如图 7-8 所示。

Transform			
Position	X 0	Y -0.5	Z 0
Rotation	X 0	Y 0	Z 0
Scale	X 4	Y 1	Z 4

■ 图 7-8 Plane 属性设置

（4）生成墙体。从 Prefabs 中拖入 Cube 对象到 Hierarchy，并用【Ctrl+D】组合键逐步生成 Cube → Row → Wall 的过程，并将一个 Empty 对象命名为 Wall 来进行管理。具体过程也可以参考第 2 章中创建 Empty 对象的介绍，生成一个 8 × 6 的墙体，效果如图 7-9 所示。

■ 图 7-9 Wall 墙体的生成

或者可以用代码来生成墙体。在第 2 章中介绍空对象时，已经详细介绍如何用快速复制粘贴和空对象的方式生成墙体，下面用代码方法创建墙体，就是一个循环过程，不断实例化 Cube 对象并重置其位置信息。从 Hierarchy 中删除 Wall 对象，在 Scripts 中新建一个 C# 脚本，并命名为 Brick。代码如下：

```
public class Brick : MonoBehaviour {

    public GameObject brick;          //砖块对象
    private int columnNum = 8;        //列数
    private int rowNum = 6;           //行数

    // Use this for initialization
    void Start()
    {
        for (int i = 0; i < rowNum; i++)
        {
            for (int j = 0; j < columnNum; j++)
            {
                Instantiate(brick, new Vector3(j - 5, i , 0), Quaternion.identi
                ty);//实例化每一个砖块，注意相应的位置，每个砖块是1*1见方的
            }
        }
    }
}
```

（5）在 Hierarchy 中添加一个空对象，命名为 Wall，绑定脚本 Brick，以实现脚本功能。并在属性面板中指定其外部变量为 Prefabs 中的 Cube 对象，如图 7-10 所示。

（6）调整摄像机的位置和角度，以对准 Plane 的中心位置，运行游戏，看到墙体的生成效果与图 7-9 的效果一致。

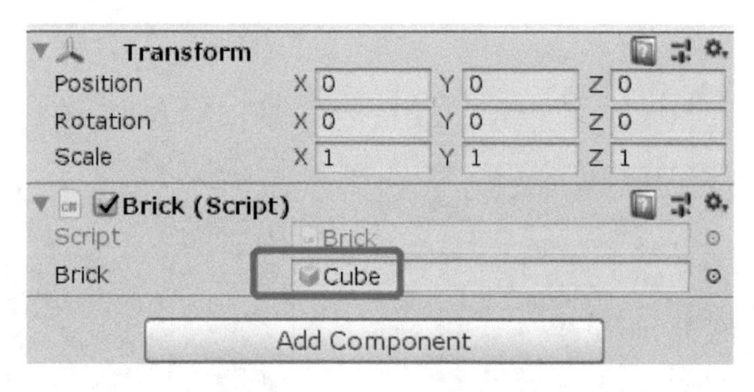

■ 图 7-10 Brick 脚本设定

7.2.2 发射球体

（1）用向前的力量来投射球，需要用到两个预设体，并定义脚本，从摄像机的位置射出，因此第一个对象是摄像机，第二个是球预设体。

（2）在 Scripts 中定义 C# 脚本，命名为 Shoot，功能是获取发射的位置即摄像机的位置，在摄像机的位置处实例化球体，实例化的同时添加一个向前的力作为发射的原动力。具体代码如下：

```
public class Shoot : MonoBehaviour {

    public  GameObject  shootpos;                //发射位置，后面可以指定到摄
                                                   像机上
    private  float force=1000;                   //投射力度

    public  Rigidbody  shootball;                //投射球体对象
    private float speed = 0.1f;                  //摄像机移动速度

    // Update is called once per frame
    void Update()
    {

        Rigidbody ball;                          //因为有力量，所以定义刚体对象
        if (Input.GetKeyDown(KeyCode.Space))     //空格发射
        {
            //实例化一个球体
            ball = Instantiate(shootball, shootpos.transform.position, Quaternion.
            identity) as Rigidbody;
            ball.AddForce(force * ball.transform.forward);
        }
    }

}
```

（3）绑定脚本到摄像机，并指定外部对象变量，Position 为摄像机对象，即获取摄像机的位置为球发射的位置，Shootball 取 Prefabs 中的球体预制体即发射球体的对象，如图 7-11 所示。

（4）运行游戏，按【Space】键会发射球体。但是此时的发射位置不会发生变化，因为没有控制摄像机的移动等功能，而球体的发射主要取自于摄像机的位置。效果如图 7-12 所示。

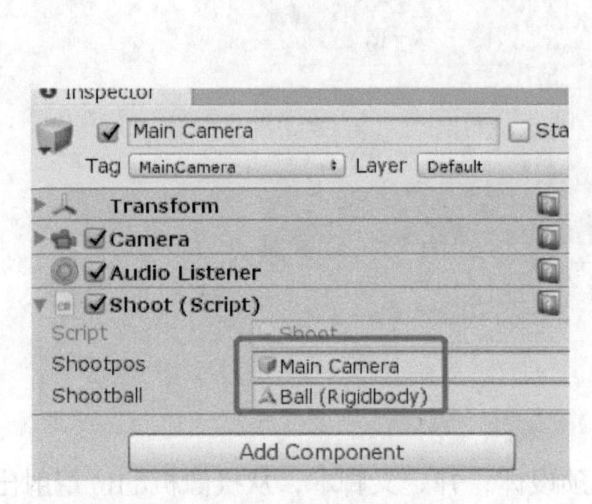

■ 图 7-11 Shoot 脚本外部对象指定

■ 图 7-12 发射球体效果

7.2.3 控制摄像机的移动

在 Shoots 脚本中增加通过按键控制摄像机位置变化的脚本，主要通过小键盘的上下左右键控制摄像机在 X 轴和 Y 轴上的移动变化，注意 Z 轴是不变的。在 Update 中增加代码如下：

```
if (Input.GetKey (KeyCode.LeftArrow))
        {
            transform.Translate(Vector3.left*speed);
        }
        else if (Input. GetKey (KeyCode.RightArrow))
        {
            transform.Translate(Vector3.right * speed);
        }
        else if (Input. GetKey (KeyCode.UpArrow))
        {
            transform.Translate(Vector3.up  * speed);
        }
        else if (Input. GetKey (KeyCode.DownArrow))
        {
            transform.Translate(Vector3.down  * speed);
        }
```

7.2.4 销毁发射球

运行游戏会看到通过键盘的上下左右键控制摄像机位置的移动，即发射点的不同，但是发射出去的球体并不能自动销毁，而都在场景中存在。

在 Scripts 中新建一个 C# 脚本，命名为 BallDestroy，目的就是在球体实例化一定时间之后自动销毁自身对象。具体代码如下：

```
public class BallDestroy : MonoBehaviour {

    void Update()
    {
        Destroy(this.gameObject, 2f);
    }

}
```

关联脚本到 Ball 的预制体。选定 Prefabs 中的 Ball，在属性面板中依次选择“Add Comonent”→“Scripts”→“BallDestroy”指定上述脚本。

此时运行游戏能看到发射出去的球体，能够在 2 s 后自动销毁。

7.2.5　重新加载场景

游戏在运行一段时间，墙体被打击后，如果需要用【Esc】键控制重新加载场景，则需要在脚本中增加对【Esc】键的判断，并加载场景。

（1）在 File 菜单的 Build Settings 中加载当前的场景，Index 为 0，如图 7-13 所示。

图 7-13　Build 当前场景

（2）在 Brick 脚本中增加对场景管理方法所在的命名空间，则在脚本的开始引入其命名空间，代码为 using UnityEngine.SceneManagement。

（3）在 Brick 脚本的 Update 事件中增加对【Esc】键的控制。Update 代码如下：

```
void Update()
    {
        if (Input.GetKeyDown(KeyCode.Escape))
        {
            SceneManager.LoadScene(0);
        }
    }
```

（4）到目前为止，实现打砖块游戏的主要功能，包括两种墙体的生成、球体的实例化和发射、摄像机的移动、场景的重新加载等内容，其读者自行验证其运行效果。

7.3　碰撞体以及碰撞体事件检测

碰撞体是游戏在实现过程中相互碰撞和检测的一个必然环节，使用刚体移动物体，与场景中其他物体相碰撞：其实是碰撞的目标物体的“碰撞体”组件，也就是 Collider 碰撞。另外和目标物体碰撞的，是移动的物体自身的“碰撞体”组件。

7.3.1 Collider 基本介绍

（1）碰撞体的分类。在 Hierarchy 中创建一个基本对象，在 Inspector 的属性面板中都会包含一个基本的 Collider 的组件，Unity 系统会根据创建的对象的不同而附加一个不同类型的 Collider 组件，其主要包含以下几种 Collider 组件：

- ◆ Box Collider：盒体碰撞体。
- ◆ Sphere Collider：球体碰撞体。
- ◆ Capsule Collider：胶囊碰撞体。
- ◆ Mesh Collider：网格碰撞体。

（2）碰撞体组件的添加。添加碰撞体的方式是选中对象，在属性面板依次选择“Add Component”→“Physics”→“**** Collider”命令来给对象添加不同的 Collider 组件。

（3）Edit Collider 编辑碰撞体。在使用过程中 Collider 有一个边界为碰撞的边缘，要根据不同的对象要求而添加不同的 Collider，并调整 Collider 的边界值，因此需要对 Collider 进行编辑。在 Collider 中两个基本属性是：

- ◆ Center：用来表示碰撞体的中心点位置，一般为 0、0、0。
- ◆ Size：碰撞体的大小。

在使用过程中可以通过 Edit Collider [Edit Collider] 命令来调整 Collider 的大小，其实就是调整 Collider 的 Size 和 Center 等信息，以 Collider 包围住对象的整体或者适当位置。

（4）简单案例。例如，在场景中把立方体和球体组合成一个组合对象，并用一个 Empty 对象进行管理，在父对象上增加一个 BoxCollider 组件，并通过“Edit Collider”调整 Collider 使其完全包围其整体内容，如图 7-14 所示。

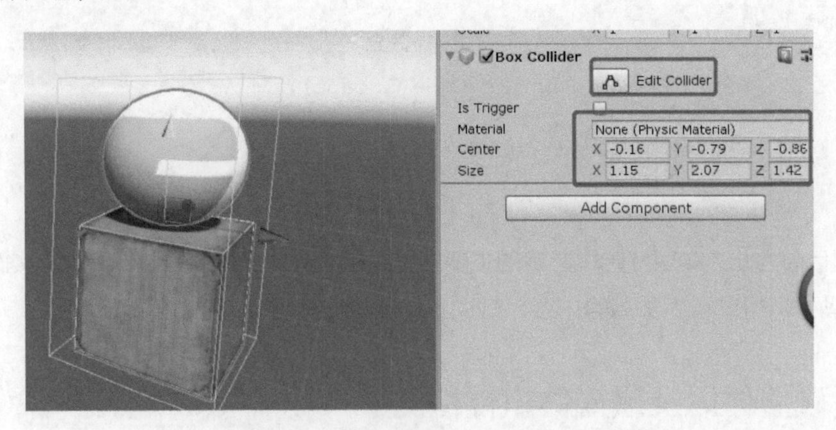

■ 图 7-14　组合对象增加的 Box Collider 组件

7.3.2　Collider 的基本规则

其实 Collider 碰撞体就是物体对象的骨骼，跟别的物体发生碰撞时是物体之间碰撞体的碰撞，并且碰撞体和刚体之间存在一种必然的关联，下面介绍不同组合的 Rigidboday 和 Collider 之间的关系。

实验对象选取一个 Cube 和一个拉伸为墙体的 Cube，并且通过按键控制其中一个 Cube 的移动，当其穿过另一个墙体 Cube 的空间位置时在不同情况下的不同状态。场景效果如图 7-15 所示。

■ 图 7-15　碰撞检测案例的基本场景

（1）增加小立方体的移动脚本。在 Scripts 文件夹中增加一个 MoveCube 的 C# 脚本，用来控制按键移动。并关联脚本到 Cube 立方体对象上，具体代码如下：

```
public class MoveCube : MonoBehaviour {

    private float speed = 0.6f;
    // Update is called once per frame
    void Update () {

        if (Input.GetKeyDown(KeyCode.UpArrow))
        {
            transform.Translate(Vector3.forward*speed );
        }
        else if (Input.GetKeyDown(KeyCode.DownArrow ))
        {
            transform.Translate(Vector3.back*speed);
        }
        else if (Input.GetKeyDown(KeyCode.LeftArrow ))
        {
            transform.Translate(Vector3.left*speed);
        }
        else if (Input.GetKeyDown(KeyCode.RightArrow ))
        {
            transform.Translate(Vector3.right* speed);
```

```
        }
    }
}
```

（2）绑定脚本到 Cube。运行时，虽然能够看到立方体的运动，但是在运动中会穿过另一个墙体立方体，此时的立方体都只有一个默认的 BoxCollider 组件。

（3）Collider 与 Rigidbody 的区别。

◆刚体是控制物体的受力和运动。

◆碰撞体是控制物体与物体接触后的反应状态，即碰撞发生和穿过等不同的状态。

在案例中，因为对象都只有一个 Collider 组件，且未添加 Rigidbody 刚体，在运行时会出现穿透的效果。

（4）测试不同的情况。

◆状况一：原物体仅带有碰撞体，目标物体也只有碰撞体，其示意图如图 7-16 所示，运行结果为穿过。

◆状况二：原物体刚体 + 碰撞体，目标物体仅只有碰撞体，其示意图如图 7-17 所示，运行结果为碰撞但是撞不动。

■ 图 7-16　碰撞测试状态一　　■ 图 7-17　碰撞测试状态二

◆状况三：原物体只有刚体，目标物体只有碰撞体，其示意图如图 7-18 所示，发现没有碰撞体的原物体在还没有运动时就已经掉落到平面以下。

◆状况四：原物体有刚体 + 碰撞体，目标物体也有刚体 + 碰撞体，其示意图如图 7-19 所示。运行后会发现被测试立方体被撞倒的效果。

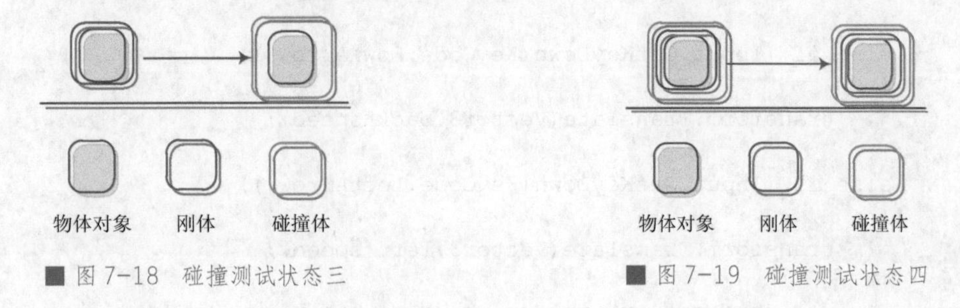

■ 图 7-18　碰撞测试状态三　　■ 图 7-19　碰撞测试状态四

经过测试说明，在场景中如果需要对物体进行碰撞的检测过程，则必须对物体同时加入 Collider 和 Rigidbody 组件，否则不能发生真实的碰撞效果。

7.3.3 碰撞检测事件

在两个同时拥有了刚体和碰撞体的物体之间可以发生真实的碰撞效果，并且可以通过某些碰撞检测的方法来获取是否发生了碰撞。

（1）碰撞检测事件。碰撞事件 Collision 有以下三种：

◆ OnCollisionEnter（Collision）：碰撞进入或者发生，当碰撞开始时调用一次。

◆ OnCollisionExit（Collision）：碰撞结束或者离开 Collider 的区域，当碰撞结束时调用一次。

◆ OnCollisionStay（Collision）：碰撞维持时，碰撞进行中会持续发生。

（2）碰撞检测函数的参数 Collision，代表碰撞者。属于一个类，用于传递消息，可以通过以下方法类获取信息：

◆ Collision.GameObject 属性：获取碰撞者的物体属性。

◆ Collision.GameObject.name 属性：获取碰撞者的名字。

（3）测试案例。在案例中为墙体立方体对象，即被撞物体增加脚本，用来测试碰撞是否发生。

◆给拉伸墙体对象重命名为“CubeWall”。

◆增加脚本做碰撞检测。在 Scripts 文件夹中增加一个 C# 脚本，并重命名为“CollisionTest”。具体代码如下：

```
public class CollisionTest : MonoBehaviour {

    void OnCollisionEnter(Collision coll)
    {
        if (coll.gameObject.name == "CubeOne")
        {
            Debug.Log(" 碰撞发生并检测到 ");
        }
    }
}
```

◆同时给 Cube 和 CubeWall 增加 Rigidbody 刚体。

◆绑定脚本 CollisionTest 到 CubeWall 对象上。

◆运行游戏场景，会发现同时带有刚体和碰撞体的立方体碰撞之时，发生碰撞效果，并且在 Console 中出现提示字样，如图 7-20 所示。

注意事项：在做碰撞检测时要确保物体同时具有刚体和碰撞体，并且碰撞检测事件名称和参数类型名称不能有误，否则会出现不正确的检测。

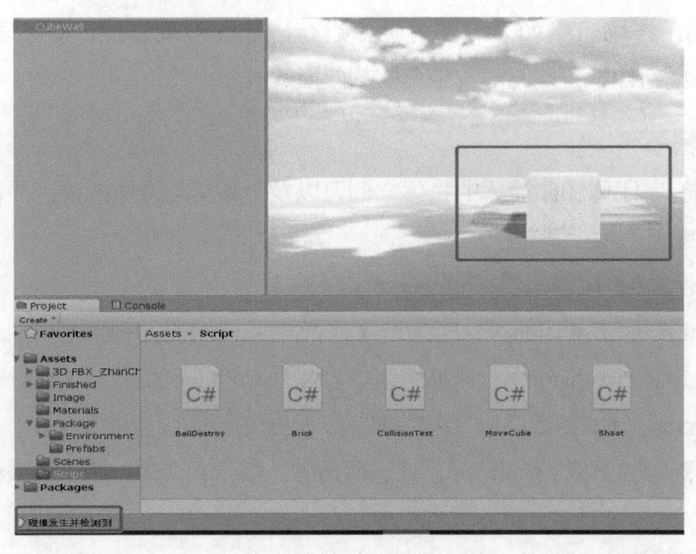

■ 图 7-20　碰撞检测发生

7.3.4　触发器

触发器为 Trigger，是 Collider 中的一种特殊形式。如果作为触发器使用则需要选中 Collider 属性面板中的“Is Trigger”复选框 Is Trigger ☑，并且只能作为触发器使用，不能做碰撞检测。其触发器的触发事件为：

- ◆ OnTriggerEnter(Collider coll)：在进入 Collider 时触发一次。
- ◆ OnTriggerExit(Collider coll)：在离开 Collider 时触发一次。
- ◆ OnTriggerStay(Collider coll)：在 Collider 区域中持续触发。

其使用方法与过程和 Collision 碰撞相同，不再赘述。

说明：

- ◆碰撞 Collision 发生的条件是游戏对象必须要有 Collider 碰撞器，其中一方必须有 Rigidbody 刚体，碰撞的物体要有相对运动。
- ◆触发 Triger 产生的条件是两个物体上都要带有碰撞器，至少一个带有刚体，并且两个物体至少有一个打开触发器。
- ◆触发器是碰撞的一种形式。
- ◆对物体添加了 Is Trigger 之后就不能再进行 OnCollision 碰撞检测，只能用 OnTriggerEnter 判断触发器的触发。

7.4　实践案例：疯狂教室

本节利用碰撞和检测等方法来实现一个疯狂教室的案例。在本案例中，场景主要包含一个教室的模型，包含桌子、椅子、教师桌、墙壁等物体。大家可以根据情况自己实现桌子和椅子预制体的创建，本案例中使用已经做好的预制体，关于桌子和椅子预制体的生成本章不再详细介绍，请参考 Prefabs 预制体的章节。

案例场景整体效果如图 7-21 所示。

■ 图 7-21　疯狂教室整体效果

7.4.1　前期准备

（1）在原有的 Project 中新建一个场景，并命名为“Crazy Classroom”。

（2）在新的场景中应用工程中已经存在的“Skybox”。

（3）导入资源包 table&chair.unitypackage，此时会在 Assets 文件夹中出现 Prefabs 文件夹中的桌子、椅子和一套桌椅的预制体资源，如图 7-22 所示。

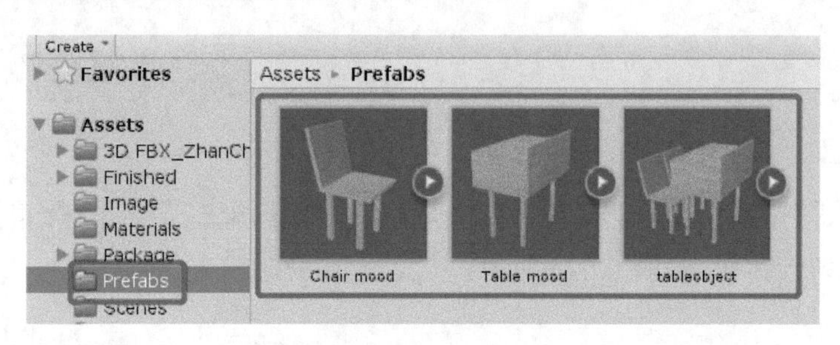

■ 图 7-22　桌椅预制体资源导入

7.4.2　教室有关模型

（1）地形设置。在场景中创建一个 Terrain 地形，作为教室用地，设置地形的大小为 100×100×60。

（2）在 Assets 中导入系统资源包 Environment，对地形应用“GrassRockAlbebo”的材质。场景原始效果如图 7-23 所示。

■ 图 7-23 场景原始效果

（3）教室桌椅模型

教室中需要用到学生的成套桌椅，以及教师使用的单独课桌，因此需要在地形上生成桌椅对象，从导入的桌椅的预制体生成学生以及教师使用桌椅，并按照行 4 行 6 列的方式排列。

◆第一步，从 Prefabs 中生成第一套学生桌椅，并放置到 Terrain 地形的适合位置。

◆第二步，依次使用【Ctrl+D】组合键快速生成此行中其他 5 套桌椅，并摆放在合适的位置。

◆第三步，创建 Empty 对象作为此 6 个一行桌椅的父对象，并命名为 Row，如图 7-24 所示。

■ 图 7-24 一行学生桌椅

◆第四步，按照 Row 的布局，使用【Ctrl+D】组合键快速生成其他 3 行桌椅对象，并使用 Empty 进行统一管理，如图 7-25 所示。

■ 图 7-25 学生桌椅及管理

◆第五步，生成教师课桌对象，并作为 RoomObject 的子对象。摆放在教室的最前排，此时需要对桌子绕 Y 轴旋转 180°，以确保方向的一致性。

（4）墙壁模型。

◆墙壁模型在 Scene 中放置 Cube 对象，进行一定方式的伸缩操作，放置于桌椅的一侧位置。

◆在 Materials 文件夹中创建一个适合于墙壁的材质，并应用到墙面。

◆使用【Ctrl+D】组合键快速生成出对面位置墙面，并拖动到合适的位置，如图 7-26 所示。

■ 图 7-26　左右墙面设置

◆使用【Ctrl+D】组合键复制 Wallright 墙面，并沿 Y 轴旋转 90° 后放置到后面墙面位置，如图 7-27 所示。

■ 图 7-27　后侧墙面与右侧墙面接口效果

◆前部墙面分为三部分：左侧、门和右侧。其中左侧和右侧同其他墙面相同，门需要单独设定。

◆首先复制两个 WallBack，都拉到前部墙面的位置，一个作为左侧（WallForwardLeft），一个作为右侧。用一个 Empty 对象命名为 Wall 对所有墙面进行统一管理，如图 7-28 所示。

■ 图 7-28　墙面的创建以及管理

（5）门的创建。

◆门的模型使用与墙面不同材质的 Wall 模型。

◆在 WallForwardLeft 中使用【Ctrl+D】组合键快速复制粘贴出来一个模型，并命名为 Door，应用一个木制的材质，调整其大小和缩放比例，并放置到合适的地点。效果如图 7-29 所示。

■ 图 7-29　Door 模型

7.4.3　门模型的开关控制

门的开关控制是本案例的关键点，也是难点。首先需要大家认识到一般的旋转模型都是以中心点为基准，绕 X 或者 Y 或者 Z 进行旋转，但是门除了旋转门之外都是以一侧为中心点进行旋转的，因此这部分的关键步骤就是改变门模型的中心点，即围绕旋转的轴位置。

解决的方法：创建一个空物体，并设置为父子关系，通过父对象的旋转来控制子对象。也就间接改变了模型的中心点。具体过程如下：

（1）创建一个 Empty，命名为 DoorParent，位置位于门轴的一侧。需要改变坐标点的方式以调整 DoorParent 的位置，效果如图 7-30 所示。

■ 图 7-30　DoorParent 位置示意图

（2）设置 DoorParent 为 Door 的父对象。

（3）此时如果把 DoorParent 绕 Y 轴旋转 90° 或者 −90° 能够看到门开的状态，效果如图 7−31 所示。

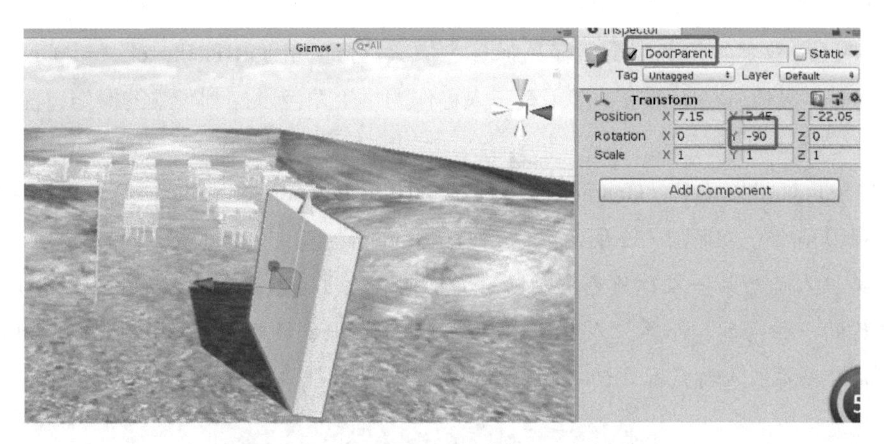

■ 图 7−31　DoorParent 带动门的转动效果

（4）给 DoorParent 创建脚本以控制开门或者关门。在 Scripts 中创建一个 C# 脚本，功能就是检测按键，如果按【Z】键则旋转 90° 开门，按键抬起时门关闭，命名为 DoorController，并关联到 DoorParent 空对象上。具体代码如下：

```
public class DoorController : MonoBehaviour {

    void Update()
    {
        if (Input.GetKeyDown(KeyCode.Z))
        {
            //open
            OpenDoor();
        }

        if (Input.GetKeyUp(KeyCode.Z))
        {
            //close
            CloseDoor();
        }
    }

    Public void OpenDoor()
    {
        transform.Rotate(Vector3.up, 90);  //绕 Y 轴旋转 90°
    }
    Public void CloseDoor()
    {
        transform.Rotate(Vector3.up, -90); //绕 Y 轴旋转 -90°，就是还原
    }
}
```

（5）调整摄像机角度，使用“Align With View”对准视角，运行场景，按【Z】键门打开，抬起【Z】键门关闭的功能实现。

7.4.4 学生角色

在场景中还没有学生角色出现，在 Assets 中依次选择“Import Package”→“Characters”命令导入 Characters 资源，在本场景中使用第三人称作为学生角色以控制场景的操作过程。

（1）导入 Characters。

（2）在 Standard Assets → Characters 中找到“Third Person Controller”第三人称预制体拖入 Scene，门外侧的位置，如图 7-32 所示。命名为“Student”。

说明：第三人称与第一人称角色控制器一样都可以通过按键进行走动的控制，但是第一人称是看不到自己的一种角色，而第三人称是可以看到自己的一种人物角色，并且第一人称其实质就是一个摄像机，而第三人称是真实的人物模型出现。

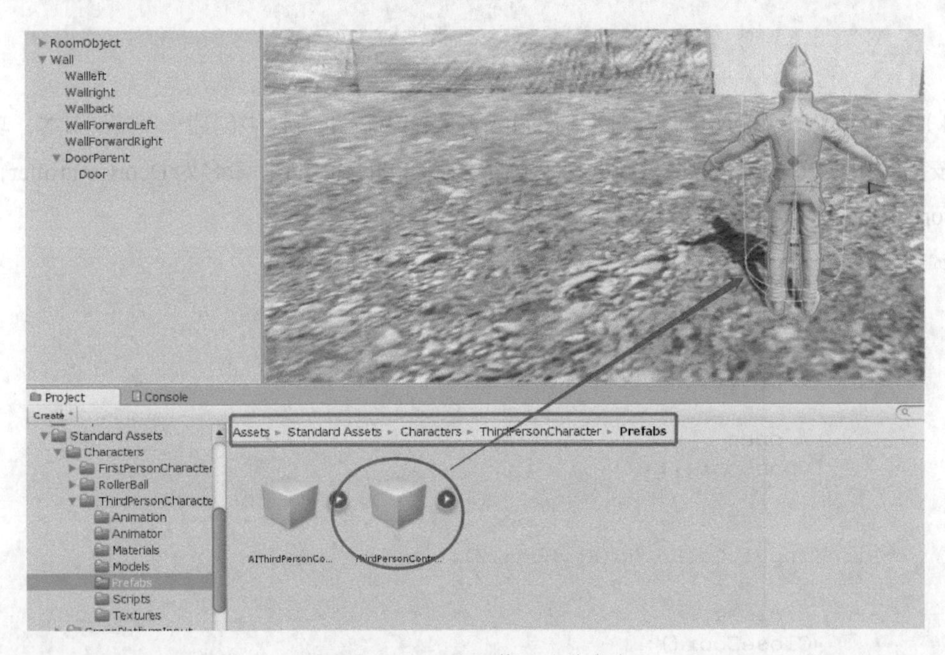

■ 图 7-32　导入第三人称角色

（3）此时运行场景，可以通过方向键控制第三人称学生角色的活动，但是走到门的位置就被门挡在了外面不能进去，除非使用【Z】按键才能进入。

7.4.5 门的自动开关设置

在上节中已经实现了学生人物角色的活动，但是门必须通过按键才能够打开，在本节中使用碰撞检测的方式，判断是否需要自动打开门。

（1）确认第三人称 Student 已经同时具备了 Capsule Collider 和 Rigidbody。

（2）创建一个空物体，命名为DoorControll，放置到Door的中心点上，并添加“Box Collider”组件，设置大小和中心点，将Box Collider完全包住门为佳，如图7-33所示。

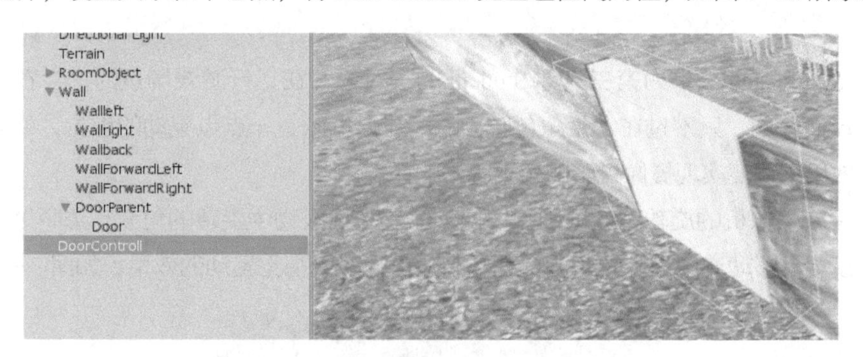

■ 图7-33　DoorControll的BoxCollider

（3）创建C#脚本，并命名为“DoorOpen”，关联到DoorControll空对象上。先找到DoorController脚本，即关联到Door父对象上的脚本，如果碰撞检测到Student则调用Controller中的Open和Close函数。

（4）为DoorControll添加BoxCollider后作为触发器使用，选中“Is Trigger”复选框，在代码中实现Trigger的判断功能，代码如下：

```
public class DoorOpen : MonoBehaviour {

    private DoorController mdoor;
    //门父对象的脚本名字就是代表一个对象名字，同时把doorRotate脚本中opendoor和closedoor函数都
      为public才可以调用

    void Start()
    {
        mdoor = GameObject.Find("DoorParent").GetComponent<DoorController>();
        //调用门父对象中的打开和关闭门的操作，因此先查找DoorController脚本，一个脚本就是一个
          对象
    }

    void OnTriggerEnter(Collider coll)
    {
        if (coll.gameObject.name == "Student")
        { //open
            mdoor.OpenDoor();

        }
    }

    void OnTriggerExit(Collider coll)
    {
        if (coll.gameObject.name == "Student")
        { //close
            mdoor.CloseDoor();
```

```
        }
    }

}
```

最后把 Main Camera 作为第三人称 Student 的子对象，在运行游戏场景时，会看到摄像机随着学生的运动而移动，只不过在学生角色转动时可能会稍微有一点点晃动的感觉，如果想要实现更加稳定的效果，还要实现摄像机跟随效果脚本的设定。

如果要设定摄像机的旋转角度，则需要调整第三人称人物中旋转的角度。选中第三人称，在属性面板中设置其移动速度和旋转角度都稍微小一点，降低视觉晃动的效果，如图 7-34 所示。

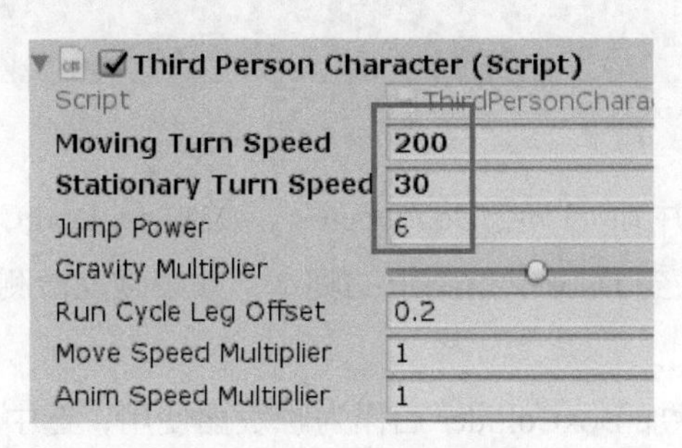

■ 图 7-34　调整第三人称的移动速度和旋转角度

到目前为止，疯狂教室的案例基本完成，案例中包含了教室中基本的学生桌椅模型和教师桌子模型的摆放、墙面的生成、“门”对象绕任意点的旋转、学生第三人称角色控制器的运动、触发器使用等基本内容，运用了本章中很多的知识点，请读者自行演示其运行效果。

第8章

Unity2D 动画游戏

本章结构

Unity 提供了 2D 游戏的工具以及流程，使得在 Unity 中也可以很容易地制作 2D 游戏，本章以一个简单的 2D 游戏为例，来介绍开发一个 2D 游戏的基本流程和使用的基本工具。本章知识结构如图 8-1 所示。

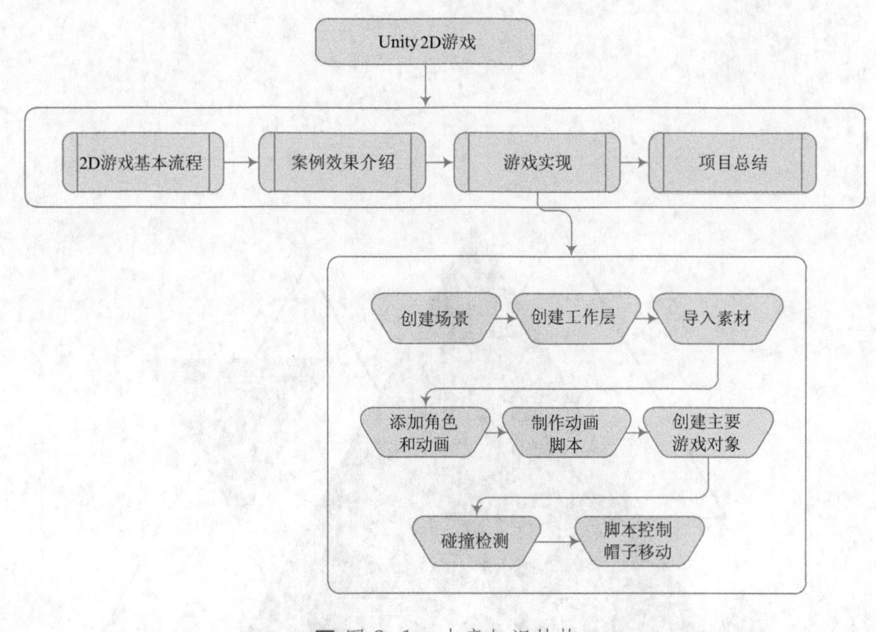

■ 图 8-1　本章知识结构

学习目标

1. 了解 Unity 引擎中 2D 游戏开发的基本流程。
2. 熟悉 Unity 中 2D 游戏开发的基本工具和使用方法。
3. 熟悉在 2D 游戏中一些碰撞及触发器的触发特征。

8.1 2D 游戏流程

在 2D 游戏实现过程中使用 Unity 的 2D 游戏工具，基本是使用 Sprite 精灵工具，并且在 2D 游戏场景中只有 X 和 Y 轴上的变化，没有 Z 轴的位置点，因此要靠“层”的概念来控制物体对象之间的层次关系，基本的实现流程如图 8-2 所示。本章主要以“保龄球”游戏为例来介绍 Unity2D 游戏实现的基本过程。

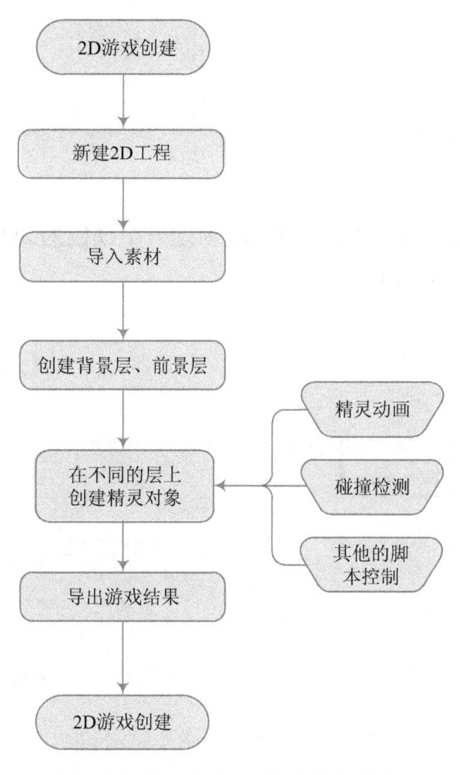

■ 图 8-2　2D 游戏实现基本流程

8.2 效果介绍

此 2D 游戏以蓝天和草地为背景，在场景上方会随机出现掉落的保龄球，在场景下方有一个通过键盘来控制移动的帽子以确保接住保龄球，而不至于掉落到地上。此案例过程比较简单，涉及场景、精灵动画、刚体、碰撞、键盘交互等基本的工作。其效果如图 8-3 所示。

■ 图 8-3　游戏效果

8.3 游戏实现

8.3.1 创建场景

（1）打开 Unity 2018.2.5，单击 “New” 按钮，新建一个模板为 2D 的项目，并保存场景及工程，命名为 BallGameProject，如图 8-4 所示。

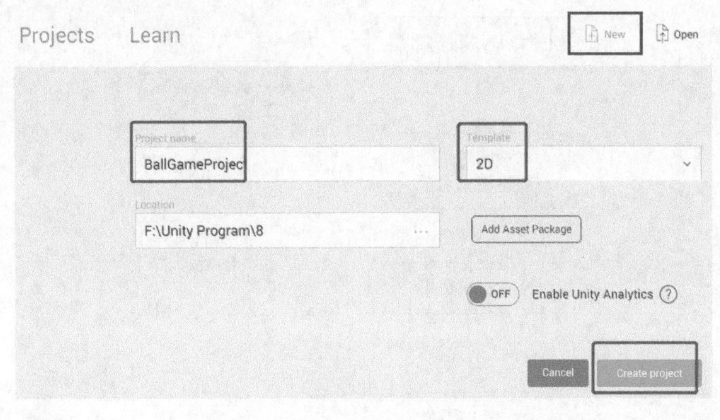

■ 图 8-4 创建一个 2DProject

（2）保存场景。在 Assets 中新建一个 Scene 文件夹，并使用【Ctrl+S】组合键保存当前场景到 Scene 文件夹中，并命名为 BallGame。

（3）在 Scene 场景中，单击 2D 按钮，使场景为 2D 平面模式。

（4）调整 Camera 模式。选中 Main Camera，在右侧 Inspector 属性面板中选择正交投影模式。投影模式分为：

◆透视投影。所有的物体近大远小。

◆正交投影。物体没有真实世界中的视觉感，都是在一个平面上的物体，不会产生近大远小。在正交投影中 Size 用来控制镜头中的物体的多少，Size 越大，镜头空间范围越大，即在镜头中的物体就越多，因此，如果 Size 过大则物体在镜头中太多的话，相比较而言显示比例会小一些。摄像机摄影模式调整如图 8-5 所示。

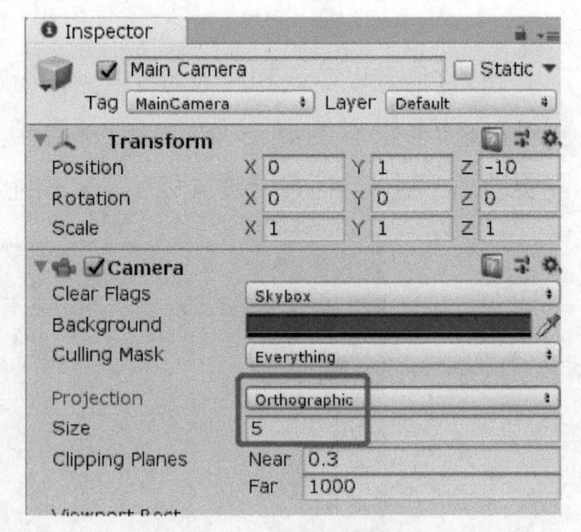

■ 图 8-5 摄像机投影模式

8.3.2 创建工作层

平面游戏中所有资源都在不同的层中，最上面的层始终在最前面，而场景中的物体通过不同的层来控制显示的位置。

（1）在 Unity 中添加层的方法是：Edit → Project Setting → Tags and Layer，或者直接在 Layer 中选择 Add Layer，然后在弹出的层编辑框中进行操作，如图 8-6 所示。

（2）在弹出的“Tags & Layers”对话框中找到“Sorting Layers”，并连续两次单击“+”按钮，新增两个层，命名为“Background” “Foreground”，如图 8-7 所示。

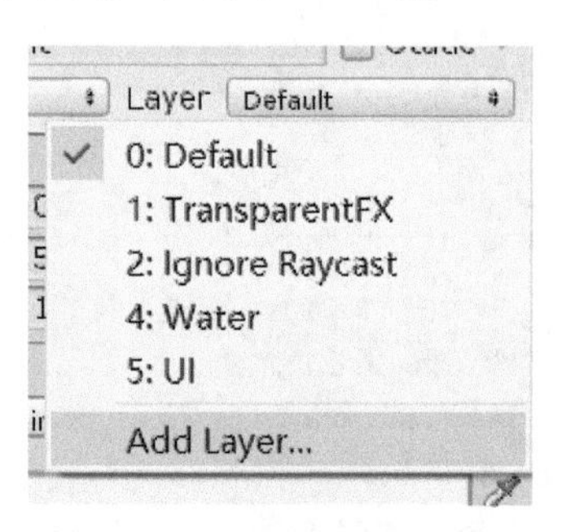

■ 图 8-6 Layer 下拉列表

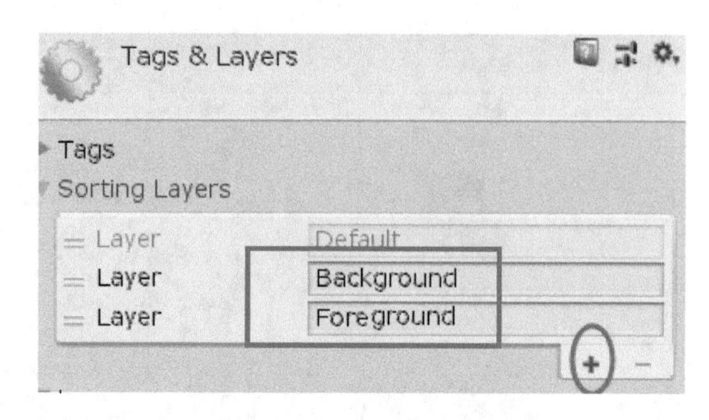

■ 图 8-7 Add Layers

8.3.3 导入素材

导入静态景物，即生成背景层面的基本内容。

（1）导入静态图片。将 Sprites 精灵文件夹拷贝到 Assets 项目文件夹中，返回 Unity 会自动刷新工程中的资源，会在 Assets 文件夹中出现 Sprites 的文件夹，或者把该文件夹拖入 Assets 中完成导入过程，如图 8-8 所示。

■ 图 8-8 Sprites 素材

（2）创建天空背景的 Sprite 精灵。在 Scene 中依次选择“GameObject” →“2D Object” →“Sprite”命令，在场景中创建一个 2D 精灵，并命名为“BG”。

说明：Sprite 精灵是 2D 游戏中承载图像信息的主要载体，通过相关的属性，设置精灵图片的显示和层次关系。

（3）设置“BG”天空的纹理、层等信息。选中“BG”2D 精灵对象，在属性面板中的“Sprite Renderer”选项卡中单击“Sprite”右侧的⊙设置按钮，在弹出的对话框中选中“SkySprite”图片。此时在 Sprite 中会显示当前天空的图片内容。或者直接将“SkySprite-0”图片直接拖入“Sprite Renderer”选项卡中的“Sprite”位置。

（4）将 BG 属性“Sprite Renderer”选项卡中的“Sorting Layer”设置为“Background”，“Order in Layer”为“0”，如图 8-9 所示效果。

说明：

◆ Sorting Layer：分类层，层级越靠前，优先级越高，相同情况下后被渲染。

◆ Order In Layer：层中的顺序，数值越大，优先级越高，相同情况下后被渲染。

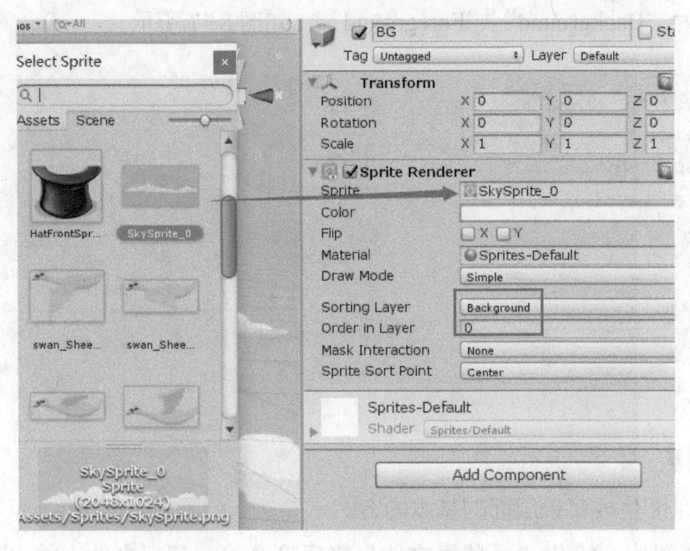

■ 图 8-9 BG Sprite 属性参数设置

（5）创建背景中的草地。直接拖入“GrassSprite”到 Scene 中，会直接生成一个名称为“GrassSprite”的 Sprite 对象。设置 GrassSprite 对象的属性，将 GrassSprite 属性“Sprite Render-er”选项卡中的“Sorting Layer”设置为“Background”，“Order in Layer”为“1”。草地和天空在同一个层，但是 GrassSprite 在工作层中的顺序要比 BG 高，即天空会有一些被草地盖住。

（6）在 Scene 中对 GrassSprite 按【Ctrl+D】组合键快速复制 3 个对象，并摆放在天空下方合适的位置，如图 8-10 所示。

■ 图 8-10 设置 BG 及 GrassSprite

（7）创建天空和地面的容器。在 Hierarchy 中创建 Empty 对象，并命名为 BackGround，属性设置中将 Transform 中的 Position 设置为（0，0，0），作为 BG 和 4 个 GrassSprite 的父对象来对背景进行统一的管理，如图 8-11 所示。

■ 图 8-11　创建背景父对象

（8）在 Hierarchy 中选择 Main Camera，对照预览窗口对摄像机进行视野的调整，设置 Size 为 10，并调整 Camera 的位置，以在 Game 中恰当显示为准，如图 8-12 所示。注意白色边框为摄像机的视野范围，把草地放到视野范围的最下端。

■ 图 8-12　Main Camera 调整

8.3.4　添加角色和动画

创建 Sprite 精灵动画的过程是在 2D 游戏动画中将一个完整的动作动画放到一张图片中，然后使用 Sprite 精灵动画的 Slice 方式，进行切割，切割成一个一个的动作。

（1）在 Project 的 Sprite 视图中选中“swan_Sheet”图片，在 Inspector 属性面板中将 Sprite Mode 设置为“Multiple”，然后单击“Sprite Editor”按钮，在弹出的“Sprite Editor”对话框中单击“Slice”按钮，并在弹出的切割对话框中，继续单击“Slice“按钮，最后单击“Apply”按钮如图 8-13 所示。

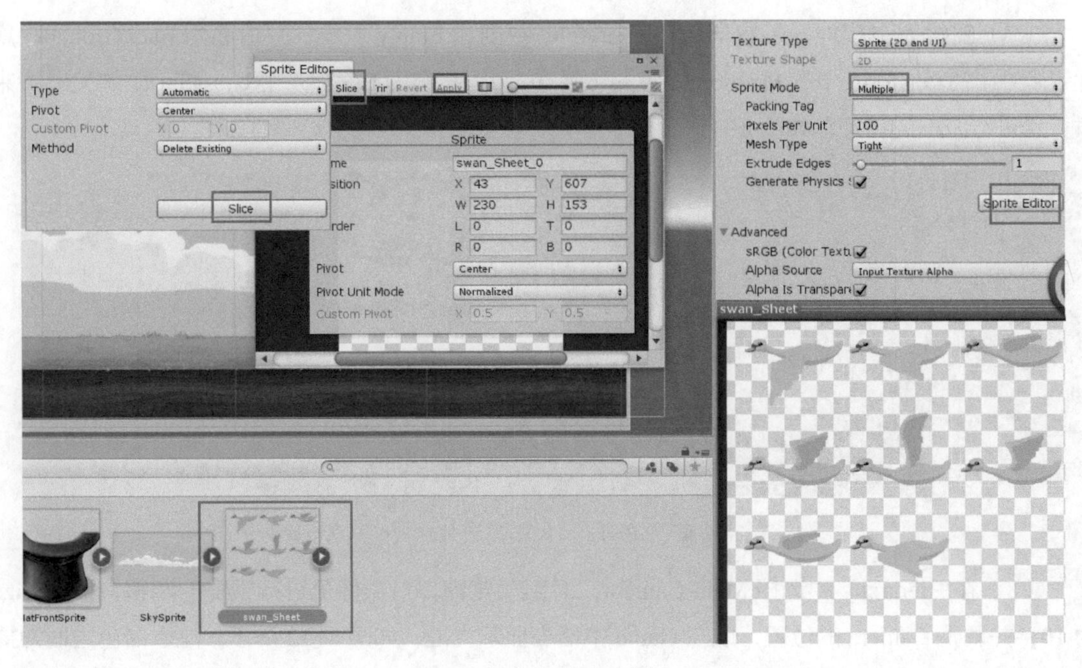

■ 图 8-13　Slice 过程

（2）Slice 切割完成以后的 Swan 图片就是由 8 张小图组成，其实即一个飞行动作由 8 个小动作组成，每一个小动作都是一张图片，如图 8-14 所示。

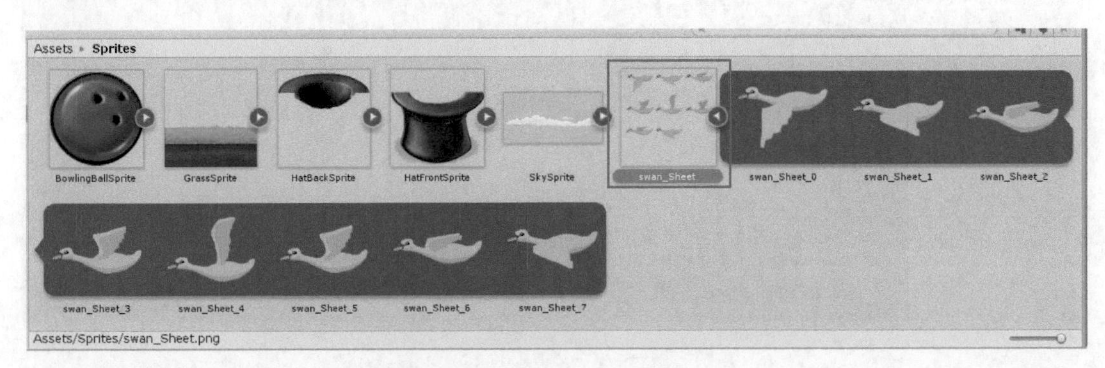

■ 图 8-14　Slice 切割以后的效果

（3）创建动画文件夹。在 Assets 中创建一个动画文件夹，命名为 Animation 来保存动画。在 Assets 中右击，在弹出的快捷菜单中选择“Create”→“Folder”命令，并重命名即可。

（4）创建天鹅飞翔的动画。在 Hierarchy 中依次选择 GameObject → 2D Object → Sprite 命令，创建一个精灵 Sprite，Transform 属性中的 Position 设置为（0，0，0），命名为 Swan。

（5）单击 Swan 属性面板中 Sprite 右侧的 ⊙ 设置按钮，在弹出的 Select_Sprite 中选择 Swan_Sheet_0，即第 1 张动画图片，如图 8-15 所示。

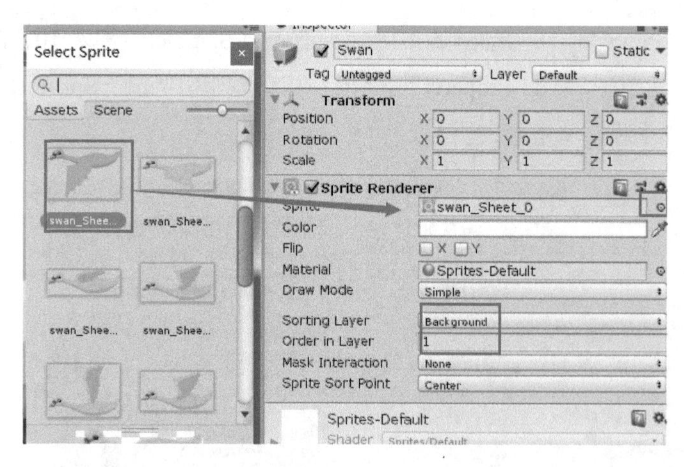

■ 图 8-15　Swan 第一个动画动作及相关属性

（6）将 Swan 层设置为 BackGround，Order in Layer 设置为 1。

（7）选中 Hierarchy 中的 Swan，然后依次选择菜单“WindowsAnimation”→“Animation”命令，用来调出动画设置对话框，

（8）单击 Create 命令，在弹出的“Create New Animation”对话框中选择动画文件保存到 Animation 文件夹中，命名 swan.anim，如图 8-16 所示。

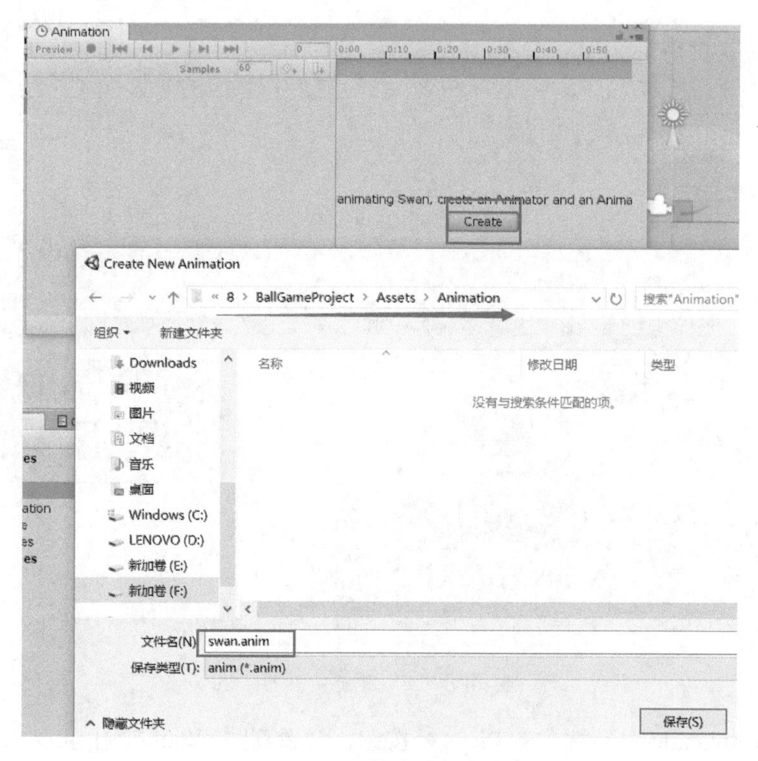

■ 图 8-16　创建并保存动画

（9）以 Swan 的各个动作作为动画的关键帧。首先将 Sample 设置为 10，此属性用来表示动画时间轴的长度。然后单击“Add Property”按钮，在弹出列表中选择 Sprite Renderer 的 Sprite 的设置按钮，如图 8-17 所示。

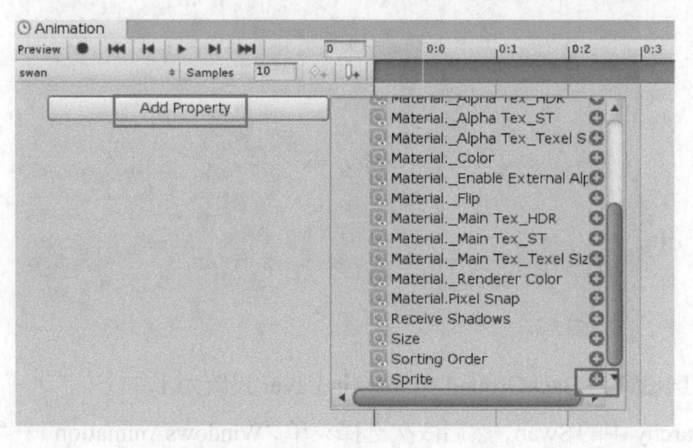

■ 图 8-17 Sprite 的动画设定

（10）给动画添加关键帧。在 Assets 的 Sprite 文件夹中选中已切割的 8 张图片，并拖动到 Sprite Animation 关键帧开始处，并自动生成 8 张图片的关键帧，如图 8-18 所示。

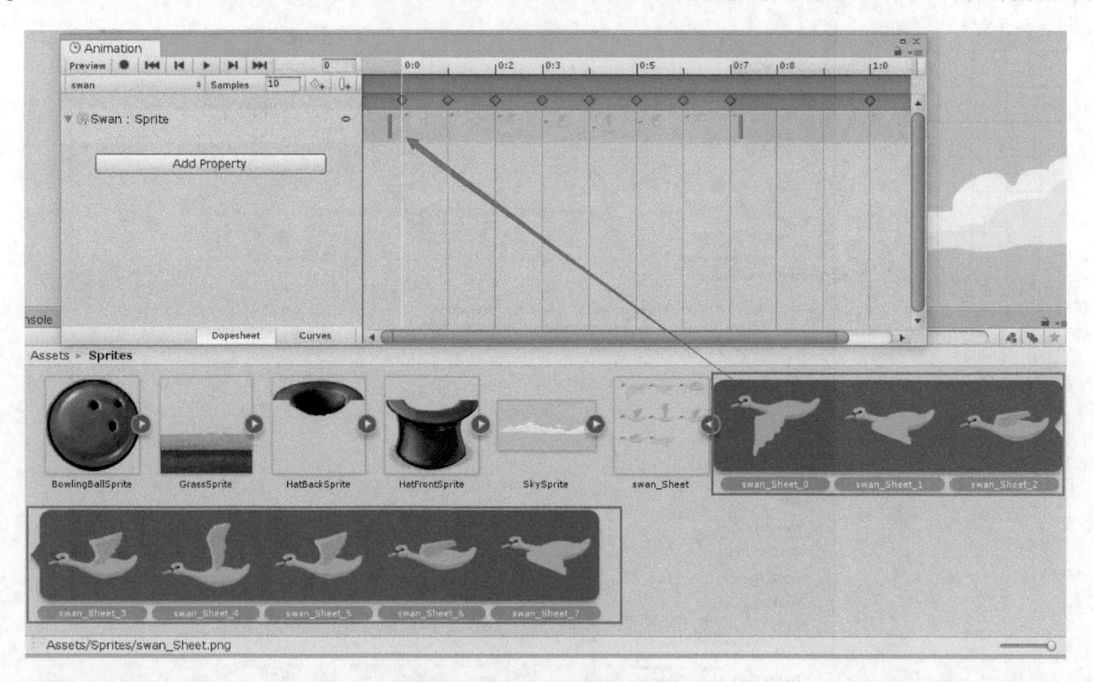

■ 图 8-18 关键帧设置

（11）单击 Animatin 对话框中的 Play ▶ 按钮，会看到时间轴的变化以及 Scene 中 Swan 的动画效果，如图 8-19 所示。

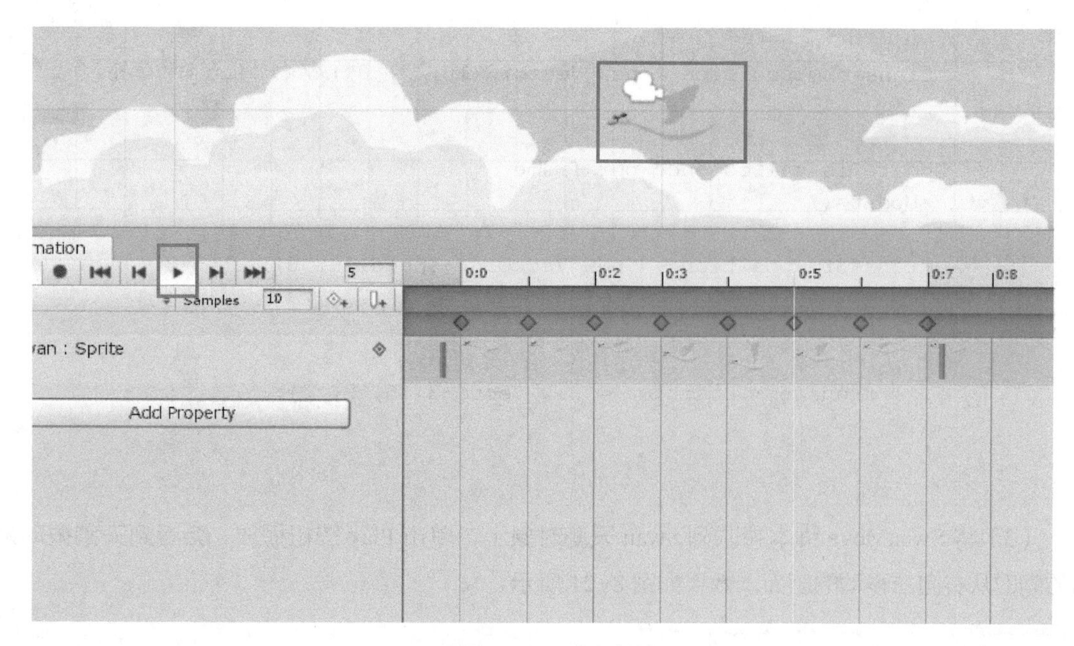

■ 图 8-19　动画播放

（12）关闭 Animation 对话框，会在 Assets 的 Animation 中保存两个以 swan 命名的动画文件，如图 8-20 所示。

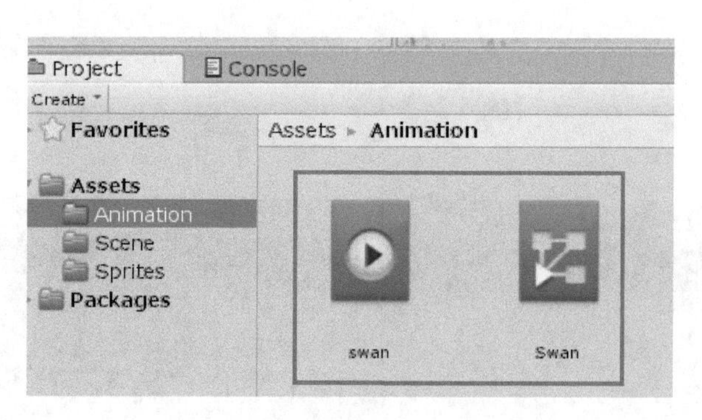

■ 图 8-20　swan 动画文件

8.3.5　制作动画脚本

（1）在 Assets 中创建一个 Script 文件夹。

（2）新建一个 C# 脚本，命名为 SwanMove。脚本的思路：不断变换天鹅的位置，当到达最右边时重置，从最左边重新开始。具体代码如下：

```
public class SwanMove : MonoBehaviour {

    private float speed = 0.06f;// 天鹅飞行速度
    // Use this for initialization
    void Start()
```

```
        {
            transform.position = new Vector3(16, 3, 0);//初始化天鹅的位置
        }

        // Update is called once per frame
        void Update()
        {
            transform.position += new Vector3(-speed, 0, 0);

            if (transform.position.x < -16)
            {
                transform.position = new Vector3(16, 3, 0);
            }
        }
    }
```

（3）将 SwanMove 脚本关联到 Swan 天鹅对象上，单击 Play 按钮播放，会看到天鹅振动翅膀的同时从右向左移动的画面。效果如图 8-21 所示。

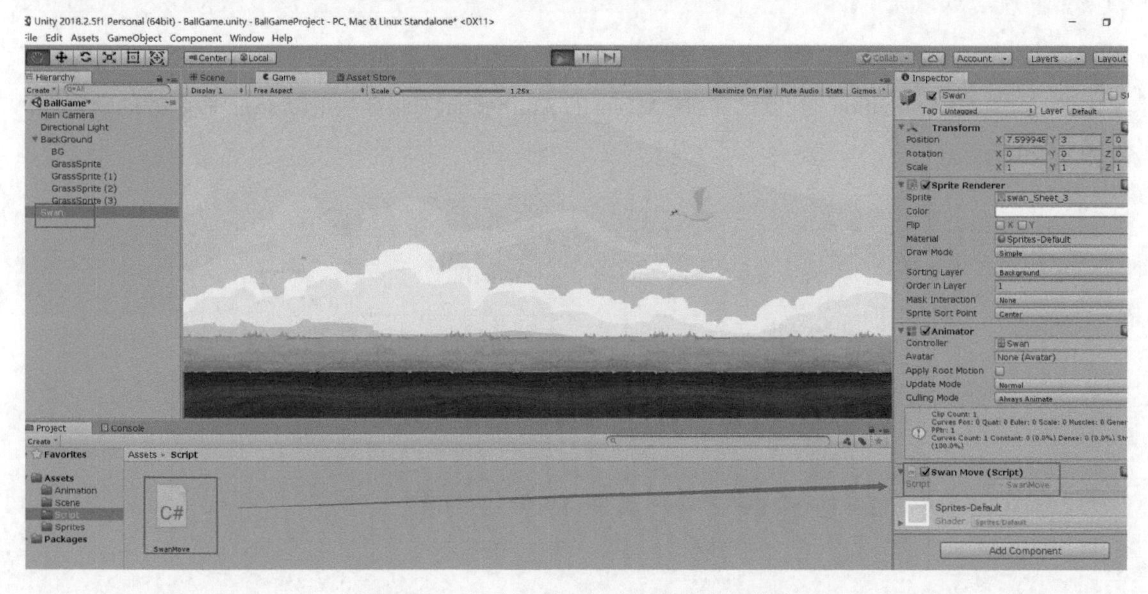

■ 图 8-21　为天鹅添加动画和脚本的效果

8.3.6 创建主要游戏对象

游戏中的主要对象为掉落的保龄球和下方的帽子，在本节中实现对保龄球和帽子实例化及控制的过程。

（1）创建帽子对象的后半部分。从 Assets 的 Sprite 文件夹中拖入 HatbackSprite 到场景，位置（0，0，0），为了显示在背景的前方而设置层为 Foregound，Order in Layer 层中位置为 0，如图 8-22 所示。

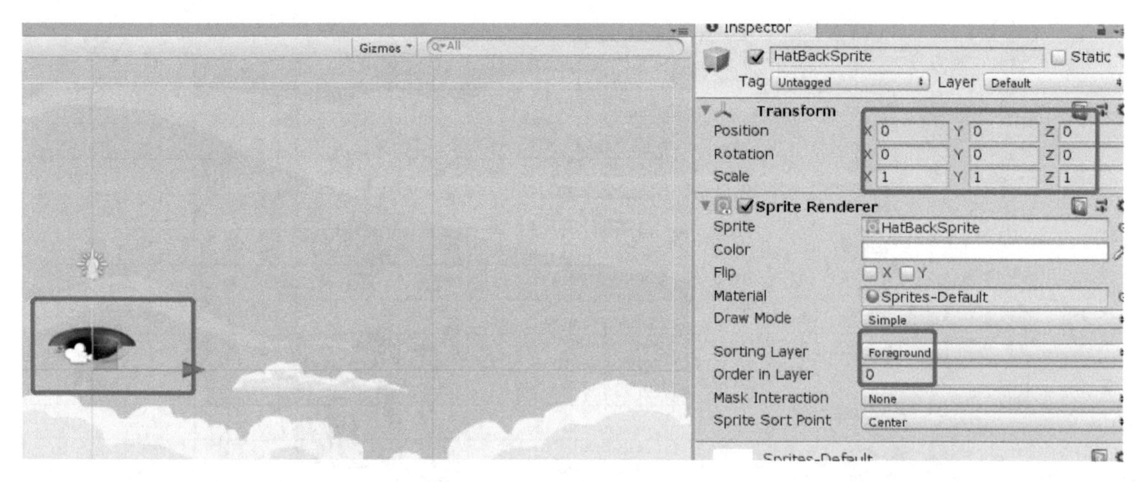

■ 图 8-22　HatBackSprite 设置

（2）生成完整的帽子。拖入 HatFrontSprite 到 HatBackSprite，建立父子关系，位置（0，0，0），设置层为 Foreground，Order in Layer 层中位置为 2，确保后面的球在层中位置为 1，如图 8-23 所示。

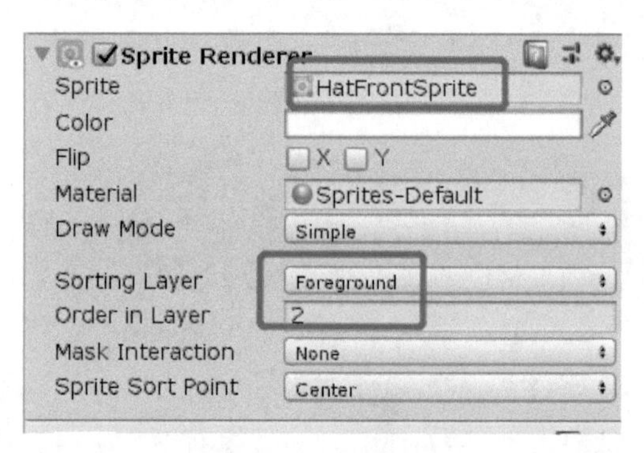

■ 图 8-23　帽子对象创建

（3）将帽子父对象重命名为 Hat。变化帽子的位置和大小，保持一个合适的位置，主要修改 Hat 的父对象，缩放 X=2，Y=2，Z=1。

（4）创建保龄球。将保龄球精灵资源拖入层次视图，并命名 BowlingBall，位置（0，0，0），缩放 X=2，Y=2，Z=1，设置层为 Foreground，Order in Layer 层中顺序为 1（在 HatBack 和 HatFront 中间）。

（5）为保龄球增加刚体属性（刚体属性和 2D 圆体碰撞属性）时注意选择 Physics2D 属性。选中 BowlingBall，在右侧属性面板中依次选择“Add Component”→“Physics2D”→“Rigidbody 2D”和“Circle collider 2D”命令，如图 8-24 所示。

（6）将保龄球做成预设体。在 Assets 中添加一个 Folder，命名为“Prefabs”，将设置好的保龄球拖入 Prefabs 文件夹，做成预制体，此时层次视图中保龄球资源为蓝色，如图 8-25 所示。

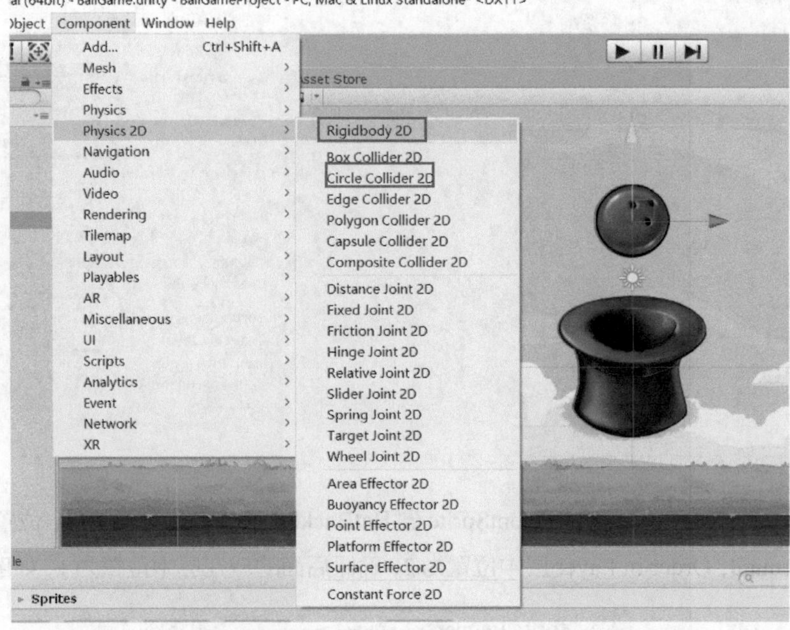

■ 图 8-24 添加 Physics 2D 组件

■ 图 8-25 设置 BowlingBall 预制体

（7）从 Hierarchy 层次视图中删除原来的 BowlingBall。

（8）在 Hierarchy 层次视图中创建 Empty 空对象，用来作为实例化的保龄球的载体，调整到合适的位置，命名为 GameController。（注意，此时空对象的位置就是以后在游戏运行中实例化的保龄球的位置，请确认 X 和 Y 的范围，如 X ∈ [-12,12],y ∈ [2,7]。）

（9）创建 C# 脚本控制保龄球的实例化，命名为 GameController，应用到空对象 GameController 对象中。主要思路是：

◆设置球显示的时间间隔；

◆设置球显示的坐标 X 随机数；

◆定义一个球体显示的坐标向量；

◆实例化一个新球；

◆需销毁原来的球体，否则不仅屏幕中占满了保龄球，还浪费资源。具体代码如下：

```
public class GameController : MonoBehaviour {

    public GameObject ball;  //BowlingBall
    private float time = 2;
    private GameObject newball;

    // Use this for initialization
    void Start()
    {
        //将屏幕的宽度转换成世界坐标
        Vector3 screenPos = new Vector3(Screen.width, 0, 0);
        Vector3 moveWidth = Camera.main.ScreenToWorldPoint(screenPos);
    }

    void FixedUpdate()
    {
        time -= Time.deltaTime;
        if (time < 0)
        {
            //产生一个随机数，代表实例化下一个保龄球所需的时间
            time = Random.Range(0.5f, 2.0f);
            /*在保龄球实例化位置的宽度内产生一个随机数，来控制实例化的保龄球的位置.*/
             float posX = Random.Range(-10, 10);
            float posY= Random.Range(2, 7);
            Vector3 spawnPosition = new Vector3(posX, posY, 0);
            //实例化保龄球，10 s 后销毁
            newball = (GameObject)Instantiate(ball, spawnPosition, Quaternion.ide ntit y);
            Destroy(newball, 2);
        }
    }
}
```

（10）将 GameController 脚本关联到 BowlingBall 对象上，并设置外部参数 Ball 为 Prefab 中的保龄球预制体，如图 8-26 所示。

（11）单击 Play 按钮，播放游戏。此时可以实现在蓝天和草地背景下天鹅的动画和保龄球的随机出现。

■ 图 8-26　为 BowlingBall 添加脚本并设置参数

8.3.7　碰撞检测

如果要给球体的掉落增加真实感需要给地面和帽子增加刚体，让球掉下去之后不能继续滑落，并且有碰撞的效果。

（1）在 Hierarchy 中创建 Empty 对象，并命名为 Ground，作为地面的 Collider 承载体。

（2）为 Ground 空对象增加刚体属性 Component → Physics 2D → Box Collider 2D（盒体碰撞刚体属性）。

（3）单击 Collider 中的“Edit Collider”按钮，调整 Collider 的边界值，以完全包住地面，如图 8-27 所示。

■ 图 8-27　为 Ground 增加刚体属性

（4）此时运行游戏，能够看到掉落的保龄球和地面之间的碰撞，而不会掉到地面以下。

（5）为帽子增加刚体，选中 Hat 对象，依次选择“Add Component”→“Physics-2D”→“Rigidbody 2D”命令，为帽子增加刚体组件，并将“Gravity Scale”设置为 0，以防止保龄球从帽子中间滑落，如图 8-28 所示。

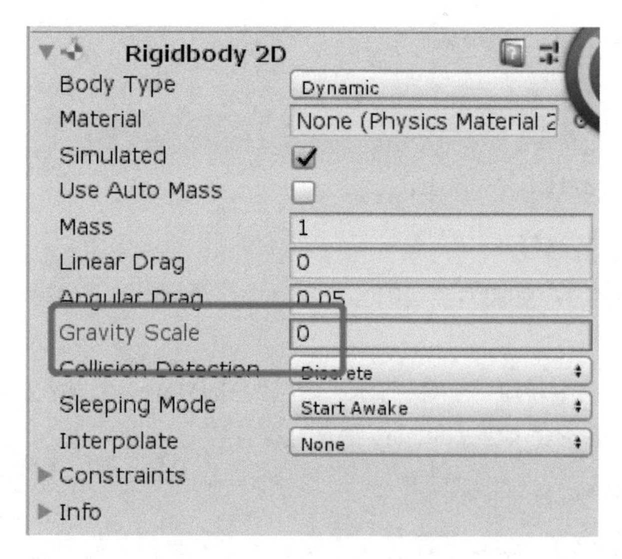

■ 图 8-28　为帽子设置刚体属性

（6）为帽子增加 Edge Collider 2D 组件。并单击“Edit Collider”按钮，通过改变 Collider 直线上的碰撞点来改变碰撞形状，以包裹住 Hat，并作为触发器来使用而选中“Is Trigger”复选框，把帽子的碰撞器作为触发器来使用。效果如图 8-29 所示。

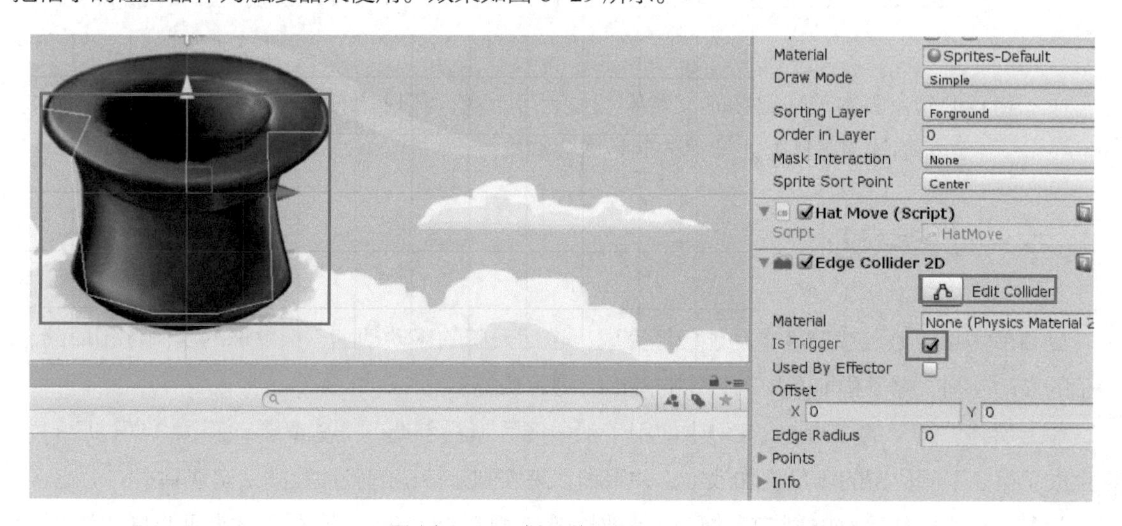

■ 图 8-29　帽子的 Edge Collider

（7）添加帽子碰撞的脚本。在 Script 文件夹中添加 C# 脚本，命名为 HatController，功能是一旦碰到掉落的保龄球，则删除该保龄球。具体代码如下：

```
public class HatController : MonoBehaviour {

    void OnTriggerEnter2D(Collider2D coll)
    {
```

```
            Destroy(coll.gameObject);

    }
}
```

（8）设置脚本关联到 Hat 父对象上。

8.3.8 脚本控制帽子移动

检测键盘中的左右箭头，如果左箭头则 X 坐标减去移动偏移量，如果右箭头则 X 坐标增加移动偏移量。

（1）在 Script 文件夹中新建一个 C# 脚本，命名为 HatMove，具体代码如下：

```
public class HatMove : MonoBehaviour {

    private float speed = 0.2f;

    // Update is called once per frame
    void Update()
    {
        float h = Input.GetAxis("Horizontal")  * speed;

        Vector3 direction = new Vector3(h, 0, 0);
        this.GetComponent<Transform>().Translate(direction);
    }
}
```

（2）将 HatMove 脚本关联到 Hat（父对象）上。运行游戏，可以看到帽子被左右箭头控制的效果，并且在帽子接到掉落的保龄球时，掉落的保龄球会消失。

8.4 项目总结

到目前为止，该游戏的基本功能已经完成，包括天鹅的移动动画、保龄球的实例化和掉落、帽子的移动控制、帽子和地面与保龄球的碰撞检测等功能。

综上所述，简单的 2D 游戏案例中使用了精灵图片素材创造的一些简单动画，并通过层的关系生成了很多不同位置的场景叠加效果，并用脚本来控制碰撞器的碰撞检测来实现基本的功能。

后续可以为项目添加一些音效和粒子效果等来提高游戏的交互效果。实现的具体流程如图 8-30 所示。

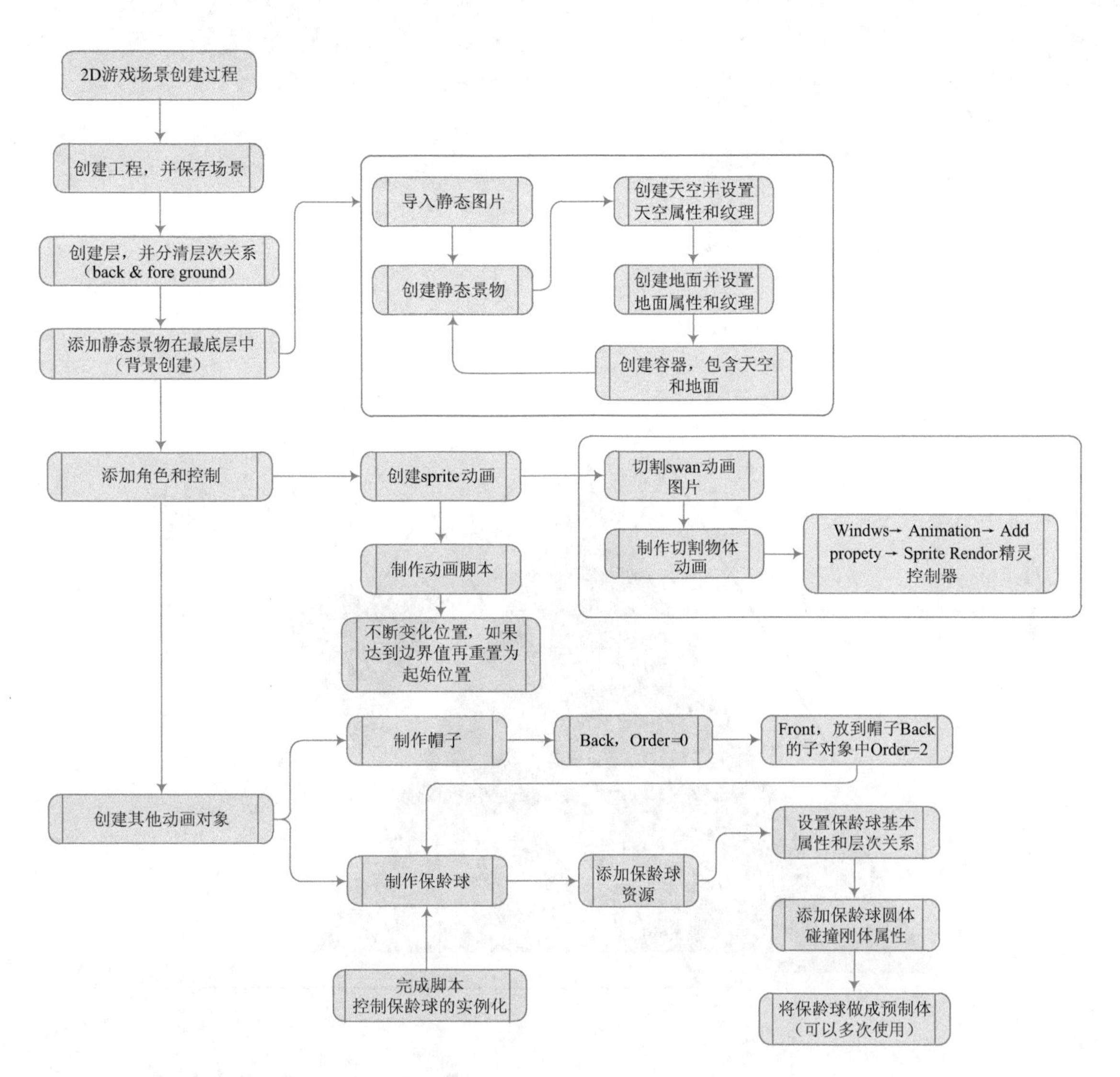

■ 图 8-30　保龄球游戏实现具体流程

Mecanim 动画系统

本章结构

Mecanim 动画系统把游戏中的角色设计提高到了一个新的层次，使用 Mecanim 可以 Retargeting（重定向）提高角色动画的重用性。在处理人类角色动画时，用户可以使用动画状态机来处理动画之间的过渡及动画之间的逻辑。因此本章主要讲述 Mecanim 的动画原理，为人物角色添加简单动画和键盘交互的基本过程。本章知识结构如图 9-1 所示。

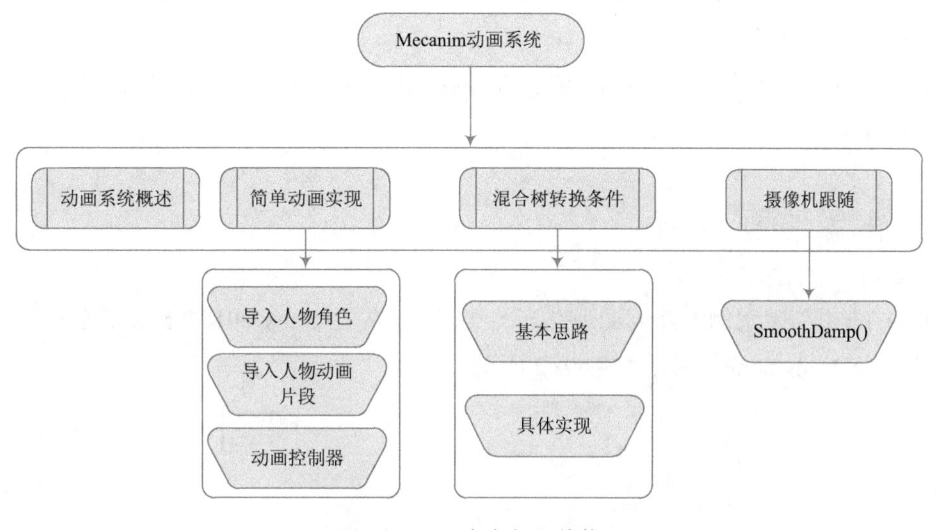

■ 图 9-1　本章知识结构

学习目标

1. 理解 Mecanim 的基本原理。
2. 掌握简单动画的交互过程。
3. 掌握在 Animator 中状态机设置的基本过程。
4. 熟悉摄像机跟随 SmoothDamp() 的使用方法。

9.1 Mecanim 动画系统概述

Mecanim 系统为人物角色提供简易的动画创建功能，同时具有运动 Retargeting（重定向）功能，即能把动画从一个角色模型应用到另一个角色模型中，另外也是针对 Animation Clip 的一种工作方式，可以管理和控制不同动作之间的交互和转换，也可以通过不同的逻辑来控制身体不同部位之间的运动。

一般的 Mecanium 动画系统的人物角色的塑造有三个阶段：

第一，资源导入：由 3dMax 或者 Maya 等其他建模工具完成人物的建模工作。

第二，角色建立：人物骨骼和动画的重定向工作，在此阶段需要把身体各个关节的动作都定义好。

第三，角色的运动：设置动画片段及相互间的交互作用，建立状态机、混合树、调整动画参数以及通过代码控制动画等内容，其实就是用动画片段等方式来控制人物角色的各种运动转换和交互功能。例如，通过键盘或者鼠标控制人物角色的各种运动方式，如控制人物角色的跳跃、左右跑动或者后退、挥手等。

本章将介绍几个已经做好了建模和重定向的人物角色的动画片段实现过程，建模和重定向工作不作为重点介绍。

9.2 简单动画

本节将在一个简单案例中介绍动画交互的实现。首先在 Unity 2018.2.5 中新建一个 3D 游戏 Project，命名为 AnimationProject，如图 9-2 所示。

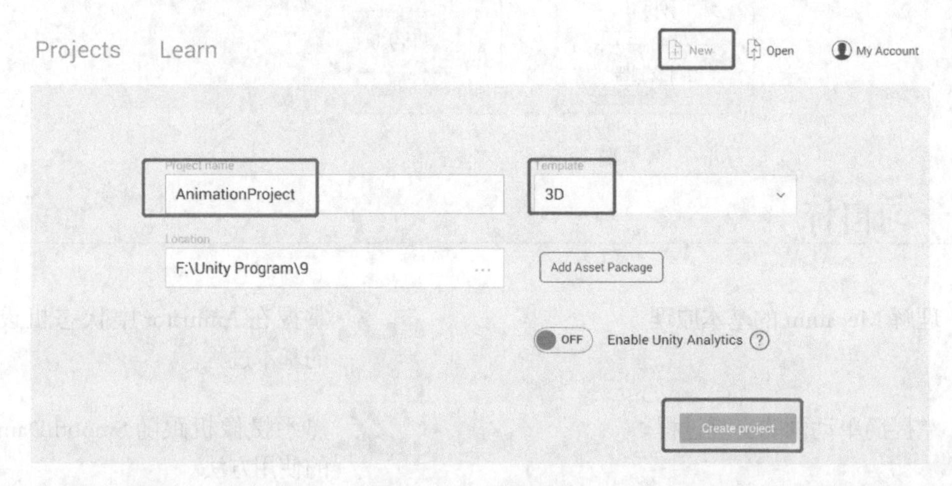

■ 图 9-2　新建工程

9.2.1 导入人物角色模型

（1）在新建工程中首先创建一个 Terrain 地形，导入 Environment 标准资源包，并在地形中设置一个基本纹理，其地形的长宽高设置为 100 × 100 × 60。其中基本纹理设置为“GrassHillAlbedo”纹理。

（2）导入一些基本的房屋和相应的障碍物资源，可以给场景中增加一些色彩，如 House 等资源包。

（3）在 Assets 中右击，在弹出的快捷菜单中选择“Import Package”→“Custom Package”命令，

导入一个人物模型，如图 9–3 所示。

■ 图 9–3　导入人物模型

（4）此时在 Hierarchy 中会有一个 U_character_REF 的人物角色对象。选中此人物对象，在 Inspector 属性面板中能够看到 Animator 选项卡，如图 9–4 所示。（注意：初始角色模型属性只有 Animation 组件，没有 Animator 组件，只有在 Avatar 匹配成功以后才会有 Animator 组件。）

■ 图 9–4　人物模型的 Animator 属性组件

（5）Animator 组件负责把动画分配给 GameObject。Animator 包含以下两个关键元素：

◆ Animator Controller，动画控制器。

◆ Avatar（仅当 GameObject 是人形角色时，才定义 Avatar）。

创建动画的一个基本步骤就是建立一个从 Mecanim 系统的简化人形骨架结构到用户实际提供的骨架结构的映射，这种映射关系称为 Avatar。图 9–5 所示为导入人物角色的 Avatar，此模型的 Avatar 骨骼构建已经完成，保存在 U_Character_REF.fbx 文件中。

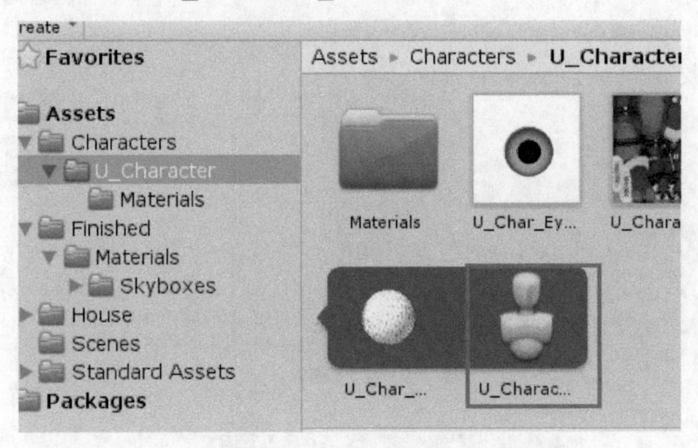

■ 图 9–5 Avatar

（6）在 Assets\Characters\U_Character 文件夹中选中 U_Character_REF 人物模型，在右侧的 Inspector 属性面板中，选择 Rig 选项卡：

◆设置 Animation Type 为有人形特点的 Humanoid 动画类型。

◆ Avatar Definition 设置为 Create From This Model，表示从模型中创建 Avatar（从模型到骨骼关节的映射关系）。

◆此时配对成功，在 Configure 的左边显示一个对钩√，如图 9–6 所示。

■ 图 9–6 Avatar 的自动匹配

（7）单击 Avatar 中的“Configure”按钮，进入 Avatar 的映射界面，查看各部位是否匹配成功，如图 9-7 所示。

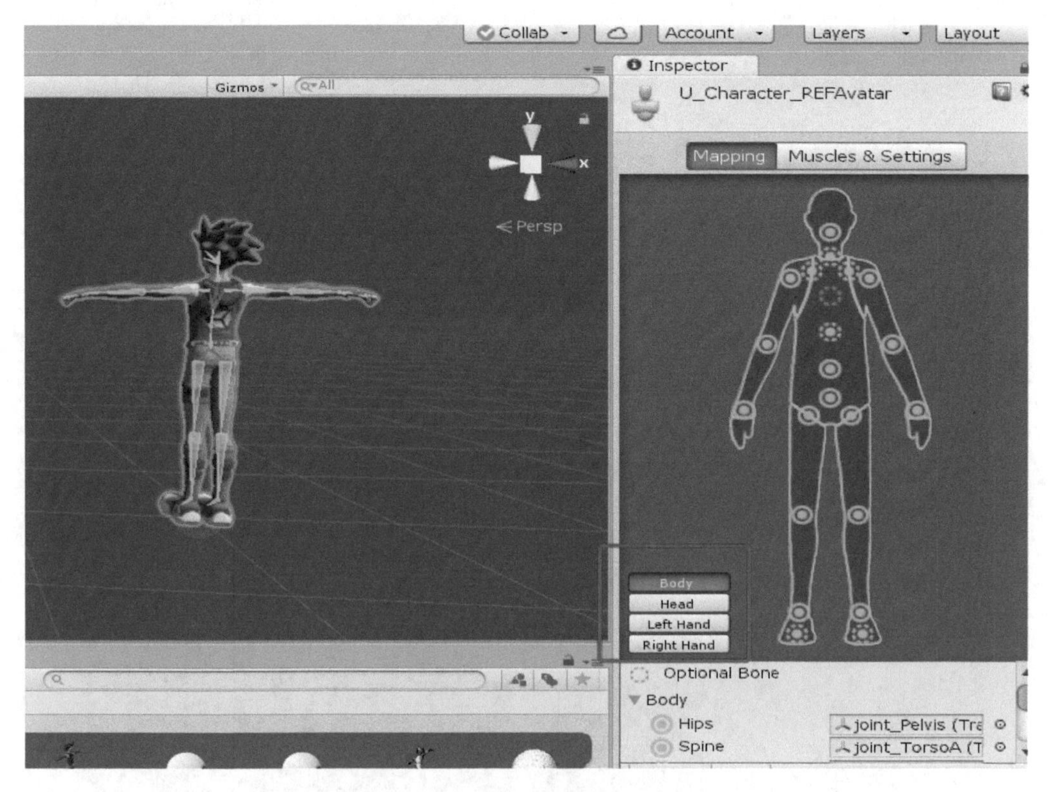

■ 图 9-7　Avatar 的 Configure 界面

（8）匹配成功以后，单击“Done”按钮完成匹配工作。

9.2.2　动画控制器

人物模型的 Avatar 匹配成功以后，只能说明此时人物模型已经具备了身体各个部位运动和简单动作的基本能力，但是需要自己制作动画控制器（Animation Controller）。

角色的运动分为角色自动运动和控制器控制运动两种，角色自动运动有很多局限性，下面介绍通过控制器来生成角色的运动。

（1）创建动画控制器。在 Project 视图的 Assets 中通过右键菜单创建一个 Animator Controller，如图 9-8 所示。重命名为 AC。

（2）双击 AC，进入 Animator 的编辑器。Animator Controller（动画控制器）是 Animator 的重要组成部分，是模型动画的驱动，动画控制器通过动画状态机来实现不同动画剪辑的切换，Animator 配置界面中有两个默认的状态：Entrg（进入）和 Ang State（任意状态），如图 9-9 所示。

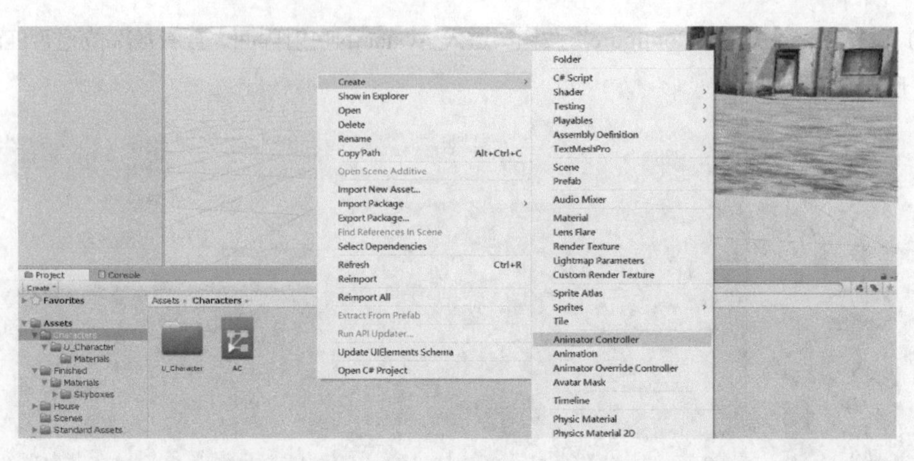

■ 图 9-8　创建一个 Animator Controller

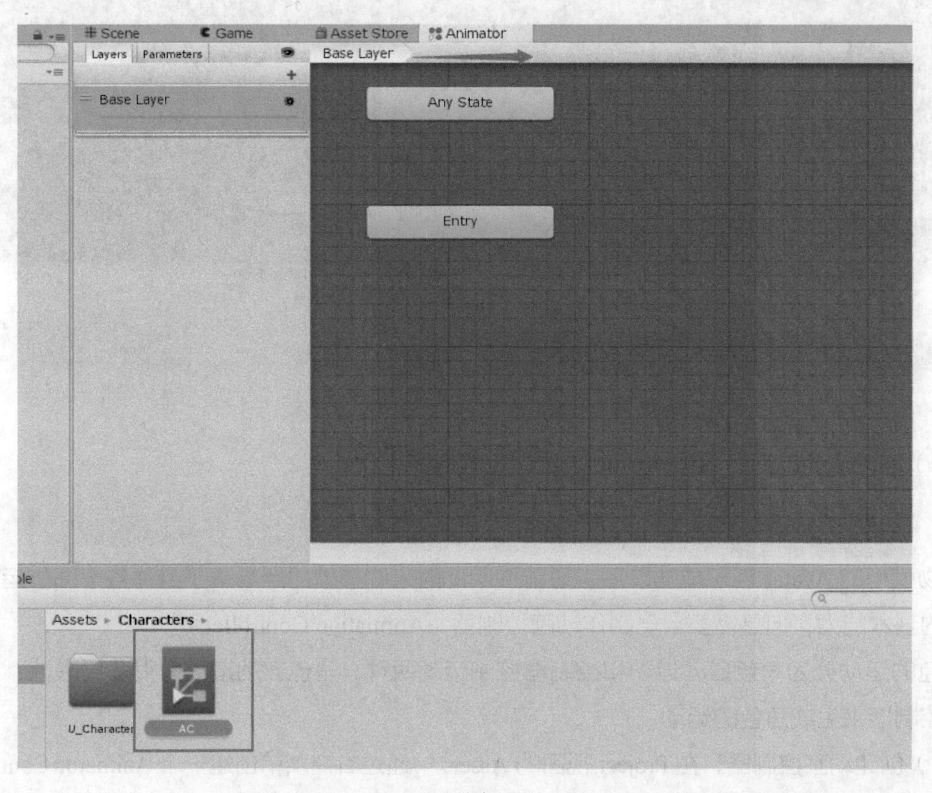

■ 图 9-9　Animator 编辑器的两个默认状态

（3）在 Animator 配置界面中对人物的各种运动状态的转换进行编辑和控制，即配置完成 Animator 的动画状态机。首先从资源包中导入 Animations 文件夹。里面定义了各种动作，如图 9-10 所示。

（4）将已经做好的片段 Jump 直接拖入 Animator 中，从 Entry 到 Jump 状态如图 9-11 所示。

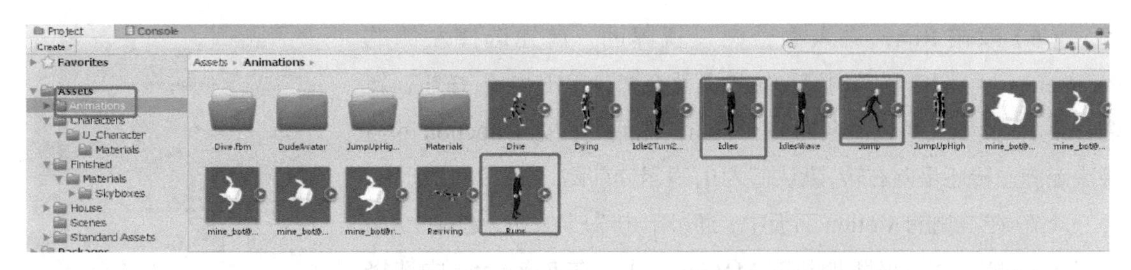

■ 图 9-10　Animations 文件夹信息

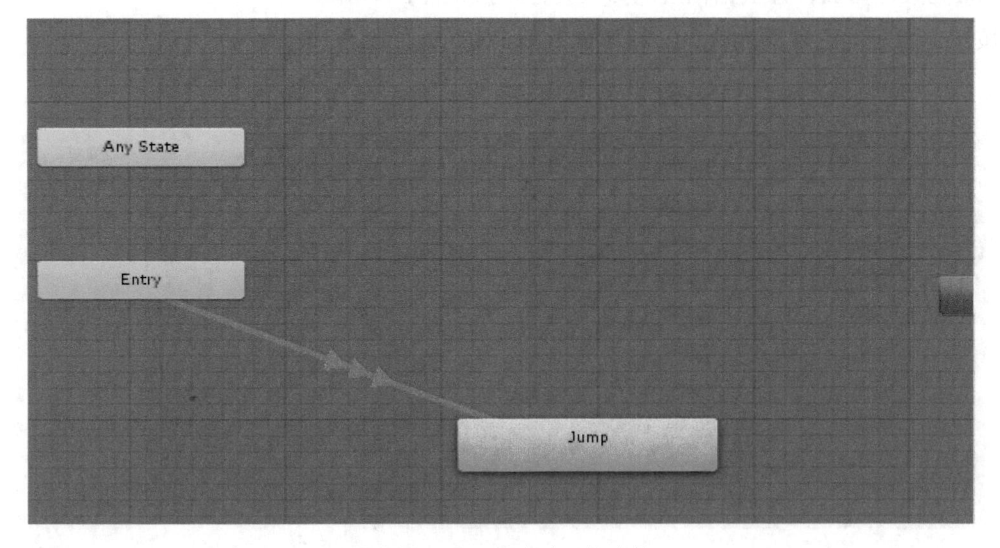

■ 图 9-11　部分动画状态机

（5）在空白处右击，在弹出的快捷菜单中选择“Create State”→“From New Blend Tree”命令，命名为 Run，如图 9-12 所示。

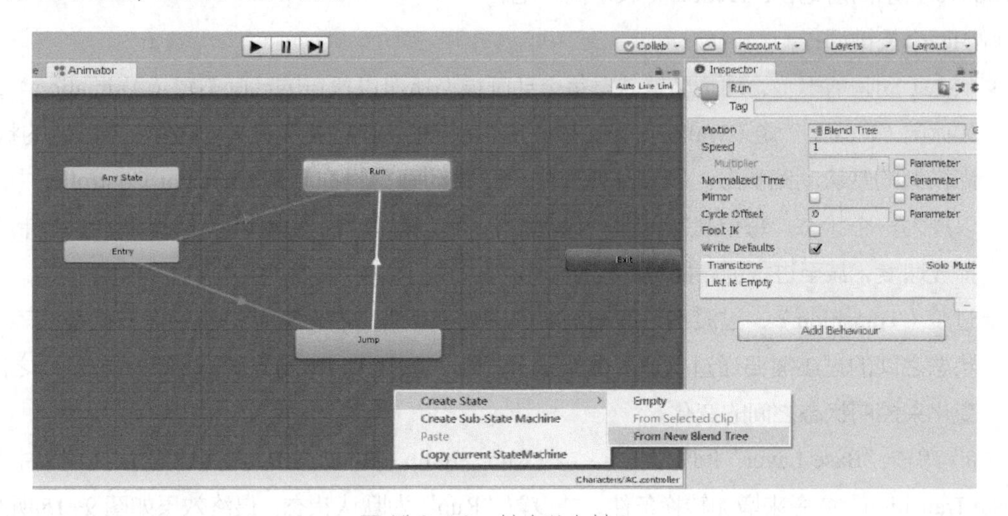

■ 图 9-12　创建混合树 Run

（6）双击 Run，进入混合树设置界面。首先选择左侧的 Parameters，给混合状态树增加转换条件变量，单击“+”按钮，新增一个 Int 类型变量，命名为 Direction，在后期根据 Direction 的值来决定向左转还是向右转，默认值为 0，表示向前跑，如图 9-13 所示。

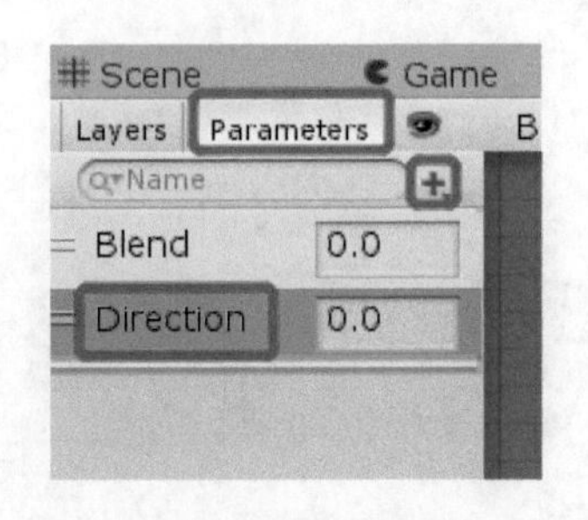

■ 图 9-13　增加 Direction 的 Parameters

（7）在右侧的 Motion 面板中，通过单击“+”按钮，选择“Add Motion Field”命令来增加新的 Motion 动作。在 Parameter 中选择 Direction 为条件参数，并根据相应的参数设置转换条件，单击 ⊙ 设置按钮，指定动画片段为 RunLeft、Run、RunRight，如图 9-14 所示。

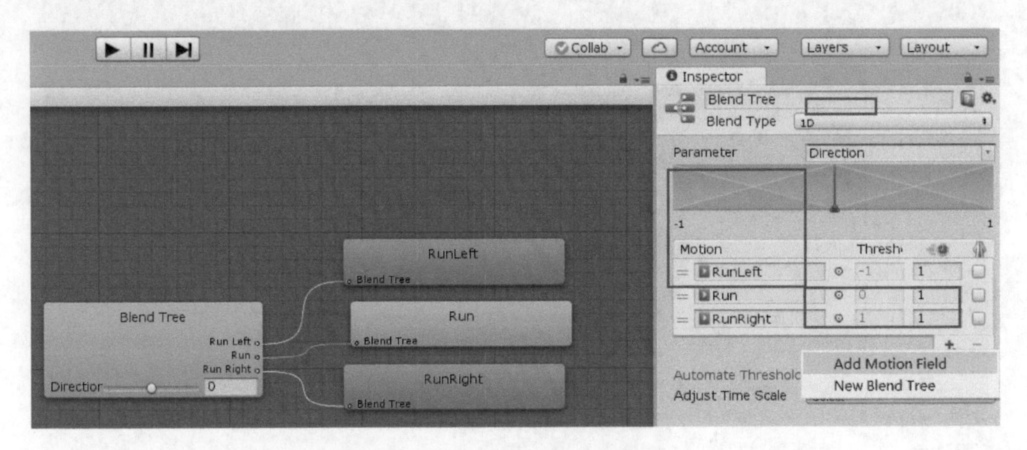

■ 图 9-14　设置 Run 的不同状态

在上述的不同状态中，需要根据参数 Direction 来设置转换条件，如果 Dirction=−1，则向左跑，Direction=0 表示向前跑，Direction=1 表示向右跑。

说明两个关键词：

◆状态（动画剪辑），动画剪辑就是每个动画模型所可以执行的动画剪辑（Animation），比如休闲（Ideal）、走（Walk）、跑（Run）等。状态以圆角矩形表示，黄色表示默认的状态，即模型的默认动画状态。在实际操作中只要将动画剪辑拖动到 Animator Controller 中就可以成为一个状态。每个状态就是一段动画，可以通过动画剪辑中的 speed 属性来控制动画播放速度，甚至进行倒序播放。

◆过渡（Transition），过渡指不同动画之间的切换条件，在动画状态机中以方向箭头表示。状态之间的过渡需要通过状态参数来进行控制，即在 Unity 中以脚本控制状态参数之间的变化来控制状态之间的变化。

（8）单击“Base Layer”回到上一层，在 Run、Jump 按钮上右击，在弹出的快捷菜单中选择“Make Transition”命令来增加转换条件，并设置“Run”为默认状态。最终效果如图 9-15 所示。

（9）保存 Animator，并选中人物对象，在 Inspector 属性面板中的 Animator 选项卡中设定

Controller 为刚才的 Animator Controller 文件“AC”，如图 9-16 所示。

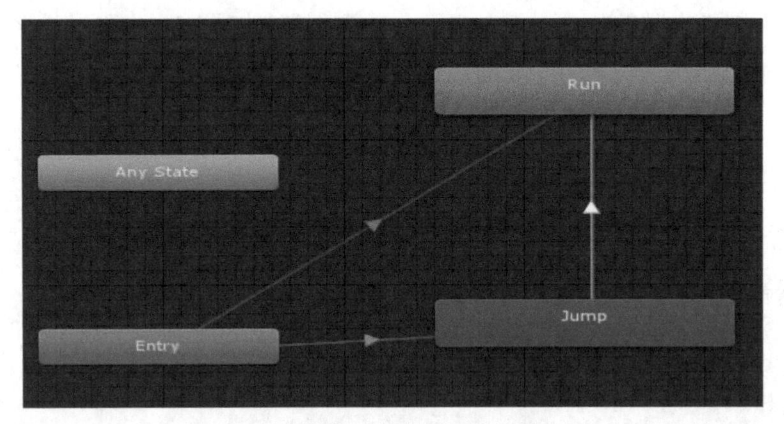

■ 图 9-15　增加转换条件后的最终效果

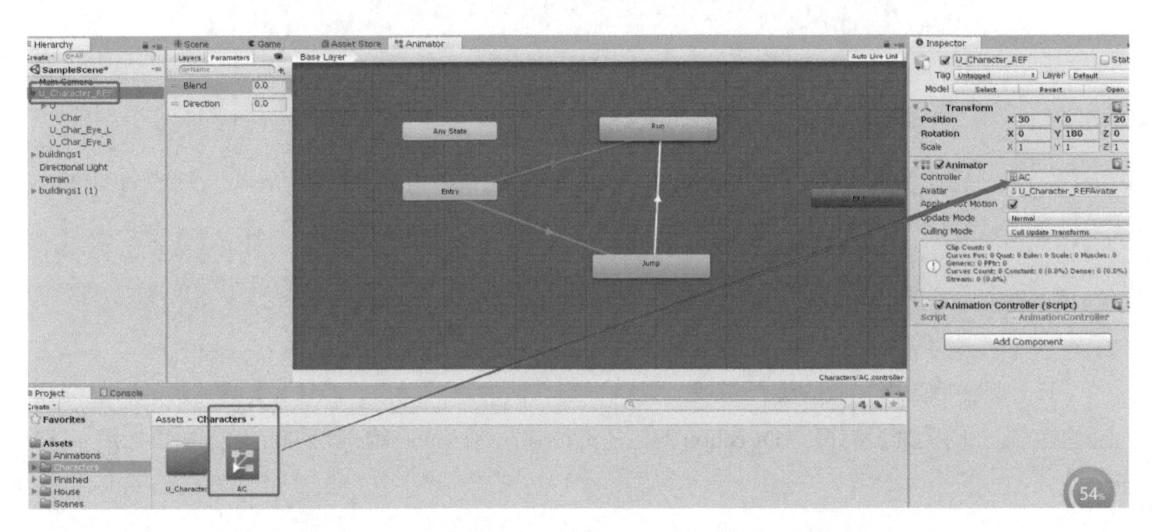

■ 图 9-16　设定人物对象的 Animator 属性 Controller

此时的运动状态转换如图 9-17 所示。

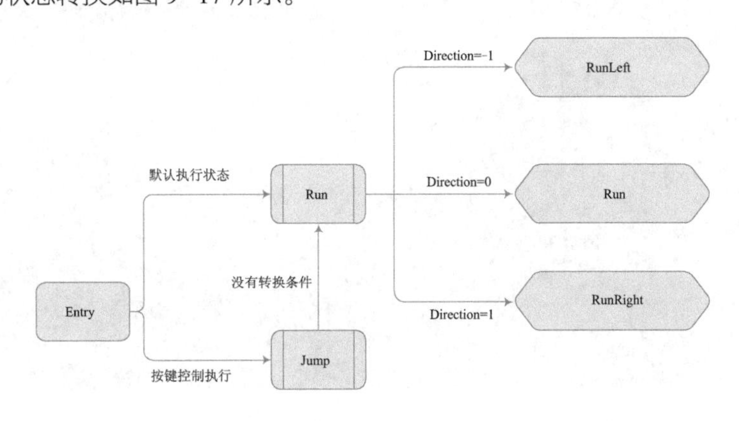

■ 图 9-17　运动状态转换

（10）给人物添加脚本，设定在某个按键下可以进行某个动作，如按【R】键进入跑的状态，按【Space】键进入跳的状态。在 Script 文件夹中新建 C# 脚本文件，命名为 AnimationController，先获取人物对象的 Animator 组件，然后根据不同的条件执行不同的活动片段。具体代码如下：

```
public class AnimationController : MonoBehaviour {

    private Animator animator;

    // Use this for initialization
    void Start () {
        animator = gameObject.GetComponent<Animator>();
    }

    // Update is called once per frame
    void Update () {
        if (Input.GetKeyDown(KeyCode.Space))
        {
            animator.Play("Jump");
        }
        else if (Input.GetKeyDown(KeyCode.R))
        {
            animator.Play("Run");
        }
    }
}
```

（11）调整摄像机，此时运行游戏，能够看到默认为跑的状态，按【R】键跳跃，后继续转为跑的状态。此时因为没有设定 Direction 的值还无法向左跑或向右跑，默认向前跑。效果如图 9–18 所示。

■ 图 9–18　带有简单跑和跳的动画效果

9.3 混合树转换条件

在 9.2 节中实现了简单的动画控制，但是在跑的过程中，只能实现向前跑，默认状态为向前跑，当按键后转为跳跃，跳跃动作结束后直接回到跑的状态。本节要根据 Dirction 的参数来设置向前跑、向左跑和向右跑。

9.3.1　基本思路

基本思路为进入 Run 状态以后，根据不同的按键进行不同的 Direction 值的设置，具体操作步骤为：

（1）获取当前的动画状态，并判断当前动画状态是否为 Run。

（2）如果是 Run，则根据 Left、Right、Up 箭头键设置 Direction 的不同值，进行控制。

9.3.2　代码实现

在测试的过程中，为了操作方便，修改 Run 的速度为 0.5，即放慢了跑的速度，否则很容易跑出视野范围，如图 9–19 所示。

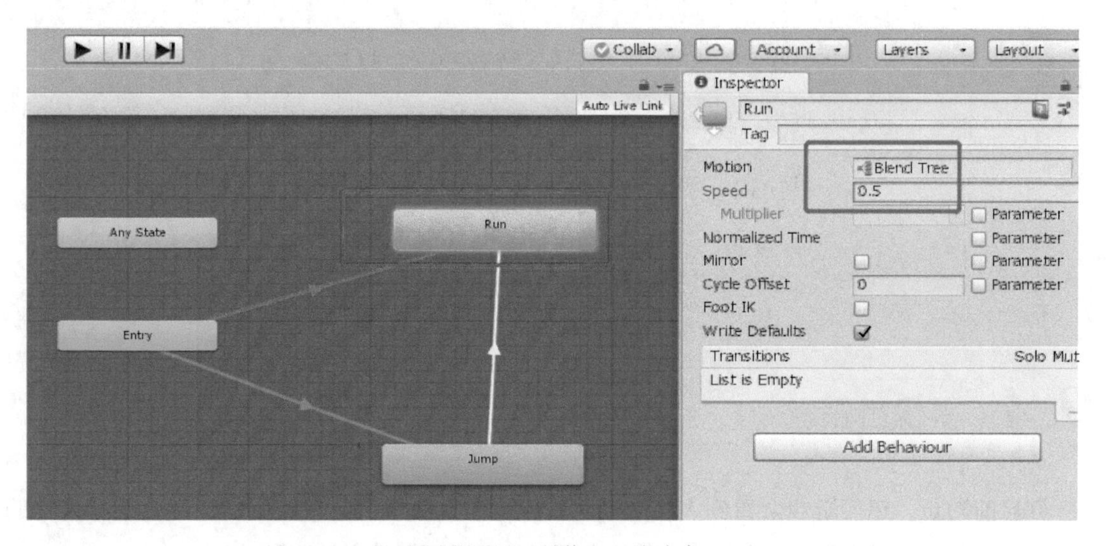

■ 图 9–19　调整 Run 的速度

修改 Animator Controller 脚本为：

```
public class AnimationController : MonoBehaviour {

    private Animator animator;

    // Use this for initialization
    void Start () {
```

```
            animator = gameObject.GetComponent<Animator>();
        }

        // Update is called once per frame
        void Update () {
            if (Input.GetKeyDown(KeyCode.Space))
            {
                animator.Play("Jump");
            }
            else if (Input.GetKeyDown(KeyCode.R))
            {
                animator.Play("Run");
            }

            AnimatorStateInfo stateinfo = animator.GetCurrentAnimatorStateInfo (0);
            if (stateinfo.IsName("Base Layer.Run"))//如果进入了 Run 状态
            {
                if (Input.GetKeyDown(KeyCode.UpArrow))
                {
                    animator.SetFloat("Direction", 0);
                }
                else if (Input.GetKeyDown(KeyCode.LeftArrow ))
                {
                    animator.SetFloat("Direction", -1);
                }
                else if (Input.GetKeyDown(KeyCode.RightArrow ))
                {
                    animator.SetFloat("Direction", 1);
                }
            }
        }
    }
```

9.4 摄像机跟随

到目前为止，运行游戏会看到人物的动画效果，但是摄像机的位置固定，不会跟随人物的运动而有所变化，因此看不到全貌。本节的主要目的是设置摄像机的跟随效果。

有一个简单的办法就是让摄像机作为人物的子对象存在，然后调整摄像机使用 Align With View 的方法，此时摄像机针对人物有一个固定的位移量。此时人物转动以及移动时摄像机会有相应的变化，包括位置以及角度的变化。但是会使人物在运动尤其是跳跃时有很大的晃动，画面晃动得厉害，真实感降低，因此舍弃这种方法。下面使用代码来控制摄像机的跟随效果，代码控制摄像机始终跟随某个物体，并且保持固定的相对位置。

（1）摄像机跟随函数：SmoothDamp()。

```
Vector3.SmoothDamp () 平滑阻尼
static function SmoothDamp(Current: Vector3, Target: Vector3, ref CurrentVeloc
ity: Mathf .Infinity, delta Time: float=Time. deltatime): Vector3
Parameters 参数
```

◆ Current：当前的位置。

◆ Target：试图接近的位置。

◆ CurentVelocity：当前度，每次调用函数时被修改。

◆ SmoothTime：到达目标的时间。较小的值将快速到达目标。

◆ maxSpeed：选择允许限制的最大速度。

◆ deltatime：自上次调用这个函数的时间。默认为 Time.deltatime。

（2）使用方法：

◆在代码中定义 Public 的 GameObject，外部指定需要跟随的物体。

◆设定平滑时间。

◆随时调整摄像机的位置为平滑移动跟随物体。

本案例中，在 Script 文件夹创建 C# 脚本文件，命名为“CameraMove”，设置摄像机跟随在人物的前方。具体代码如下：

```
public class CameraMove : MonoBehaviour {

    public Transform character;              //摄像机要跟随的人物
    public float smoothtime = 0.01f;         //平滑移动时间
    private Vector3 cameraVelocity = Vector3.zero;
    private Camera mainCamera;

    void Awake()
    {
        mainCamera = Camera.main;
    }

    // Update is called once per frame
    void Update () {
        transform.position = Vector3.SmoothDamp(transform.position, character.
        position + new Vector3(7, 6, -5), ref cameraVelocity, smoothtime);
   }
}
```

（3）把脚本关联到 Main Camera 中，并指定 Public Character 为设定动画的人物，如图 9-20 所示。

（4）运行游戏，可以看到在人物移动的过程中摄像机跟随人物运动，并且始终保持在一个固定的偏移量的方位上，如图 9-21 所示。

■ 图 9-20　摄像机脚本设置

■ 图 9-21　摄像机跟随效果

（5）目前场景 Terrain 地形地貌单调，为了丰富效果，在 Terrain 中设置一些基本地形和地貌细节的部件，种植一些树等。

◆将地形 Flatten 抬高 20。

◆将地形上原来的 Building 和人物设置为 Y=20，使之仍放置到地形之上。

◆在地形上挖出一个湖。

◆在湖中放入水，并设置水的缩放比例和位置，以适合于湖。

◆在 Terrain 中种植 2~3 类树和草。

◆运行案例。效果如图 9-22 所示。

■ 图 9-22 动画案例效果

（6）导入 Teddy 角色对象，将刚才 Animator 设置到 Teddy 人物上，同样会看到重定向以后的效果。

◆导入 Teddy 模型。从资源包中导入 Teddy.UnityPackage 资源包到 Assets 中，则 Assets 的 Character 文件夹中会出现一个 Teddy 角色模型，并放置到 Terrain 地形上，如图 9-23 所示。

■ 图 9-23 导入 Teddy 角色模型

◆设置 Teddy 的 Animator。选中 Teddy 角色对象，在右侧 Inspector 视图中将刚才存在

Character 文件夹中的 AC 文件，即 Animator Controller 指定到 Teddy 角色的 Controller 上，如图 9-24 所示。

■ 图 9-24　指定 Teddy 的 Animator Controller

◆选中 Teddy 角色模型，把 Script 脚本文件夹中的“Animation Controller”脚本关联到 Teddy 模型上，以保证键盘与动画之间的交互功能，如图 9-25 所示。

◆选中 Main Camera，改变摄像机跟随的对象为 Teddy（Transform），如图 9-26 所示。

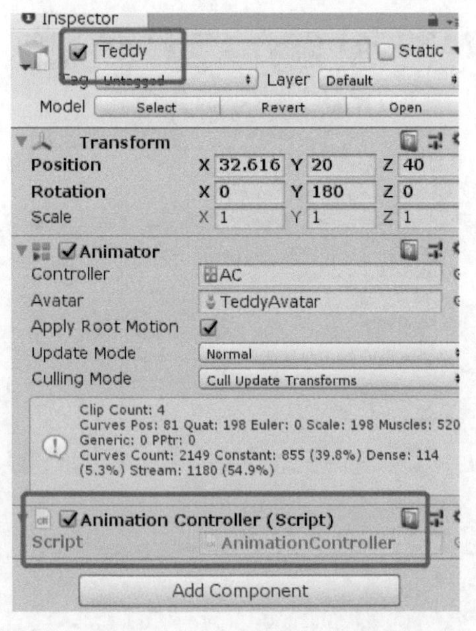

■ 图 9-25　指定 Teddy 对象的动画控制脚本　　■ 图 9-26　修改摄像机跟随的目标

◆在 Terrain 中将原来的角色模型 U_Character_REF 隐藏，因为两者会有相同的动作和控制方式。游戏运行效果如图 9-27 所示。

■ 图 9-27　重定向后游戏运行效果

到目前为止，已经实现了 Mecanim 动画系统的基本内容，动画控制器、状态机、转换条件和变换、键盘交互控制以及 Retargeting（重定向）。

贪吃蛇游戏案例

本章结构

贪吃蛇游戏是一个比较经典的小游戏，本章主要介绍在 Unity 环境下实现贪吃蛇的主要功能，包括蛇的移动、食物的出现、蛇吃掉食物的检测等基本功能。本章主要内容是围绕 Unity2D 游戏开发的基本流程，目的是进一步熟悉 Unity2D 游戏开发的方法和技巧。本章知识结构如图 10–1 所示。

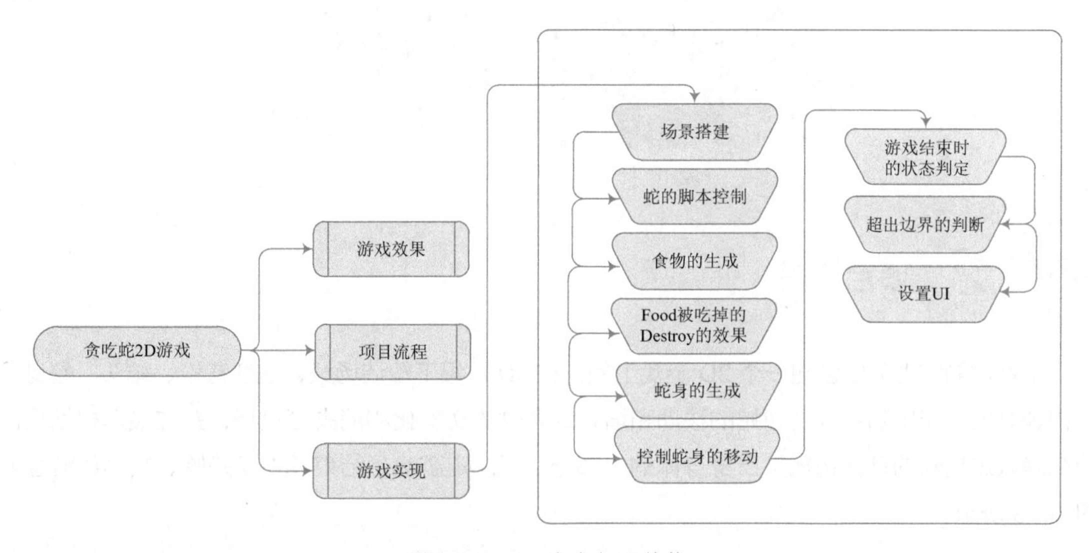

■ 图 10-1　本章知识结构

学习目标

1. 进一步熟悉 Unity2D 游戏开发的流程。

2. 掌握在贪吃蛇游戏中的蛇体整体移动和转向算法的实现方法。

3. 熟悉 2D 游戏中碰撞检测和触发器实现过程。

10.1 游戏效果

本游戏的场景比较简单，游戏场景中有一个背景及以某些材质所代表的食物、蛇头和蛇身。本游戏的难点是蛇和食物碰撞后的处理过程，如食物的消失、蛇身的增长和蛇身需要与蛇头在同一方向上转动等内容，这些同时是此项目实现的关键点。具体实现效果如图 10–2 所示。

■ 图 10-2　贪吃蛇游戏效果

10.2 项目流程

本案例的实现需要创建一个 2D 游戏工程，在 2D 效果下塑造场景，包括背景、蛇头、蛇身、食物等对象。使用脚本等处理蛇的移动和增长、食物的实例化和消失等过程，并在最后根据具体情况确认蛇吃到的是食物还是自身身体的一部分，再决定游戏是结束或重新开始。其具体流程如图 10-3 所示。

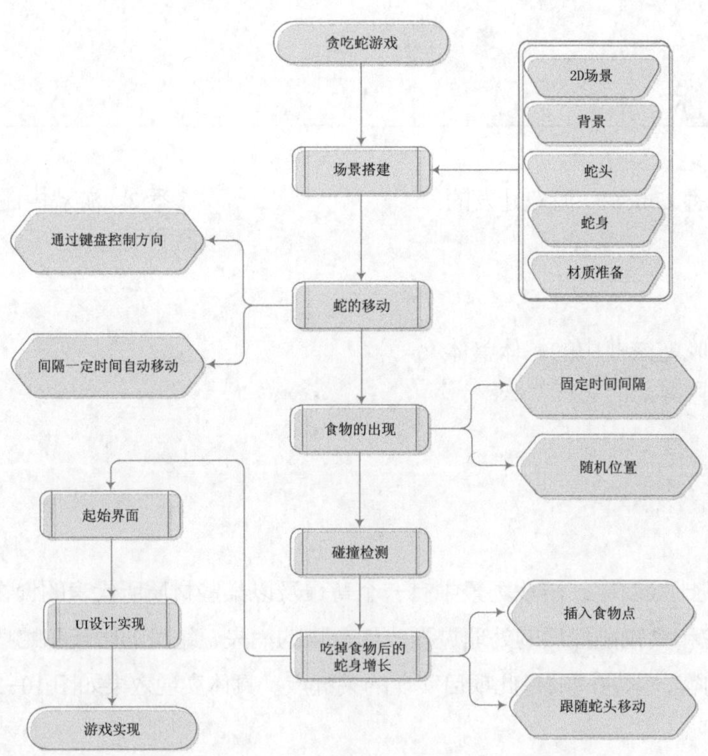

■ 图 10-3　项目实现流程图游戏实现

10.3 游戏实现

10.3.1 场景搭建

（1）创建背景。打开 Unity 2018.2.5，依次选择“New”→“Create Project”命令，创建一个 2D 游戏工程，命名为 Snake。在 Hierarchy 中右击，在弹出的快捷菜单中选择“Create”→“3D Object”→“Quad”命令，命名为 BG，并在 Inspector 属性面板中设置 Quad 的位置 Position 为（0，0，0），Scale 放大倍数为 61 × 45 × 1。

另外，因为蛇在中心原点，即（0，0，0）的位置，当蛇在背景上移动，单元格的个数必须是奇数个，如果是偶数，中心原点在行与列的交点，不能在一个独立的单元格内，所以放大 X 轴 61 倍，Y 轴 45 倍，保证是奇数个行和列，如图 10-4 所示。

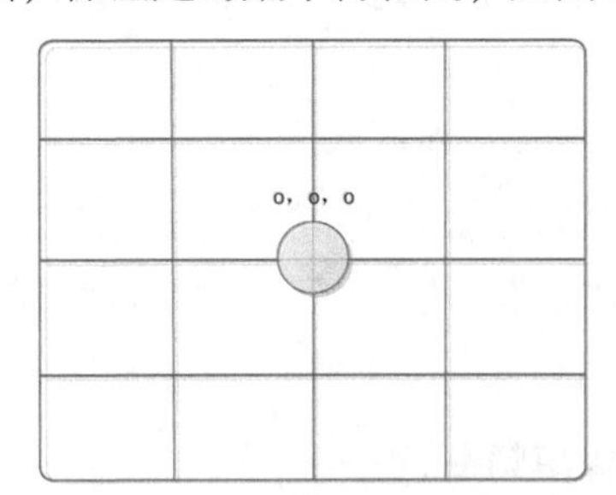

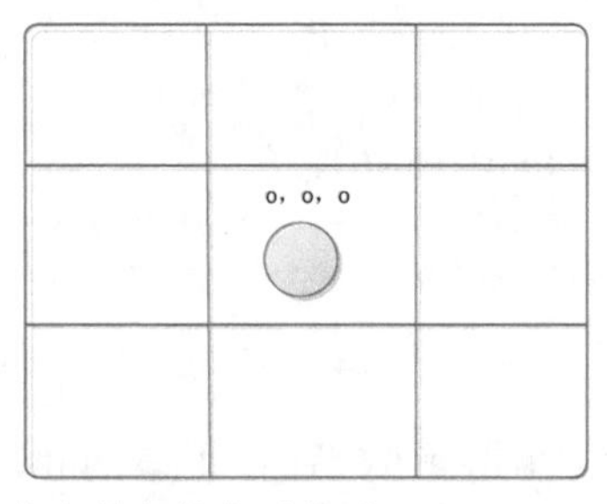

■ 图 10-4　背景单元格个数与蛇位置关系

（2）在 Assets 中创建一个 Material 材质文件夹，并创建两种材质，分别命名为 SnakeHead、BG。将 BG 材质应用到 BG 对象上，如图 10-5 所示。

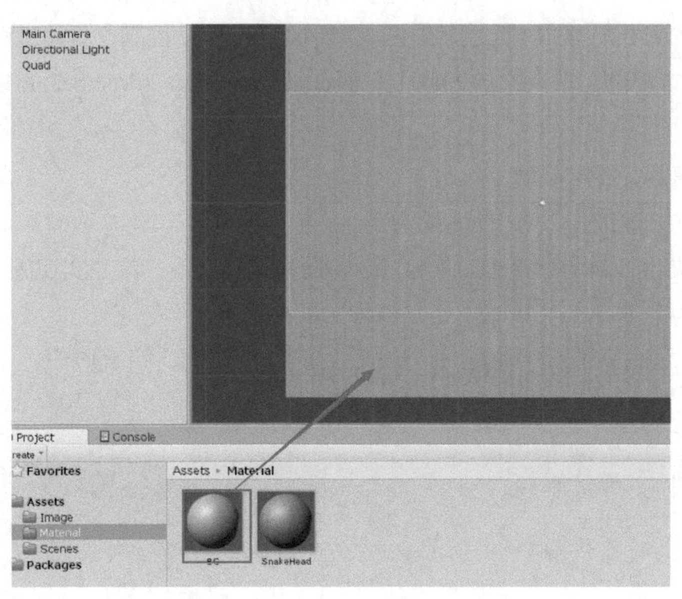

■ 图 10-5　场景中背景材质应用

（3）创建一个 Cube（在 Inspector 中进行 Transform 的重置，Position 位置为（0，0，0）属性面板，放大 Scale 倍数为 1*1*1），命名为 SnakeHead，并应用 SnakeHead 材质。

（4）此时摄像机在 2D 游戏场景中为正交投影模式，摄像机左右或上下移动会有变化，但是沿 Z 轴移动没有变化，消除近大远小的效果，把摄像机的 Size 改成 16，放大视野角度。在 Game 视图中设置显示屏模式为 16 ∶ 9，如图 10-6 所示。

■ 图 10-6　设置 Game 显示模式

10.3.2　蛇的脚本控制

（1）首先蛇的移动不是靠键盘控制，而是自动实现移动，因此调用函数 InvokeRepeating() 来实现一个计时器的功能。

（2）InvokeRepeating() 函数用来实现延迟一定时间后重复调用某个函数，其原型如图 10-7 所示。

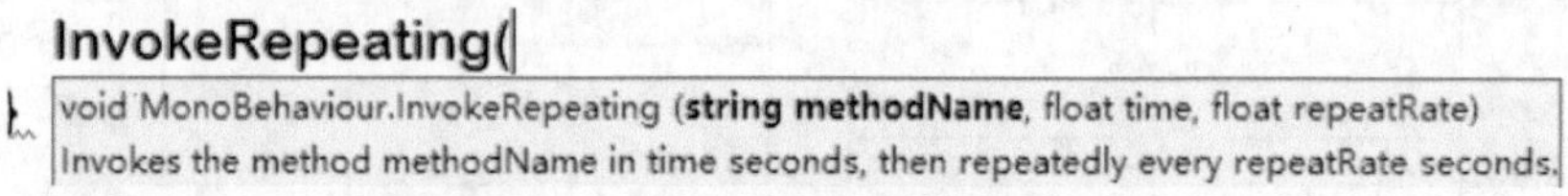

InvokeRepeating(

void MonoBehaviour.InvokeRepeating (**string methodName**, float time, float repeatRate)
Invokes the method methodName in time seconds, then repeatedly every repeatRate seconds.

■ 图 10-7　InvokeRepeating() 函数原型

（3）具体参数：调用函数名字，间隔时间，重复频率。

例如，InvokeRepeating ("move",1,0.5f)：含义为延迟 1 秒后调用 move 函数，然后每隔 0.5 秒后重复调用 move 函数。

（4）在蛇的移动中使用 InvokeRepeating() 函数，可以作为一个计时器，每次间隔一定时间之后固定调用移动的函数即可。下面利用该函数增加对蛇的移动控制，具体过程如下：

- ◆定义一个方向变量，默认方向为向上。Vector2 direction = Vector2.up 表示默认方向初始值为向上。
- ◆增加 Move 事件，控制移动。
- ◆在 Start 事件中增加对 Move 的间隔调用。

在 Script 文件夹中，新增一个 C# 脚本，命名为 SnakeMove，首先实现固定方向固定间隔时间的调用，具体代码如下：

```
public class SnakeMove : MonoBehaviour {

    Vector2 Direction = Vector2.up;

    void Move()
    {
        transform.Translate(Direction);
    }
```

```
    // Use this for initialization
    void Start () {
        InvokeRepeating("Move", 0.5f, 0.5f);
    }

}
```

（5）将脚本 SnakeMove 关联到 SnakeHead 对象中，并运行游戏工程。会看到蛇头对象能够稳定向上方移动。

（6）增加键盘交互的控制。在 Update 函数中增加按键控制蛇移动的方向，其实就是在更新游戏使函数始终获取按键并改变相应的方向，从而在下次调用 Move 函数时执行新的运动方向。具体代码如下：·

```
public class SnakeMove : MonoBehaviour {

    Vector2 Direction = Vector2.up;
    float speed = 0.5f;

    void Move()
    {
        transform.Translate(Direction);
    }

    // Use this for initialization
    void Start () {
        InvokeRepeating("Move", speed, speed);
    }

    void Update()
    {
        if ((Input.GetKeyDown(KeyCode.W)) ||  ( Input.GetKeyDown (KeyCode.
        UpArrow )))
        {
            Direction = Vector2.up;
        }
        else if( (Input.GetKeyDown(KeyCode.S)) || (Input.GetKeyDown(KeyCode.
        DownArrow )))
        {
            Direction = Vector2.down ;
        }
        else if ((Input.GetKeyDown(KeyCode.A)) || (Input.GetKeyDown(KeyCode.
        LeftArrow )))
        {
            Direction = Vector2.left ;
        }
        else if ((Input.GetKeyDown(KeyCode.D)) || (Input.GetKeyDown(KeyCode.
```

```
                RightArrow )))
                {
                    Direction = Vector2.right ;
                }
            }
    }
```

（7）运行游戏，会看到游戏运行的效果，能够根据按键控制蛇头的移动过程。

10.3.3 食物的生成

（1）在 Hierarchy 中创建一个 Cube，命名为 Food，并在右侧 Inspector 属性面板中进行重置，恢复位置为（0，0，0），Scale 为（1*1*1）。

（2）针对 Food，在 Material 文件夹中新建一种材质，命名为 Food，并应用新材质到 Food 对象。

（3）在 Assets 文件夹中创建一个文件夹，命名为 Prefabs，并将上述中的 SnakeBody 蛇身对象拉到 Prefabs 文件夹，做成一个预制体，如图 10-8 所示。

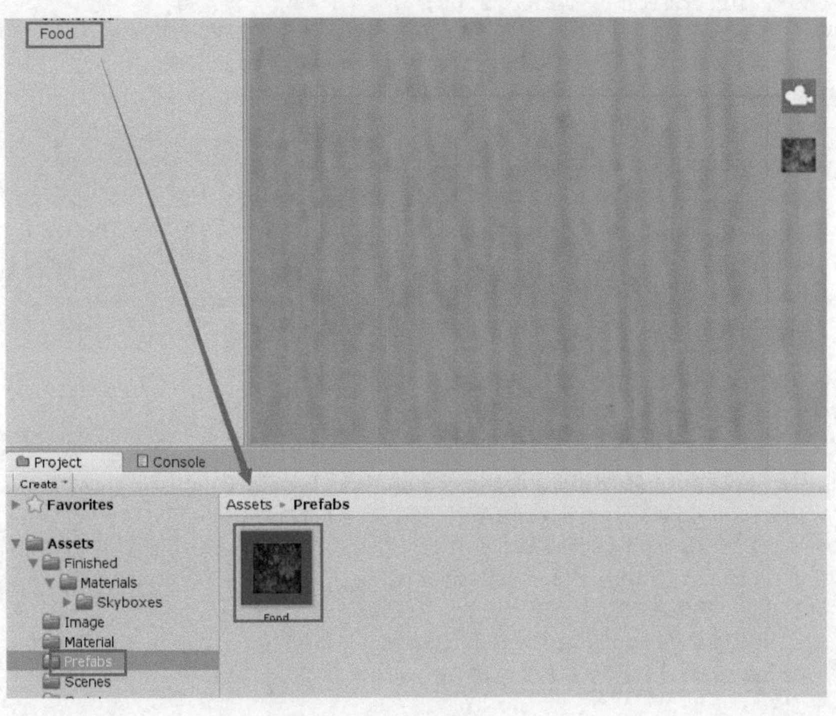

■ 图 10-8 Food 预制体生成

（4）从 Hierarchy 中删除原来的 Food 对象。

（5）用脚本控制食物在固定间隔时间内实例化。在 BG 中每间隔一个固定时间会初始化生成一个 Food，注意 Quad 的活动范围为 61×45 的矩形区域，因此 Quad 在 X 和 Y 值上的变化范围为 X:[-30,30]，Y:[-22,22]。在 Scripts 文件夹中新建一个 C# 脚本，命名为 FoodCreate，具体思路如下：

◆定义 Food 对象（public，后期指定为预制体）。

◆定义变化范围。

◆定义 Food 函数，在 xy 的随机变化位置初始化 Food（Instantiate 函数）。

◆在 Start 中定义 InvokeRepeating 激活重复调用，具体代码如下：

```
public class FoodCreate : MonoBehaviour {

    public GameObject s_food;
    public int x_limit=30;
    public int y_limit=16;

    void food()
    {
        int x = Random.Range(-x_limit, x_limit);
        int y = Random.Range(-y_limit, y_limit);
        Instantiate(s_food, new Vector2(x, y),Quaternion.identity );
    }

    // Use this for initialization
    void Start () {
        InvokeRepeating("food", 1, 2);
    }`

    // Update is called once per frame
    void Update () {

    }
}
```

（6）将脚本关联到摄像机上。选中 Main Camera，在右侧 Inspector 属性面板中选择“Add Component”→“Scripts"→“FoodCreate”命令。

（7）指定 FoodCreate 脚本的外部对象，把 Prefabs 中的 Food 预制体指定到 GameObject 中，即随时实例化 Food 预制体，如图 10-9 所示。此时运行游戏，不仅能够实现键盘控制蛇头的移动，同时能够看到随机出现的食物。

■ 图 10-9　指定 FoodCreate 脚本的外部对象

10.3.4　Food 被吃掉的 Destroy 的效果

（1）把 SnakeHead 作为 Trigger 触发器来使用。

◆给 SnakeHead 增加 RigidBody。

◆去掉 Use Gravity。

◆在 Box Collider 中选中“Is Trigger”复选框，设置 SnakeHead 为触发器，一旦 SnakeHead 触碰到 Food 就会触发。

（2）在属性面板中的 Tag 中增加一个标签，命名为“food”。

◆在 Tag 中选择“Add Tag”，并在弹出的对话框中，单击“+”按钮，在 Tag 位置填写“food”。

◆将预制体 Food 的标签设置为 food，后期就可以对标签进行标识了。

◆在 Snake 的脚本“SnakeMove”中增加 OnTriggerEnter 检测函数，如果碰到的层为 food 则销毁对象。具体代码如下：

```
void OnTriggerEnter(Collider coll)
    {
        if (coll.gameObject.CompareTag ("food")) //如果碰到了食物，食物消失
        {
            Destroy(coll.gameObject);
        }
}
```

（3）此时运行游戏，可以控制 Snake 的移动，当 Snake 碰到了食物，则食物消失。但是，若侧面触碰也会消失，因为 Collider 的范围太大，需减小对 Food 预制体的 Box Collider 范围。选中 Food 预制体，在右侧 Inspector 属性面板中选择“Box Collider”选项卡，调整 Size 为 0.5，如图 10-10 所示。

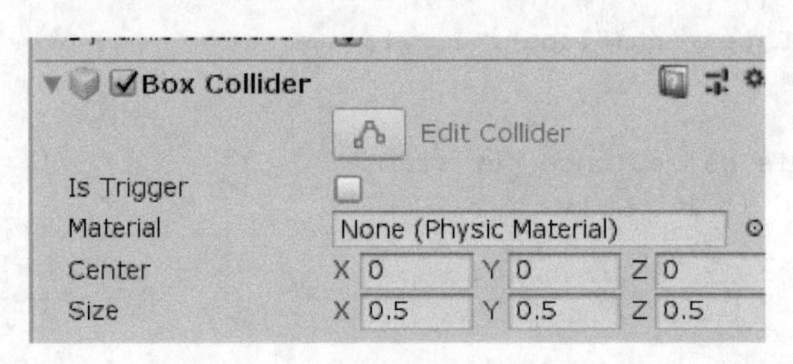

■ 图 10-10　调整 Box Collider 的大小

10.3.5　蛇身的生成

（1）在 Hierarchy 中创建一个 Cube，命名为 SnakeBody，并在右侧 Inspector 属性面板中进行重置，恢复位置为（0，0，0），Scale 为（1*1*1）。

（2）针对 SnakeBody，在 Material 文件夹中新建一种材质，命名为 SnakeBody，并应用新材质到 Snake Body 对象。

（3）将上述的 SnakeBody 蛇身对象拉到 Prefabs 文件夹，做成一个预制体，如图 10-11 所示。

（4）从 Hierarchy 中删除原来 SnakeBody 对象。

（5）在 SnakeMove 脚本中增加一个 Public 的 GameObject 对象，指定到 Body 预制体上：Public GameObject SnakeBody。

（6）生成 Body 基本步骤：

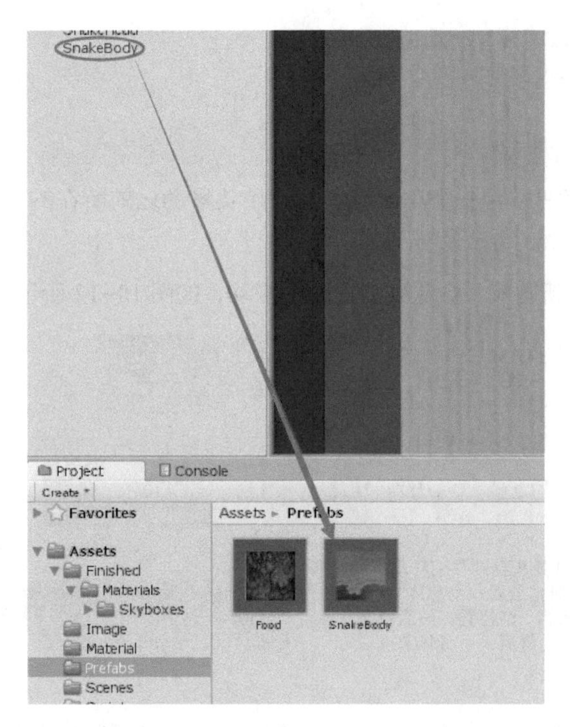

■ 图 10-11　生成 SnakeBody 预制体

◆初始化的位置为刚才 Snake 所在的位置。

◆增加一个开关变量，初始值为 false，当吃掉一个食物时为 true。

◆在 Move 移动中如果开关为 true（表明此时已经吃掉食物，可以实例化蛇身体对象），则在刚才 Snake 吃掉食物的位置实例化一个蛇的身体对象，设置开关变量为 false。具体代码如下：

```
public GameObject snakebody;
    private bool flag;

    void Move()
    {
        transform.Translate(Direction);

        if (flag) // 如果碰到了实例化蛇身，关闭开关
        {
            Instantiate(snakebody, transform.position, Quaternion.identity);
            flag = false;
        }
}
void OnTriggerEnter(Collider coll)
    {
        if (coll.gameObject.CompareTag ("food")) // 如果碰到了食物，食物消失
        {
            Destroy(coll.gameObject);
```

```
            flag = true;// 开关打开
        }
}
```

10.3.6 控制蛇身的移动

（1）思路：每次都把最后一个身体节点放到蛇头移动之前所在的位置，然后再删掉最后一个身体节点。

（2）在队列中需要新插入一个队列节点时的移动，如图 10-12 所示。

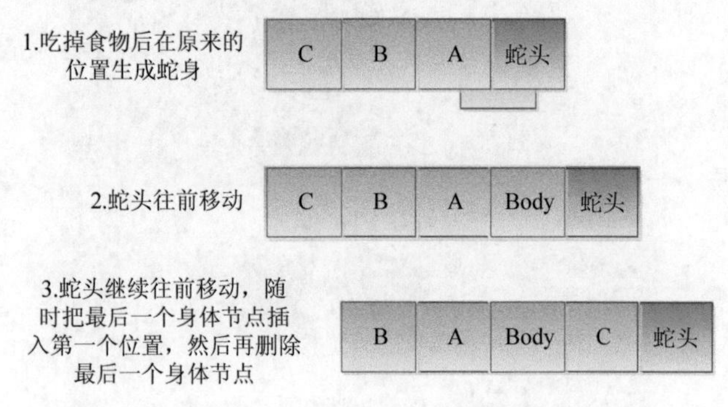

■ 图 10-12　插入点与身体共同移动

（3）在队列中不需要新插入队列节点时的后续移动，具体过程如图 10-13 所示。

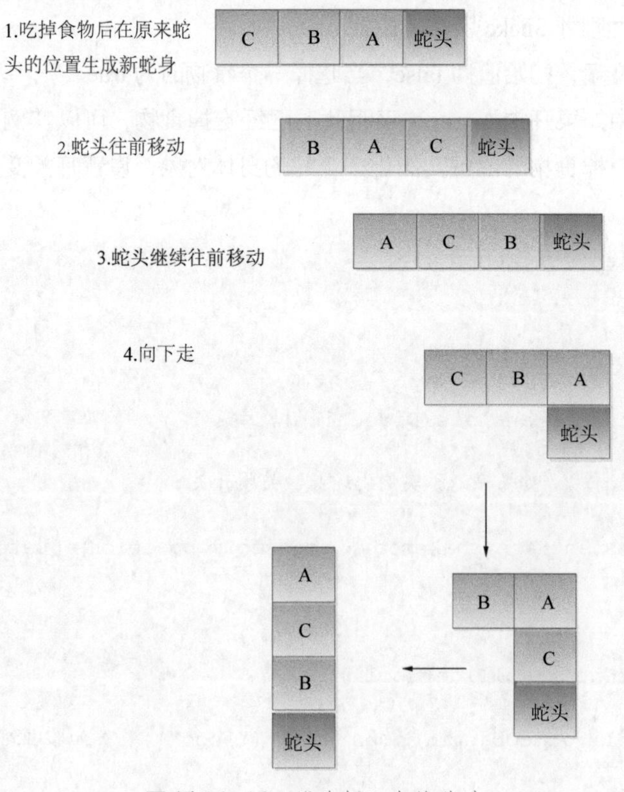

■ 图 10-13　没有插入点的移动

（4）具体实施步骤：

◆在 SnakeMove 脚本中使用队列 List 的基本方法。

◆ Using 引入命名空间。

```
using System.Collections.Generic;
using System.Linq;
```

◆增加一个 List 对象，就是容器或者组合，把身体设置成一个组合。

```
List<Transform>  Body = new List<Transform>();
```

◆把初始化对象定义成一个名字的对象。

```
GameObject Bodyyuzhi=(GameObject ) Instantiate(snakebody, position, Quaternion.
identity);
```

◆在初始化之后马上进行插入操作，插入蛇头后面的位置。

```
Body.Insert(0, Bodyyuzhi.transform );
```

◆如果不是插入则进行移动操作。

```
else if (Body.Count > 0)
        {
            Body.Last().position = position;      //把最后一个放到第一个
            Body.Insert(0, Body.Last().transform);
            Body.RemoveAt(Body.Count - 1);        //删除最后一个
        }
```

注意：运行时可以暂停，然后将某个 body 位置设置成不同的颜色，观察移动的规律。

◆ SnakeMove 脚本具体代码如下：

```
using System.Linq;//提供支持使用语言集成查询 (LINQ) 进行查询的类和接口
using UnityEngine.SceneManagement;

public class SnakeMove : MonoBehaviour {

    List<Transform> body = new List<Transform>();

    Vector2 Direction = Vector2.up;
    float speed = 0.3f;
    public GameObject snakebody;
    private bool flag;

    void Move()
    {
        Vector2 position = transform.position;

        if (flag)//移动过程中如果开关打开就先生成身体然后再移动
        {
            GameObject bodyyuzhi = (GameObject)Instantiate(snakebody, position,
            Quaternion.identity);
```

```
            body.Insert(0, bodyyuzhi.transform);
            flag = false;// 生成身体后直接开关关闭
        }
        else if (body.Count > 0)
        {
            body.Last().position = position;
            body.Insert(0, body.Last().transform);
            body.RemoveAt(body.Count - 1);
        }
        transform.Translate(direction);// 如果开关关闭则直接移动
    }

    // Use this for initialization
    void Start () {
        InvokeRepeating("Move", speed, speed);
    }

    void Update()
    {
        if ((Input.GetKeyDown(KeyCode.W)) ||  ( Input.GetKeyDown (KeyCode.
        UpArrow )))
        {
            Direction = Vector2.up;
        }
        else if( (Input.GetKeyDown(KeyCode.S)) || (Input.GetKeyDown(KeyCode.
        DownArrow )))
        {
            Direction = Vector2.down ;
        }
        else if ((Input.GetKeyDown(KeyCode.A)) || (Input.GetKeyDown(KeyCode.
        LeftArrow )))
        {
            Direction = Vector2.left ;
        }
        else if ((Input.GetKeyDown(KeyCode.D)) || (Input.GetKeyDown(KeyCode.
        RightArrow )))
        {
            Direction = Vector2.right ;
        }
    }

    void OnTriggerEnter(Collider coll)
    {
        if (coll.gameObject.CompareTag ( "food")) // 如果碰到了食物，食物消失
        {
            Destroy(coll.gameObject);
            flag = true;// 开关打开
        }
```

```
        }
    }
```

（5）保存 SnakeMove 脚本，并在 SnakeHead 对象所绑定的脚本中指定外部对象 SnakeBody，从预制体 Prefabs 文件夹中拖动 SnakeBody 到脚本外部对象，如图 10-14 所示。

■ 图 10-14　SnakeMove 脚本外部对象变量指定

（6）运行 Unity，单击 Play 按钮，运行游戏，能够看到以按键控制的蛇头的移动，当蛇头吃掉食物后，食物消失，身体增长并随之移动的过程，如图 10-15 所示。

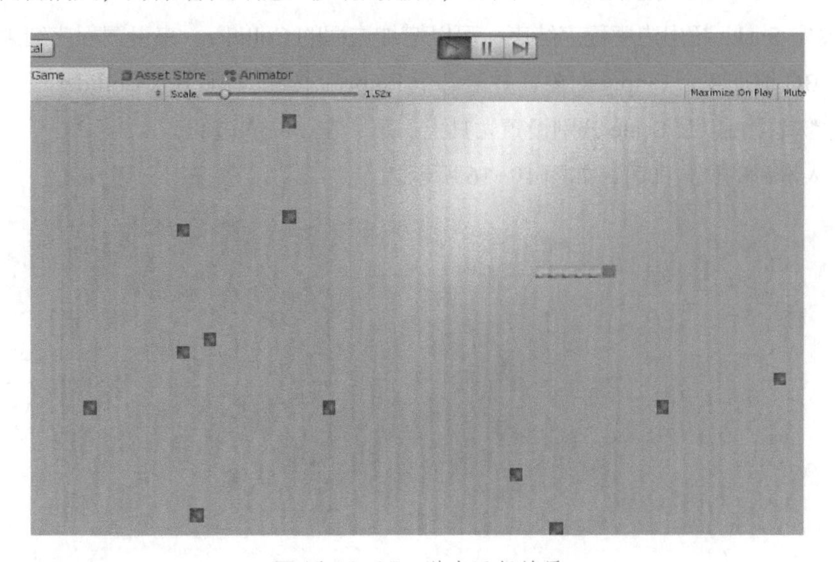

■ 图 10-15　游戏运行效果

10.3.7　游戏结束时的状态判定

（1）当蛇吃掉食物后，身体会增长，但是如果蛇在运动过程中碰到的是自己身体的一部分，则场景需要重新加载，并且蛇以最短的状态开始运行。

（2）在脚本文件中需要增加为了重新加载场景所需函数而使用的命名空间：using using UnityEngine.SceneManagement。

（3）在 SnakeMove 脚本中的 OnTriggerEnter 函数中判断，如果 Snake 碰到的不是 Food，就会结束游戏，即重新加载场景。

```
void OnTriggerEnter(Collider coll)
    {
        if (coll.gameObject.CompareTag ("food")) //如果碰到了食物，食物消失
        {
            Destroy(coll.gameObject);
            flag = true;//开关打开
        }
        else//如果碰到的不是食物，则销毁当前场景重新加载
        {
            SceneManager.LoadScene(0);
        }
}
```

（4）如果此时运行会看到蛇刚开始移动，程序就重新加载，是因为蛇在移动过程中碰到了背景中的 Collider。因此，去掉 BG 对象的 Mesh Collider。

（5）将 SnakeHead 和 SnakeBody 预制体的 Collider 的 Size 均设置为 0.5，预防碰撞。

10.3.8 超出边界的判断

如果要设定 Snake 超出边框程序结束，可以增加边框的 Collider，来设置程序结束。

（1）给 BG 增加 4 个 Empty 对象，并给每个 Empty 对象都增加 Box Collider。

（2）调整其位置以及 Scale 分别设置为其上、下、左、右的边框。

（3）放入准确的位置即可，如图 10-16 所示。

■ 图 10-16　给 BG 增加边界 Collider

10.3.9　设置 UI

（1）在 Project 新增一个场景，并保存为 LoadGame。

（2）在 Hierarchy 中右击，在弹出的快捷菜单中选择“UI”→“Text”命令，在 Scene 中增加一个 UI，如图 10-17 所示。

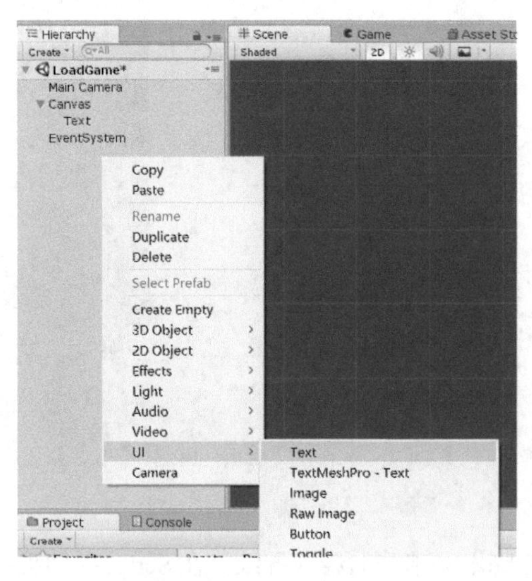

■ 图 10-17　增加 UI

（3）在新场景中，通过选择“Window”→“Rendering”→“Lighting Settings”命令，添加一个 Skybox，如图 10-18 所示。

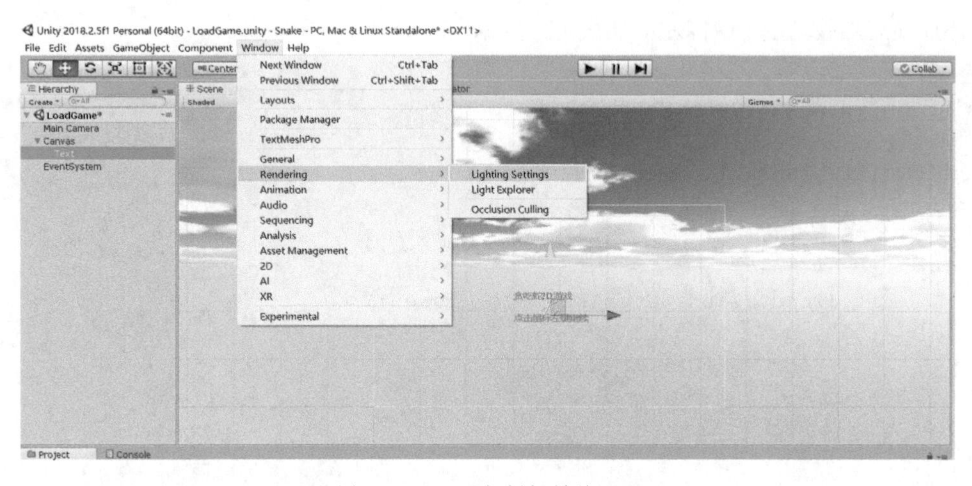

■ 图 10-18　添加新场景的 Skybox

（4）设置 Text 基本属性。

◆宽度和高度设置。

◆字体设置。

◆颜色设置。

◆设置对齐方式等，Game 视图的 UI 属性设置如图 10-19 所示。

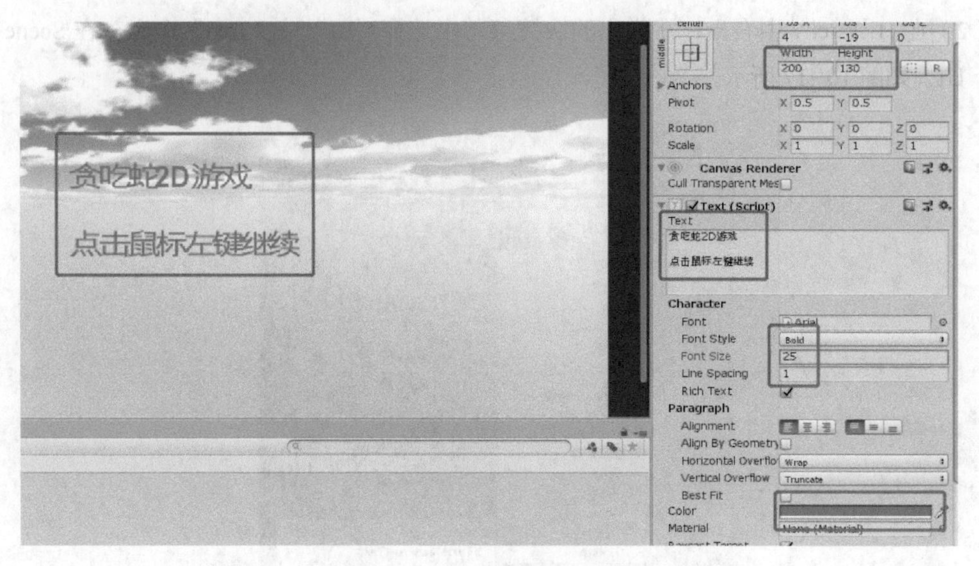

■ 图 10-19　UI 属性设置

（5）为 UI 的 Text 设定脚本，单击时游戏继续。在 Script 文件夹中，新增一个 C# 脚本，并命名为 SnakeUI。

◆在脚本文件中需要增加为了重新加载场景所需函数而使用的命名空间：using UnityEngine.SceneManagement。

◆添加唤醒加载场景（鼠标左键加载），具体代码如下：

```
using UnityEngine;
using UnityEngine.SceneManagement;

public class SankeUI : MonoBehaviour {

    void Update()
    {
        if (Input.GetKeyDown(KeyCode.Mouse0))
        {
            SceneManager.LoadScene(1);
        }
    }
}
```

（6）将 SnakeUI 脚本关联到 Text 中。

（7）通过 File → Build Settings 命令中的“Add Open Scenes”按钮来加载当前打开场景，即 Game 场景为 1，LoadGame 为 0，即首先启动的是 Load Scene。选择“Build Settings”命令，导出 Exe 执行文件，请自行运行并查看结果，如图 10-20 所示。

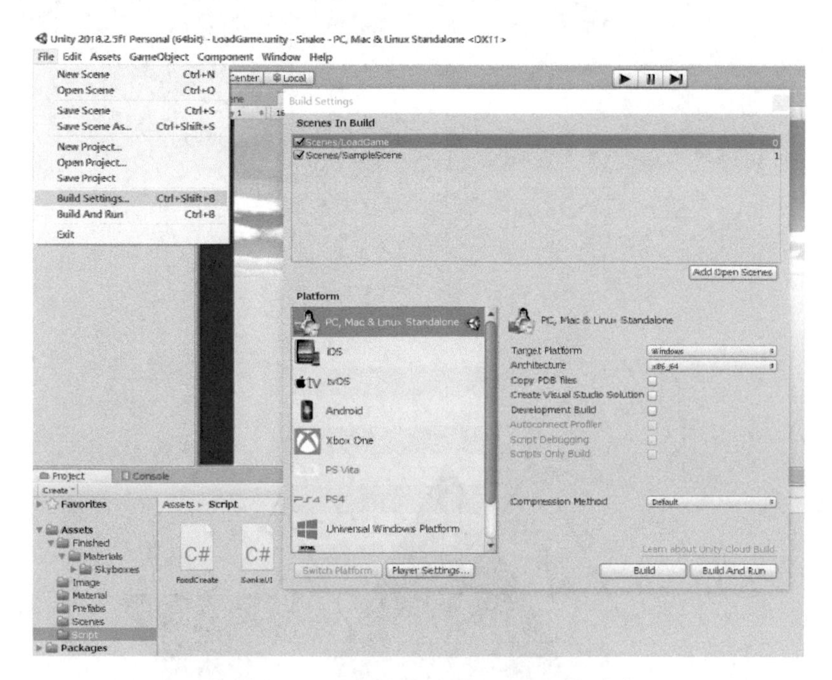

■ 图 10-20　选择“Build Settings”命令

坦克大战游戏案例

本章结构

本章以 Unity 2018.2.5 为主要编辑环境，详细介绍“坦克大战”案例的具体实现过程，从项目效果介绍、实现流程、项目前期准备到场景的具体实现细节都做了详细的论述，旨在使读者从整体角度出发认识到一个项目的开发过程。本章知识结构如图 11-1 所示。

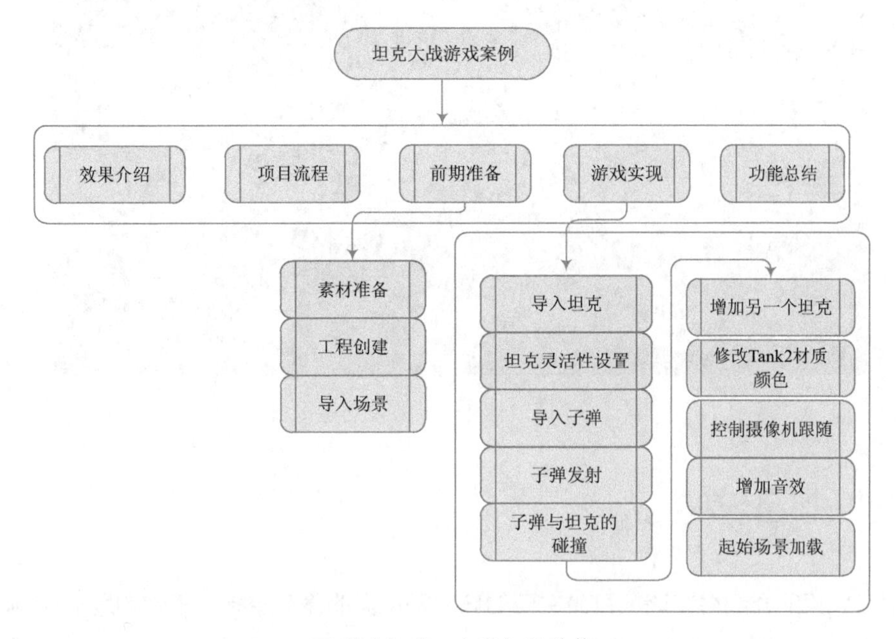

■ 图 11-1　本章知识结构

学习目标

1. 了解“坦克大战”游戏中的功能实现流程。
2. 熟悉在 3D 场景中子弹的实例化以及发射的具体方法。
3. 掌握在 3D 游戏场景中碰撞检测的具体方法。
4. 掌握在游戏中设置摄像机动态跟随的具体方法。

11.1 效果介绍

本章所实现的场景为 3D 游戏场景，在场景中有一些具体的 3D 物体作为场景的细节部分，主要有两个通过不同方式控制而灵活运转的坦克，可以通过相应的方式发射子弹，如果子弹打中另一个坦克，则被打中坦克的生命值就会减少，当生命值减为 0，则坦克爆炸消失。在整个游戏运行过程中，摄像机会一直处于两个坦克的中间位置，并且会随时调整其位置和角度以适应整个场景的效果。具体效果如图 11-2 所示。

■ 图 11-2　坦克大战游戏案例效果

11.2 项目流程

通过项目效果的介绍得知该项目最主要的环节是坦克的移动控制、子弹的发射控制、子弹和坦克的碰撞检测与摄像机的跟随控制等部分。针对以上的分析，项目在实现流程上应遵循从简到繁的原则，一步步丰富其功能，具体的实现流程如图 11-3 所示。

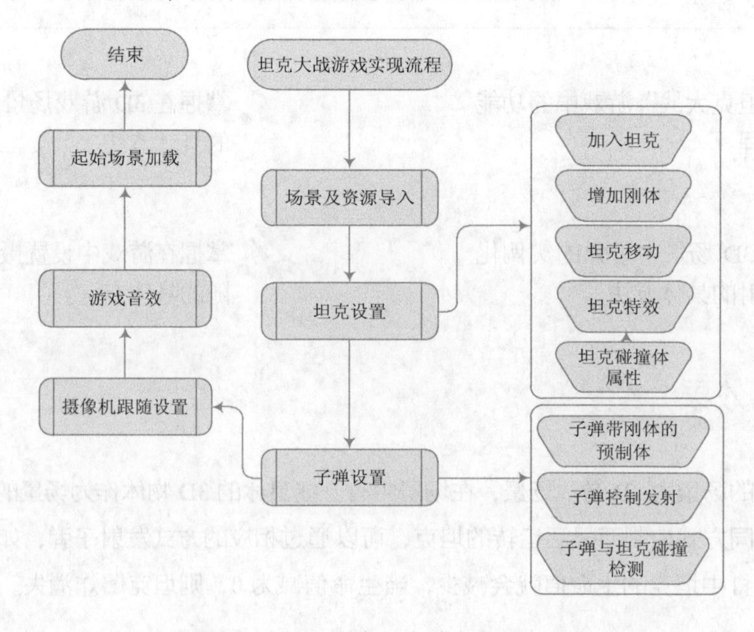

■ 图 11-3　坦克大战游戏实现流程

11.3 前期准备

11.3.1　创建场景

打开 Unity 2018.2.5，创建一个 3D 游戏工程，并保存场景为“TankGame”，保存工程。另外，导入 Skybox 资源包，并应用天空盒组件到新的场景中，系统场景如图 11-4 所示。

■ 图 11-4　准备工程及场景

11.3.2　导入素材

本案例中需要的素材包括坦克、子弹、场景细节部件等内容，已经被打包成一个 UnityPackage Assets.unitypackage，只需要对此资源包进行导入即可。

在 Assets 中右击，在弹出的快捷菜单中选择“Import Package”→“Custom Package”，导入“Chapter11/Assets 资源包”，此时会在 Assets 中显示包括 Prefabs、Editor 等文件夹资源，如图 11-5 所示。

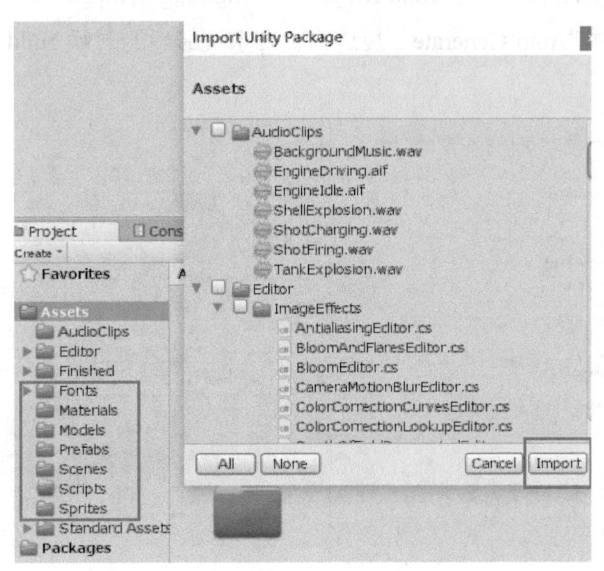

■ 图 11-5　资源包导入

资源包中包含在项目实现中所需要的预制体、模型、音频、粒子特效等内容，下面将一一介绍。

11.3.3 导入主要场景预制体

（1）在模型中有关于场景的资源文件，找到 Assets 中的 Prefabs 预制体文件夹中的“LevelArt”预制体，直接拖入“Hierarchy”层次视图中。注意如果拖入场景中会出现位置的随机化，不是初始位置，如图 11-6 所示。

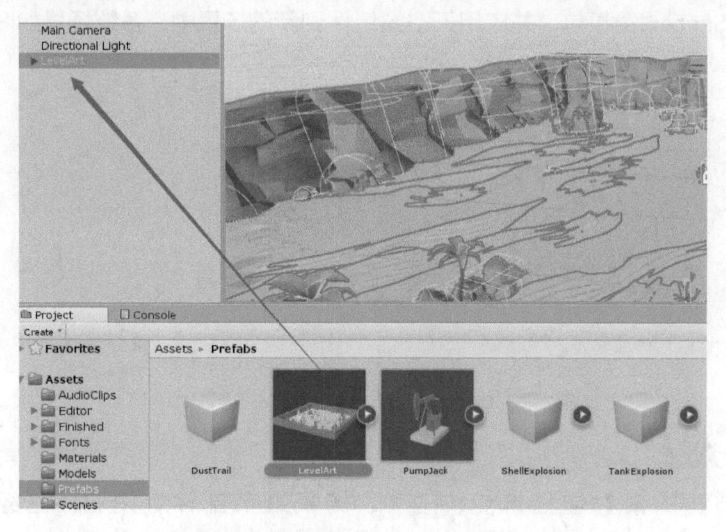

■ 图 11-6 导入场景预制体

（2）LevelArt 中有自带光照，去掉场景中的 Directional Light 效果会更好。

（3）场景比较亮，可关掉场景中的 灯光。

（4）依次选择“Window”→“Rendering”→“Lighting Settings”命令，去掉系统设置中的自动渲染，即取消选中“Auto Generate”复选框，在系统最后的时候 build 就可以了，如图 11-7 所示。

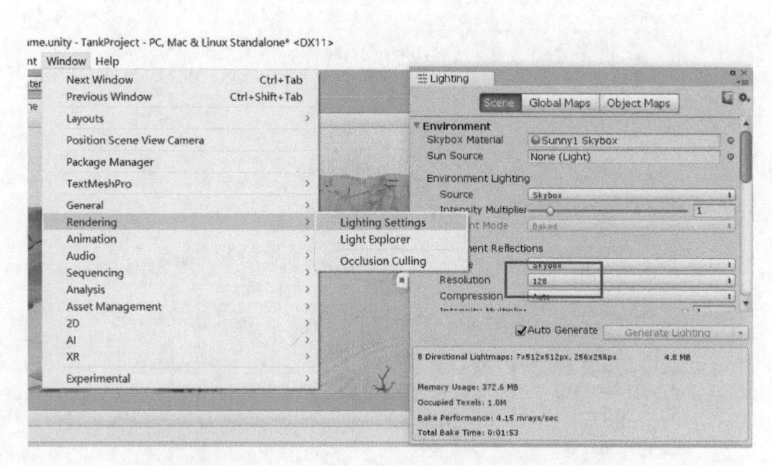

■ 图 11-7 取消选中自动生成渲染选项

（5）调整 Main Camera 的视角，以适合的角度在 Game 视图中看到场景中的相应位置，如图 11–8 所示。

■ 图 11–8　Main Camera 初始角度

11.4 项目游戏实现

11.4.1 导入坦克

（1）找到资源包 model 中的 Tank 预制体，拖入 Hierarchy 视图中，以确保其位置的初始化。

（2）给坦克加入冒烟效果。在预制体文件夹中，找到粒子效果“DustTrail”对象，分别拖入并放到左轮和右轮的位置，作为 Tank 的子对象处理，如图 11–9 所示。

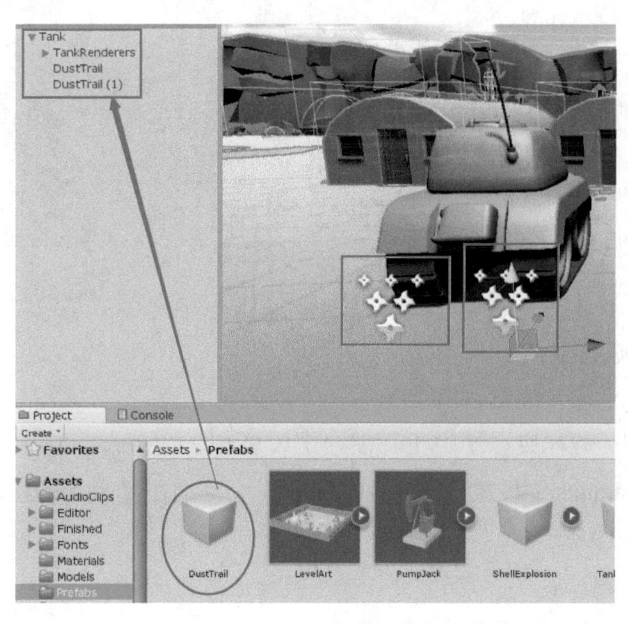

■ 图 11–9　加入坦克冒烟的粒子特效

（3）给坦克加入 Collider。选中 Tank，在 Inspector 属性面板中添加Box Collider,并单击“Edit Collider”按钮，使得碰撞体正好可以包围坦克为适中，如图 11-10 所示。

（4）给坦克添加刚体 Rigidbody，选中 Tank，在 Inspector 属性面板中添加 Rigidbody，通过刚体控制移动。

（5）将带有 Collider 和 Rigidbody 的 Tank 做成预制体。拖入 Prefabs 文件夹中。

■ 图 11-10　Tank 的 Box Collider 组件

（6）添加脚本，控制坦克的移动和旋转。在 Assets 中新建 Scripts 文件夹，并新建一个 C# 脚本，命名为 TankMove，并将脚本关联到 Tank 对象。代码如下：

```
public class TankMove : MonoBehaviour {

    public float speed = 5;                                           //移动速度
    public float angelspeed = 5;                                      //转动速度
    private Rigidbody rigidbody;

    // Use this for initialization
    void Start()
    {
        rigidbody = this.GetComponent<Rigidbody>();
    }

    void FixedUpdate()
    {
        float v = Input.GetAxis("Vertical" );
        rigidbody.velocity = transform.forward * v * speed;   //坦克的速度
                                                                赋值

        float h = Input.GetAxis("Horizontal" );
        rigidbody.angularVelocity = transform.up * h * angelspeed; //沿着Y轴转动
    }
}
```

◆ Velocity：移动的速度。

◆ AngularVelocity：转动速度，角速度。

（7）控制坦克刚体旋转只在 Y 轴上，需锁定 X 轴和 Z 轴。选中 Tank 对象，在属性面板的 Rigidbody 中选择 Constraints 中设置“Freeze Rotation”，冻结在 Y 轴上的移动并冻结在 X 轴和 Z 轴上的旋转，如图 11-11 所示。

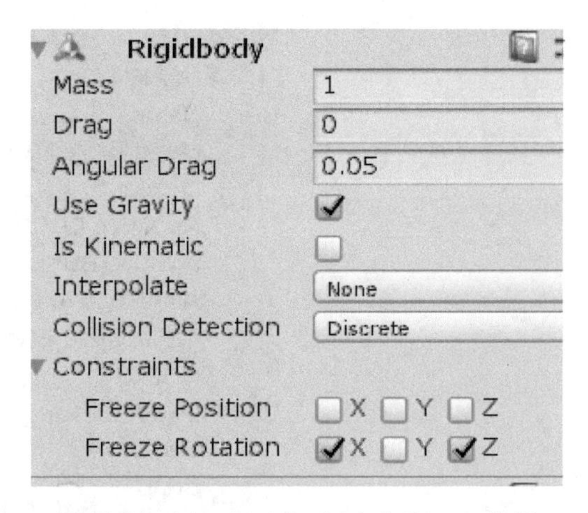

■ 图 11-11　Rigidbody 中的 Freeze 设置

（8）最后应用预制体。选中 Tank 对象，单击“Apply”按钮，对预制体进行更新。

11.4.2　坦克灵活性处理

（1）复制水平层和垂直层的选项，依次选择“Edit”→“Project Setting”→“Input”命令，选中 Horizontal，右击，在弹出的快捷菜单中选择“Duplicate Array Element”命令，如图 11-12 所示。

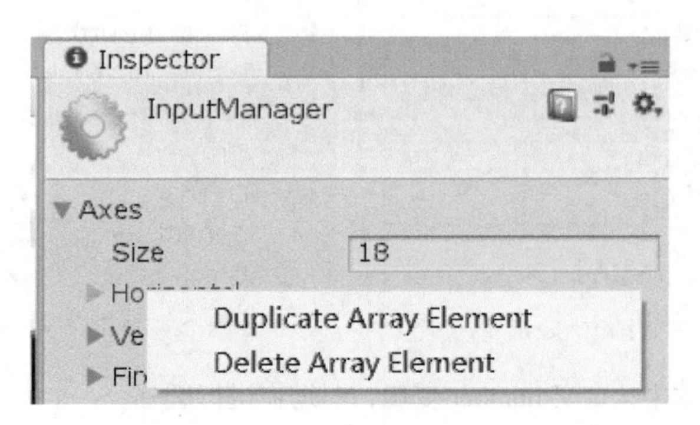

■ 图 11-12　复制 Horizontal 选项

（2）对新增的“Horizontal”命名为“HorizontalPlayer1”。同时删除“HorizontalPlayer1”中的 Left、Right 方向键的操作控制，只保留 A、D 键，如图 11-13 所示。

（3）同理，复制 HorizontalPlayer 并命名为“HorizontalPlayer2 ”，同时删除“HorizontalPlayer2”中对的 A、D 按键的操作控制，只保留 Left 和 Right 的按键控制。

（4）同理，对 Vertical 进行 Duplicate 操作，分别命名为“VerticalPlayer1”和“VerticalPlayer2”，删除 Player1 中的 up、down 的按键控制，删除 Player2 中的 W、S 按键控制，如图 11-14 所示。

（5）为坦克添加编号，分别用 HorizontalPlayer1 和 HorizontalPlayer2 以及 VerticalPlayer1 和 VerticalPlayer2 进行控制。

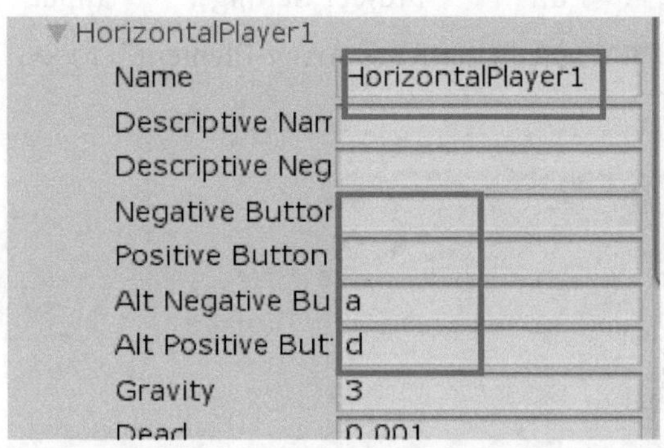

■ 图 11-13　复制 Horizontal 选项　　■ 图 11-14　复制 Vertical 选项

◆在 TankMove 脚本中，定义 number 变量，对坦克进行区分。

◆将“Horizontal”的输入控制改成：“HorizontalPlayer”+number。

◆将“Vertical”的输入控制改成：“VerticalPlayer”+number。

此时 number 决定用哪个按键控制坦克。如果修改 number 可以看到用不同按键控制的效果。需要注意 TankMove 脚本中对“HorizontalPlayer”和“VerticalPlayer”的访问变量的设置与在 Input 中设置的输入虚拟名称要完全相同，包括大小写，否则访问不到相应的输入虚拟名称就无法实现相应的操作。此时 TankMove 的代码如下：

```
public class TankMove : MonoBehaviour {

    public float speed = 5;//移动速度
    public float angelspeed =20.0f;//转动速度
```

```
    public int number = 1;//默认第一个坦克

    private Rigidbody rigidbody;


    // Use this for initialization
    void Start()
    {
        rigidbody = this.GetComponent<Rigidbody>();
    }

    void Update()
    {
        float v = Input.GetAxis("VerticalPlayer"+number  );
        rigidbody.velocity = transform.forward * v * speed;// 坦克的速度赋值

        float h = Input.GetAxis("HorizontalPlayer"+number);
        rigidbody.angularVelocity  = transform.up  * h * angelspeed;// 沿着 Y 轴转动
    }
}
```

（6）选中 Tank，单击 Inspector 属性面板中的“Apply”按钮应用到预制体上，更新预制体。

11.4.3 导入子弹

（1）生成子弹对象。从 Model 的 Shell 中找到子弹的预制体拖入场景中，确定找好定位子弹的位置，如图 11-15 所示。

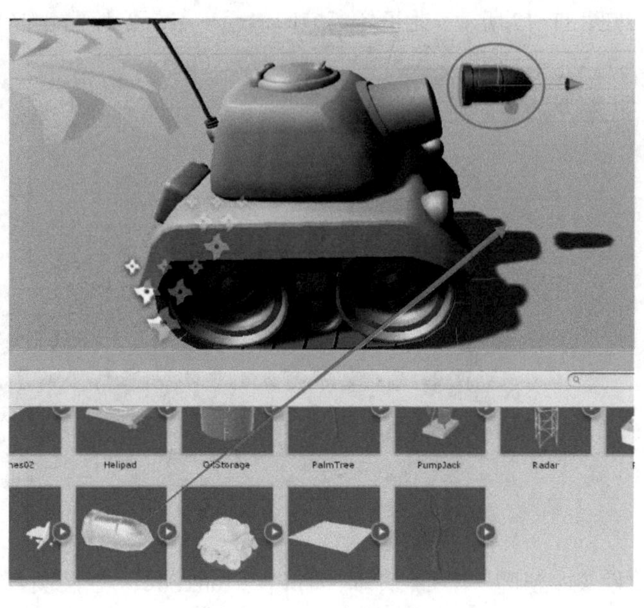

■ 图 11-15　生成子弹对象

（2）给子弹增加一个胶囊碰撞体。调整胶囊碰撞体的移动方向为 Z 轴，调整半径及高度使其适合子弹，如图 11-16 所示。此时注意需调整子弹的角度稍微朝上，子弹因重力的作用会往下掉，所以为了增加子弹的飞行轨迹，必须将子弹的角度稍微往上提。

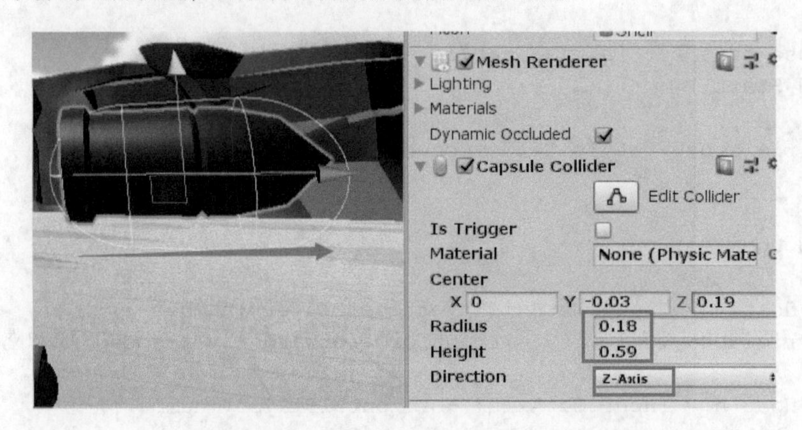

■ 图 11-16　给子弹添加胶囊碰撞体

（3）给子弹添加 Rigidbody 刚体，需要有降落。

（4）做成预制体。将子弹拖到 Hierarchy 中，生成预制体。

（5）从 Hierarchy 中将子弹删除掉。至此子弹的生成过程基本完成。

11.4.4　子弹发射

（1）在坦克发射口增加一个 Empty 对象，命名为 FirePosition，作为 Tank 的子对象调整位置。

（2）调整 FirePosition 所在位置处于坦克发射口的斜上方，角度稍微往上提，否则子弹射不出去，会都打到地上，如图 11-17 所示。让子弹离炮口稍远一点，否则不能看到效果，会直接爆炸。

■ 图 11-17　FirePosition 的生成

（3）在 Scripts 文件夹中新增一个 C# 脚本，命名为 TankFire，功能是控制子弹的发射。

基本过程如下：

◆确定子弹发射位置。

◆定义实例化的对象。

◆定义默认的按键。

◆判断如果是默认按键则实例化子弹。

◆控制子弹的飞行，需要先获取刚体，然后给刚体增加一个向前的动力。代码如下：

```
public class TankFire : MonoBehaviour {
    public GameObject shellobject;// 实例化的子弹对象
    public KeyCode firecode = KeyCode.Space;// 默认发射键为空格键

    private Transform fireposition;

    public float sheelspeed = 15;

    // Use this for initialization
    void Start()
    {
        fireposition = transform.Find("FirePosition");// 找到刚才加入空对象的位置
    }

    // Update is called once per frame
    void Update()
    {

        bool flag = Input.GetKeyDown(firecode); // 通过键盘接收按键控制实例子弹
        if (flag)// 如果是默认键，则实例化子弹
        {
            GameObject go = GameObject.Instantiate(shellobject, fireposition.
            position, fireposition.rotation) as GameObject;
            // 使用炮口子弹空对象位置和旋转方向，给子弹设定一定的速度发射
            go.GetComponent<Rigidbody>().velocity = go.transform.forward *
            sheelspeed;
        }
    }
}
```

（4）关联 TankFire 脚本到 Tank 对象，并应用。需要在 TankFire 中指定 Public 的子弹对象，需要从 Prefabs 中指定子弹预制体到 TankFire 脚本中，如图 11-18 所示。

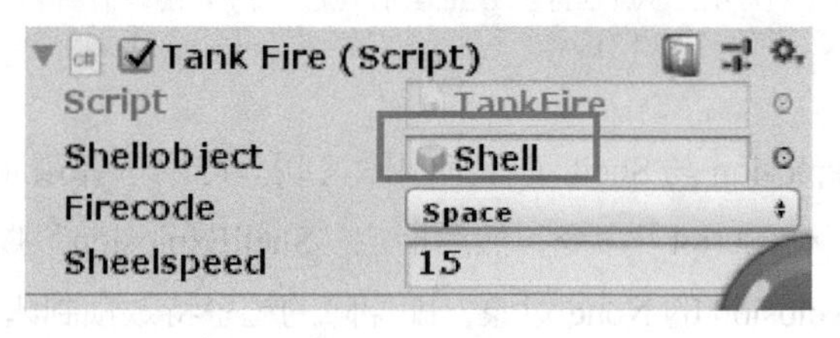

■ 图 11-18　指定 Shell 对象

（5）此时运行游戏，Number 默认指定到 HorizontalPlayer1 和 VerticalPlayer1 中，因此坦克的键盘控制需要用“WASD”4 个按键完成，并且当按下【Space】键时会发射子弹，如图 11-19 所示。

■ 图 11-19　发射子弹效果

（6）设置子弹碰到地面则爆炸。在 Scritps 文件夹中新建一个 C# 脚本，并命名为“ShellExplosion”，给子弹增加爆炸代码。

◆把子弹设置成 Trigger，选中 Shell 预制体，在 Capsule Collider 中选中“Is Trigger”复选框。

◆选中子弹爆炸的粒子属性面板中的马上播放控制选项，即选中“Play On Awake”复选框 Play On Awake* ☑。

◆在脚本中：先销毁自身，再控制爆炸效果粒子的出现。

◆具体代码如下：

```
public class ShellExplosion : MonoBehaviour {

    public GameObject shellexplosition;

    void OnTriggerEnter(Collider coll)
    {
        GameObject.Instantiate(shellexplosition, transform.position, transform.
        rotation);
        GameObject.Destroy(this.gameObject);// 销毁自身
    }
}
```

（7）将脚本 TankExplosion 与 Shell 子弹预制体关联。选中子弹预制体，在属性面板中依次选择“Add Component”→“Script”命令，然后指定“ShellExplosion”脚本。

（8）指定到 ShellExplosion 的 None 对象，即保障的粒子特效预制体，如图 11-20 所示。

（9）此时运行游戏，坦克能够移动并转向，当按下【Space】键时发射子弹，并在子弹碰到地面时呈现爆炸的特效，子弹消失，如图 11-21 所示。

■ 图 11-20　指定脚本的外部对象

■ 图 11-21　子弹爆炸并消失的效果

但是会发现在 Hierarchy 中出现很多个 Clone 的子弹爆炸的特效对象，说明特效实例化之后并没有自身销毁，因此需要给子弹爆炸的特效对象新增一个脚本，用来设定一旦碰到物体之后自动销毁的过程。

（10）在特效“ShellExplosion”上增加一个脚本 ExplositionDestroy，设置延迟一定时间后销毁实例化的爆炸预制体对象。关联到预制体“ShellExplosion”对象上，代码如下：

```
public class ShellExplosionDestory : MonoBehaviour {

    float time = 1.5f;
   // Use this for initialization
   void Start () {
        Destroy(this.gameObject, time);
   }
}
```

11.4.5　子弹与坦克碰撞

（1）选择 Tank，在属性面板的 Tag 下拉列表框中选择“Add Tag”选项，如图 11-22 所示。

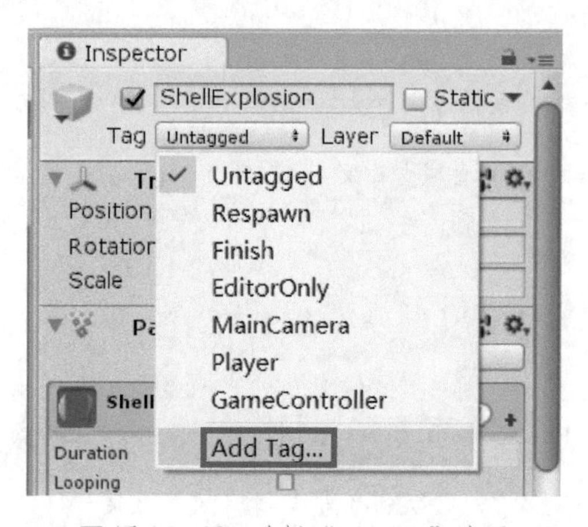

■ 图 11-22　选择“Add Tag”选项

（2）在“Tags”选项卡中选择 Tags 的“+”，并输入新增加的 Tag 的名称为“Tank”。

（3）选中“Tank”对象，并将 Tank 放入新增的 Tag 标签层中 Tag Tank 。

（4）坦克生命值的判断。

◆如果子弹打到坦克身上则血量减少。

◆判断子弹是否击中坦克，在子弹代码中加入碰撞 Tag 的判断。

◆如果击中，则给坦克发送消息，其实是让坦克自己减少生命值。此时 ShellExplosion 脚本代码如下：

```
public class ShellExplosion : MonoBehaviour {

    public GameObject shellexplosition;

    void OnTriggerEnter(Collider coll)
    {
        GameObject.Instantiate(shellexplosition, transform.position, transform.
       rotation);
        GameObject.Destroy(this.gameObject);        //自身销毁

        if (coll.tag == "Tank")                     //说明炸弹血量减少
        {
            coll.SendMessage("TankDamage");         //给坦克发送消息
        }
    }
}
```

（5）为坦克爆炸的粒子效果“TankExplosion”设置马上播放 Play On Awake* ☑。

（6）为坦克增加一个脚本处理自身健康“TankHealth”的问题，即用来判断自己生命值是否受到影响。

```
public class TankHealth : MonoBehaviour {

public int thealth = 100;//初始血量值100
    public GameObject tankexplosition;

    void TankDamage()//血量减少函数
    {
        if (thealth <= 0)
        {
            return;
        }

        thealth -= Random.RandomRange(10, 20);// 随机减少 10~20
Debug.Log(thealth);
        if (thealth < 0)//如果血量为0，控制死亡效果
        {
            //播放坦克爆炸的特效，即实例化爆炸特效
```

```
                Instantiate(tankexplosition, transform.position, transform.rotation);
                GameObject.Destroy(this.gameObject);// 销毁坦克自身
            }
        }
    }
```

（7）将 TankHealth 脚本关联到 Tank 对象上，并应用到预制体。同时把 TankExplosition 爆炸实例对象拖入脚本外置对象变量上，具体过程如图 11-23 所示。

■ 图 11-23　控制 Tank 生命值

此时还无法看到相应的效果，因为在场景中只有一辆坦克，下一步在场景中加入另一辆坦克，让坦克之间相互开火发射子弹，如果被击中则生命值消减。

11.4.6　增加另一个坦克

（1）从 Hierarchy 中，使用【Ctrl+D】组合键，对 Tank 进行快速复制粘贴，并把原来的 Tank 命名为 Tank1，后复制的 Tank 命名为 Tank2。（TankMove 代码中 Number 是 1。）

（2）修改 Tank2 中 TankMove 脚本中 Number 和 FireCode 的信息：

◆ Number 外部变量为 2。

◆默认按键选择【Enter】键。

说明：通过 “HorizontalPlayer2” 和 “VerticalPlayer2” 来控制输入的信息，而 Tank1 还是通过 “HorizontalPlayer1” 和 “VerticalPlayer1” 来控制输入的信息。Tank1 通过 “A\W\S\D” 4 个按键来控制输入、【Space】键控制发射子弹，另一个 Tank2 通过 “Up\Down\Left\Right” 4 个按钮来控制输入、小键盘的【Enter】键控制发射子弹。具体设置如图 11-24 所示。

（3）运行游戏，通过不同的按键控制不同坦克的运动，并发射子弹。可以看到 Console 控制台输出有血量值的变化 75，在游戏中设定了每次被击中，血量值将减少 10 ～ 20 的随机值，在控制台中输出被打中后减少的血量值信息。如果血量值减少到负数，则坦克爆炸并实例化爆炸粒子的效果，如图 11-25 所示。

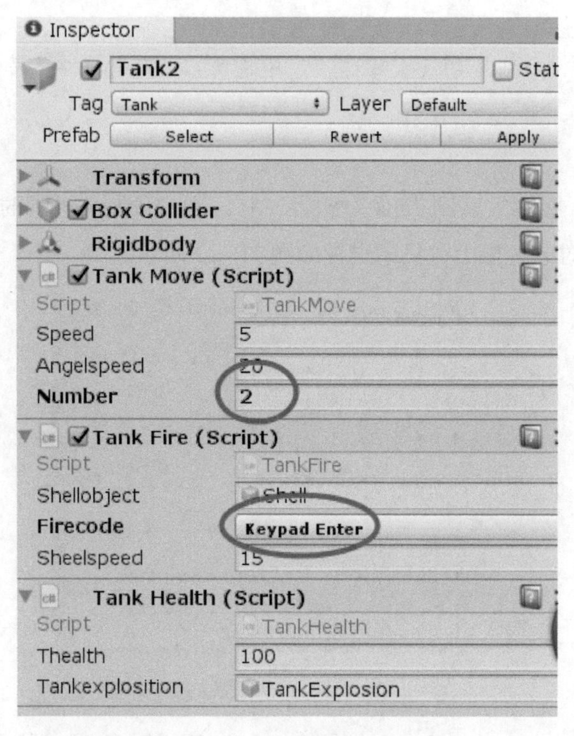

■ 图 11-24　Tank2 外部信息设置

■ 图 11-25　Tank 血量值减少，爆炸后销毁的效果

11.4.7　修改 Tank2 的不同颜色

为了在场景中区分坦克的不同对象，对 Tank2 进行不同颜色的设定。坦克的 Inspector 属性中

有针对坦克不同部位的不同材质的设定。

（1）在场景中放大 Tank2 对象，在属性面板中选择。

（2）分别选中 Tank2 对象的每个不同部位（TankChassis 车体、TankTracksLeft 左轮、TankTracksRight 右轮、TankTurret 车盖）。

（3）在属性面板中选择 Mesh Renderer 渲染器中 Materials 组中的 Element 0，从 Mateirals 文件夹中选择一个相应的颜色拖入 Element 0 中，如图 11-26 所示。

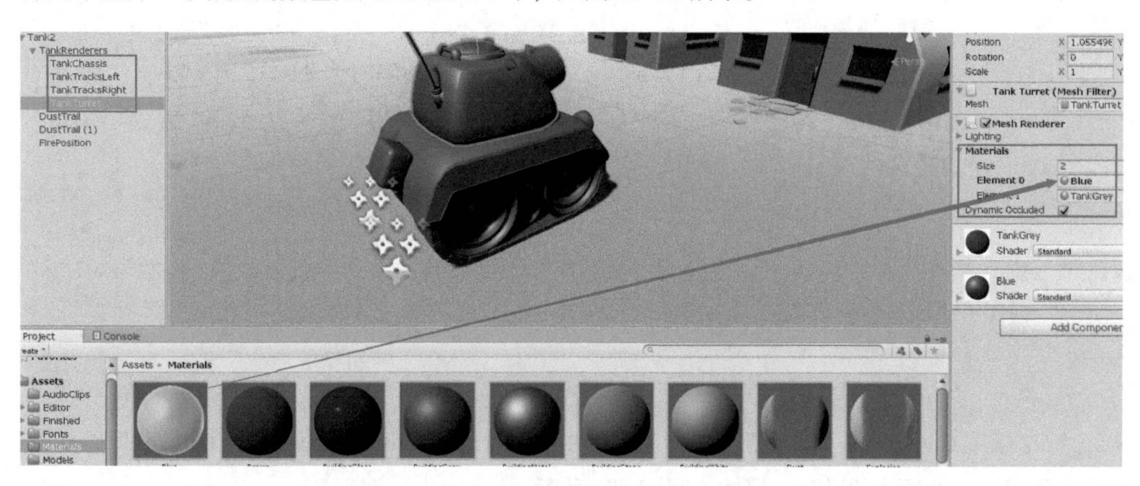

■ 图 11-26　设置 Tank 不同部位的材质颜色

11.4.8　控制摄像机跟随

在游戏中，功能上能够控制坦克不同的运动和转向，并且可以实现不同控制发射和碰撞检测内容，但是如果坦克运动中摄像机的视野是不动的，会出现坦克超出视野的问题。下面设置摄像机可以随时根据坦克的运动而调整摄像机的高度和角度，来适应不同的视野情况。

（1）在 Scripts 中新增一个 C# 脚本，命名为 FollowTarget，并关联到摄像机上。

（2）获取最初的偏移量。

（3）在 Update 中始终变化摄像机的位置为坦克中心 + 偏移量。

（4）设置摄像机正交投影模式，并且 Tank1 和 Tanke2 的位移量为 13，摄像机 Size 设为 8。具体代码如下：

```
public class FollowTarget : MonoBehaviour
{

    public Transform player1;//两个坦克物体对象
    public Transform player2;

    private Vector3 offset;//定义偏移量
    private Camera camera;//定义一个摄像头
```

```
    void Start()
    {
        offset = transform.position - (player1.position+player2.position)/2;
        //camera 的位置减去两个坦克的中心
        camera = this.GetComponent<Camera>();// 获取当前摄像头
    }

    void Update()
    {

        if (player1 == null || player2 == null)    // 如果有一个对象销毁，则游戏结束，不再跟随
        {
            return;
        }
        transform.position = (player1.position+player2.position)/2+offset;

        float distance = Vector3.Distance(player1.position, player2.position);
        float size = distance * 0.58f;
        camera.orthographicSize = size;// 设置当前摄像头的视野范围
    }
}
```

（5）指定 Camera 脚本的外部变量对象，其中 Player1 为 Tank1，Player2 为 Tank2，即跟随着坦克 1 和坦克 2 进行移动设置，具体如图 11-27 所示。

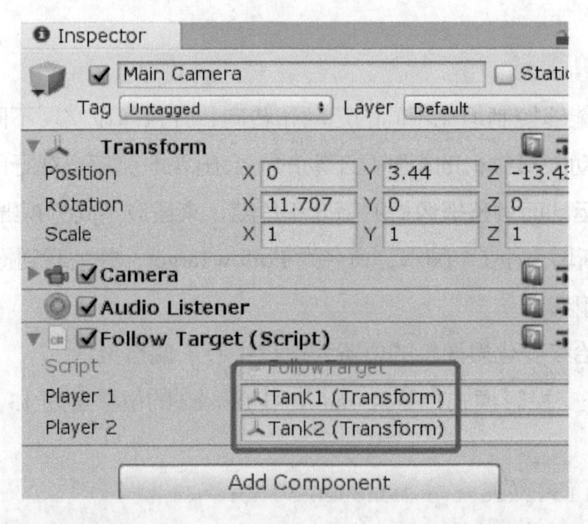

■ 图 11-27　Camera 的 FollowTarget 脚本设定

（6）此时运行游戏，可以发现摄像机随着坦克的运动而运动。

11.4.9　增加音效

音效是整个游戏的灵魂，整个游戏需要设置背景音乐、发射等音效，提升游戏的整体视觉和听觉效果。

（1）背景音乐。在 Hierarchy 中给项目增加一个 Empty 对象，命名 BGAudio。

（2）为 BGAudio 增加 Audio Source。

（3）指定音乐为 AudioClips 文件夹中的“BackgroundMusic”背景音乐，并选中“Play On Awake”马上运行播放音频，复选框，如图 11-28 所示。

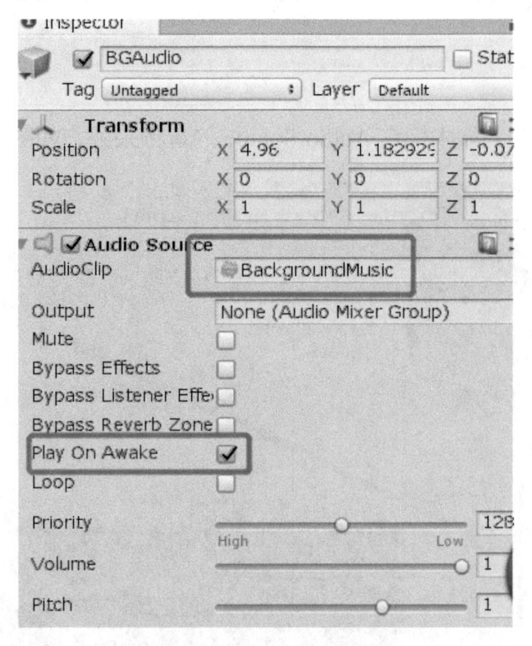

■ 图 11-28　背景音乐指定

（4）指定坦克爆炸的声音，在坦克自身健康脚本中增加一个声音片段，当爆炸时指定 Audio Source 并播放，具体代码如下：

```
public class TankHealth : MonoBehaviour {

public int thealth = 100;//初始血量值 100
   public GameObject tankexplosition;
   public AudioClip TankexplositionAudio;

    void TankDamage()//血量减少函数
    {
        if (thealth <= 0)
        {
            return;
        }

        thealth -= Random.RandomRange(10, 20);//随机减少 10~20
        Debug.Log(thealth);

        if (thealth < 0)//如果血量为 0，控制死亡效果
        {
```

```
                AudioSource.PlayClipAtPoint(TankexplositionAudio, transform.position);
                //播放爆炸音频

                //播放坦克爆炸的特效，即实例化爆炸特效。
                Instantiate(tankexplosition, transform.position, transform.rotation);
                GameObject.Destroy(this.gameObject);//销毁自身坦克
            }
        }
    }
```

（5）此时，在 Tank 预制体中指定 Audio Source 的音频来源，如图 11-29 所示。

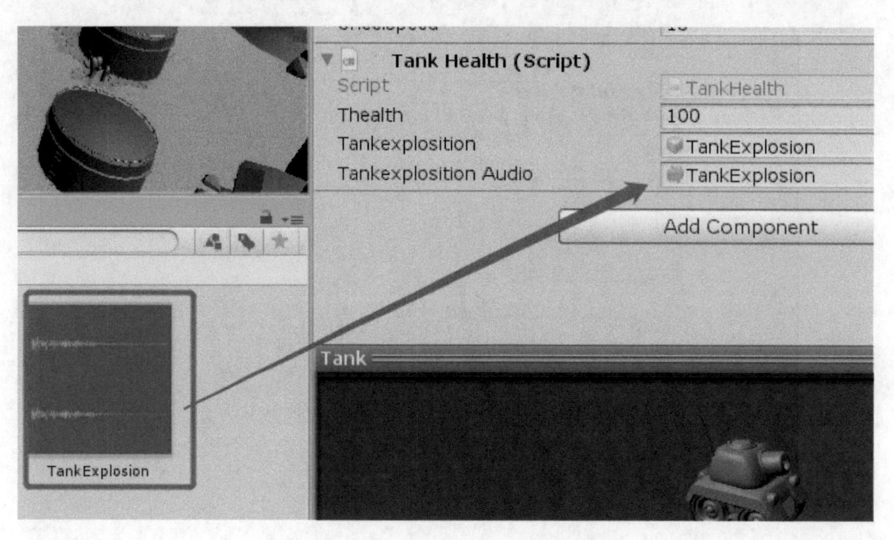

■ 图 11-29　指定坦克爆炸的音频

（6）增加发射的声音。在 TankFire 脚本中，实例化子弹时出现发射声音，同样的方法用 Audio Source 的 PlayClipatPoint 方法。TankFire 具体代码如下：

```
public class TankFire : MonoBehaviour {
    public GameObject shellobject;  //实例化的子弹对象
    public KeyCode firecode = KeyCode.Space;//默认发射键为空格键

    private Transform fireposition;

    public float sheelspeed = 15;
    public AudioClip FireAudio;
    // Use this for initialization
    void Start()
    {
        fireposition = transform.Find("FirePosition");//找到刚才加入空对象的位置
    }

    // Update is called once per frame
    void Update()
```

```
        {
            bool flag = Input.GetKeyDown(firecode); //通过键盘接收按键控制实例子弹
            if (flag)//如果是默认键，则实例化子弹
            {
               AudioSource.PlayClipAtPoint(FireAudio, transform.position); GameObject
            go = GameObject.Instantiate(shellobject, fireposition.position, fireposition.
            rotation) as GameObject;
                //使用炮口子弹空对象位置和旋转方向，给子弹一定的速度可以发射
                go.GetComponent<Rigidbody>().velocity = go.transform.forward *
               sheelspeed;
            }
        }
    }
```

（7）在 Tank 预制体的 TankFire 脚本中，指定发射的音频文件，如图 11-30 所示。

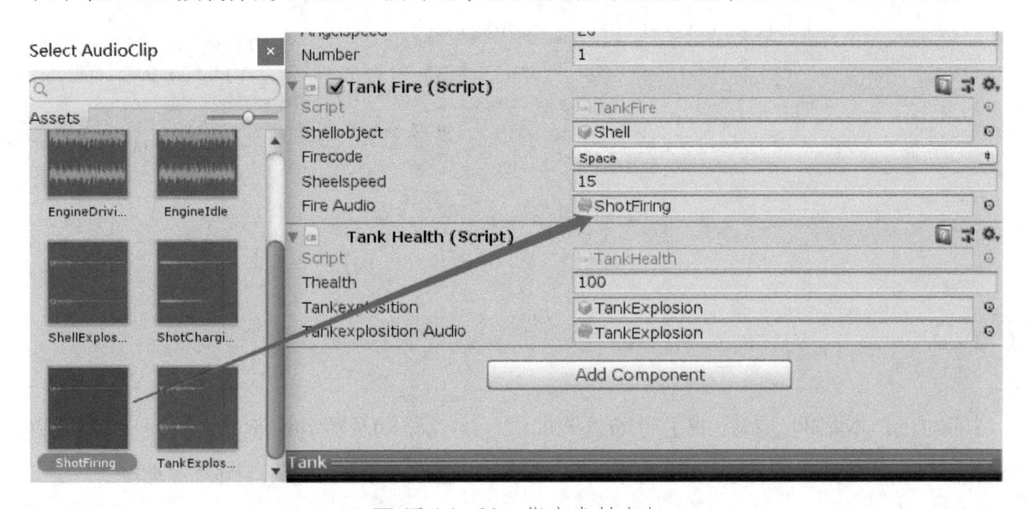

■ 图 11-30　指定发射音频

11.4.10　重新加载起始场景

（1）如果坦克销毁，则重新加载场景，在 TankHealth 中实现。

（2）Using 场景头文件代码：using UnityEngine.SceneManagement。

（3）Build 进入场景。

（4）判断条件后加载场景。TankFire 具体代码如下：

```
using UnityEngine;
using UnityEngine.SceneManagement;

public class TankHealth : MonoBehaviour {

public int thealth = 100;//初始血量值 100
   public GameObject tankexplosition;
   public AudioClip TankexplositionAudio;
```

```
    void TankDamage()// 血量减少函数
    {
        if (thealth <= 0)
        {
            return;
        }

        thealth -= Random.RandomRange(10, 20);// 随机减少 10~20
        Debug.Log(thealth);

        if (thealth < 0)// 如果血量为 0，控制死亡效果
        {
            AudioSource.PlayClipAtPoint(TankexplositionAudio, transform.position);

            // 播放坦克爆炸的特效，即实例化爆炸特效
            Instantiate(tankexplosition, transform.position, transform.rotation);
            GameObject.Destroy(this.gameObject);// 销毁自身坦克
            SceneManager.LoadScene(0);// 重新加载场景
        }
    }
}
```

11.5 项目总结

到目前为止，本案例基本完成了对场景的加载、坦克移动及转动控制、坦克开火、子弹发射、子弹与坦克的碰撞检测、坦克生命值消减、坦克爆炸、摄像机跟随、声音加载等功能。

本案例的难点是不同坦克的不同输入控制、坦克与子弹的碰撞检测及坦克生命值的消减、摄像机跟随等功能。

飞扬的小鸟游戏案例

本章结构

本章在 Unity 2018.2.5 的环境中介绍飞扬的小鸟案例的各个部件以及相关实现过程，以项目的角度切入，从效果介绍、相关素材准备到场景的具体实现，带领读者实现比较经典的 Unity2D 游戏。本章具体案例实现流程图如图 12-1 所示。

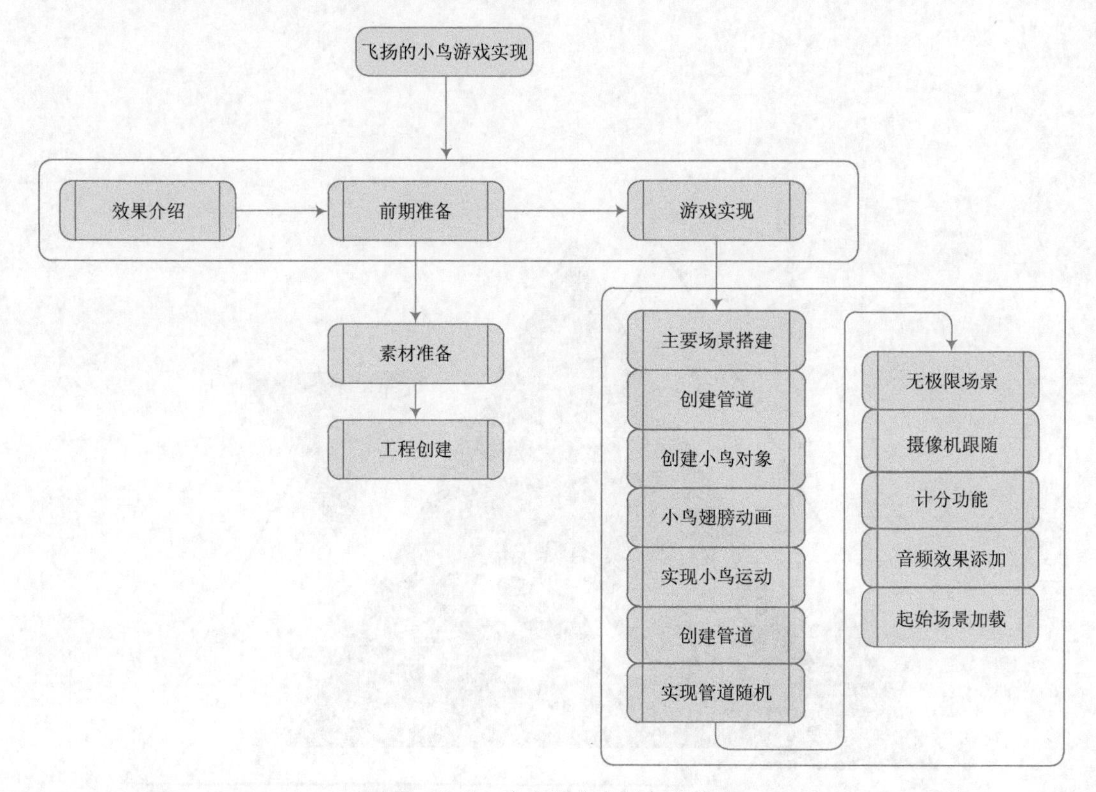

■ 图 12-1　本章具体案例实现流程

学习目标

1. 进一步熟悉 Unity2D 游戏的开发特点。
2. 掌握飞扬的小鸟案例的实现过程。
3. 了解 2D 素材的使用方法。
4. 了解在 2D 游戏中，场景背景等部件循环实现的基本思路和方法。

12.1 效果介绍

本案例为 Unity 比较经典的 2D 游戏“Flappy Bird”，游戏的主要部件有背景、小鸟 Spirit 以及所要通过的管道等。小鸟的飞翔过程需要通过鼠标左键控制其上升的高度以调整位置使其顺利通过管道的缺口，根据通过管道的数量来设定当前游戏的分值，同时场景中搭配背景音乐、小鸟振动翅膀、碰撞以及通过管道时的声音等提升游戏的品质。效果如图 12-2 所示。

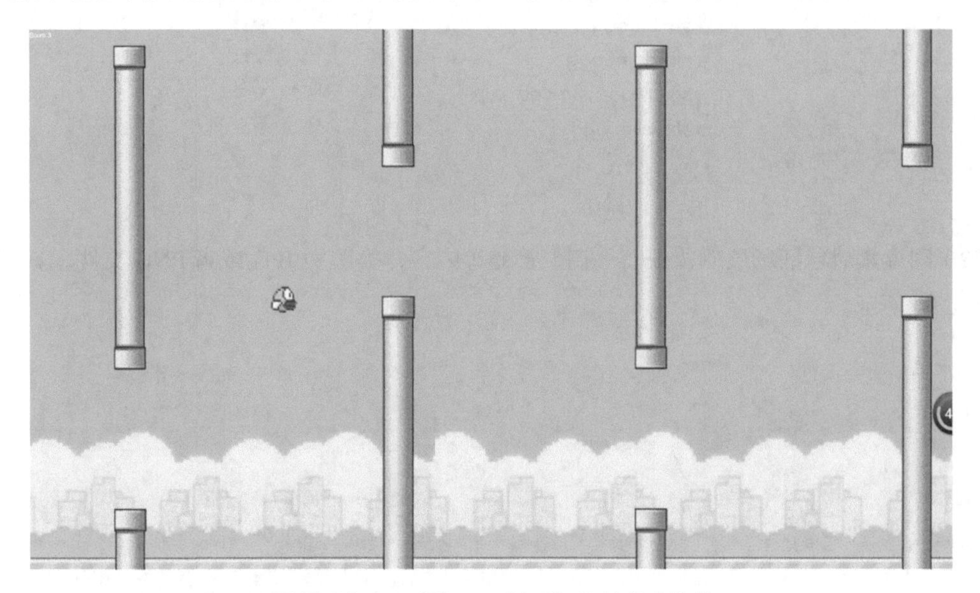

■ 图 12-2　“Flappy Bird”案例实现效果

在游戏实现过程中需要解决的难点有：

（1）2D 游戏的素材调整：需要把一些 3D 素材转换成 2DSpirit 来使用。

（2）场景的循环实现：游戏场景需要根据小鸟的飞行过程而进行实时补充，因此背景的循环出现是本案例的重点及难点。

（3）管道的实例化：在本案例场景中，需要对管道进行随机的实例化，并且在上下管道固定高度的缺口情况下随机设置管道出现的位置，以增加游戏的难度。

12.2 前期准备

12.2.1 素材准备

本案例中需要用到的素材分为以下两部分：

◆相关的音频素材。

◆相关的图片素材。

（1）音频素材包括飞翔、撞击、扇动翅膀、获得分值、游戏结束时等音频文件，类型为 OGG 格式文件。OGG 格式是一种压缩的声音格式，比较短小精悍。其相关资源如图 12-3 所示。

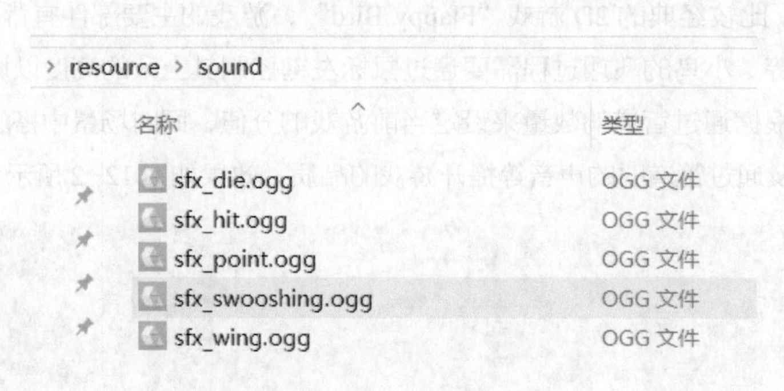

■ 图 12-3　Sound 素材

（2）图片素材包括场景的背景、小鸟、管道等内容，类型为 JPG 或者 PNG 文件。其相关资源如图 12-4 所示。

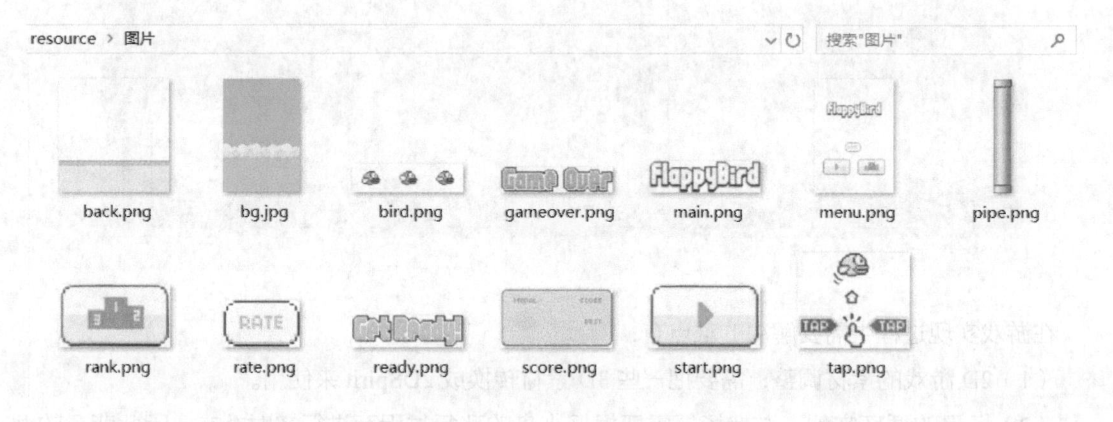

■ 图 12-4　图片资源素材

12.2.2　创建游戏工程以及素材导入

（1）创建游戏工程，本案例使用 2D 游戏场景，在 New Project 中分别填入游戏名称、使用的模板，选择保存的路径等内容，单击“Create project”按钮来新建游戏工程，如图 12-5 所示。

（2）Unity 会自动创建一个 2D 模板的空项目工程，在 Scene 视图中为默认的 2D 状态，并且自带一个 Main Camera 摄像机对象，正交投影模式。选中 Main Camera，显示其预览窗口（Camera Preview），如图 12-6 所示。

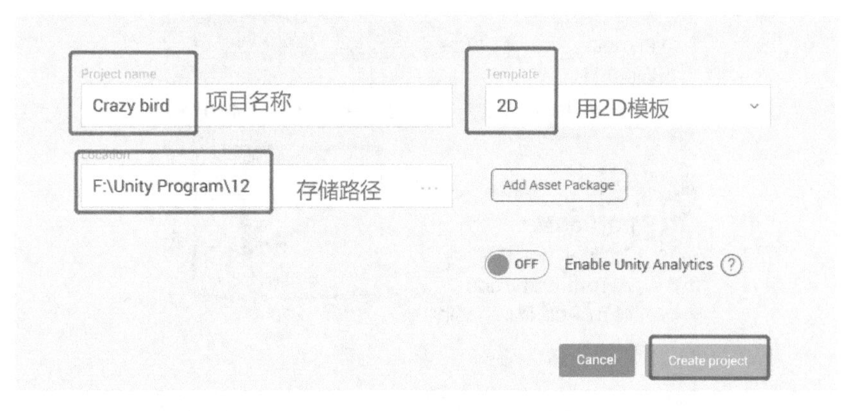

■ 图 12-5　创建游戏项目工程

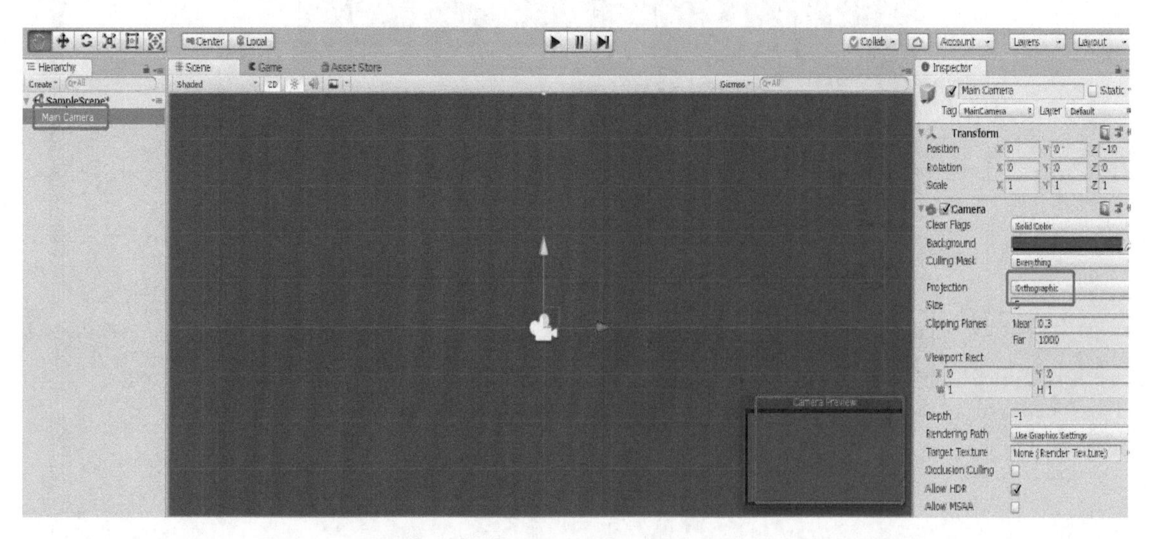

■ 图 12-6　2D 游戏工程及主摄像机预览窗口

（3）保存场景和工程。可以看到 Project 视图中已经有一个 Scene 文件夹，并已经有一个默认的场景。在 Project 工程视图的场景图标上单击，修改场景名称为 Bird No1 ，如图 12-7 所示，修改名称后保存场景，依次选择“File”→“Save Scene”命令，或者使用【Ctrl+S】组合键将场景保存。

（4）为了使游戏实现过程中的资源管理有序，可以在 Assets 中创建不同的文件夹，用来存储不同的资源，从而使游戏对象操作更加简洁。例如分类保存脚本、声音、图片、材质等。在 Project 工程视图右侧右击，在弹出的快捷菜单中选择“Create”→“Folder”命令，并进行命名。具体如图 12-8 所示。

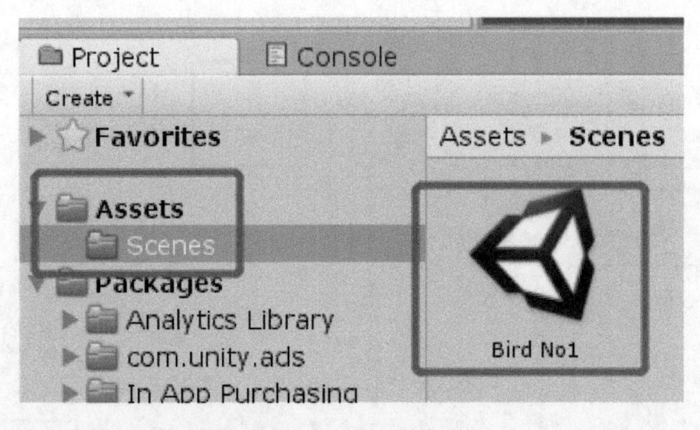

■ 图 12-7 修改场景名称

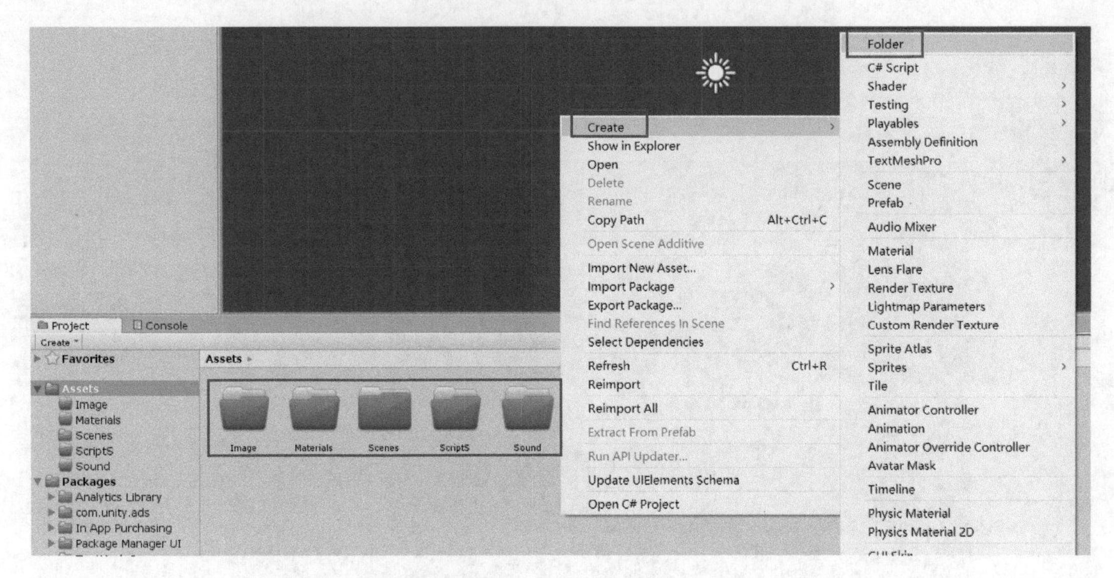

■ 图 12-8 创建文件夹

◆ Image 文件夹用来导入图片素材。

◆ Scripts 文件夹用来存入相关的脚本文件。

◆ Sound 文件夹用来导入声音素材。

◆ Materials 文件夹用来创建相关的材质。

◆ Scenes 文件夹用来保存工程中的场景。

（5）导入素材。在 Project 工程视图中右击 Image 文件夹，在弹出的快捷菜单中选择“Show in Explorer”命令，打开工程所在的文件路径，将“UnityResource\chapter12”中的 Sound 和 Image 文件夹中的声音和图片素材分别拖入，通过此操作可以把相关素材导入工程中。具体过程如图 12-9 所示。

在 Unity 中支持 3 种方式的导入资源：

◆直接把素材文件或者文件夹复制到 Assets 文件夹中。

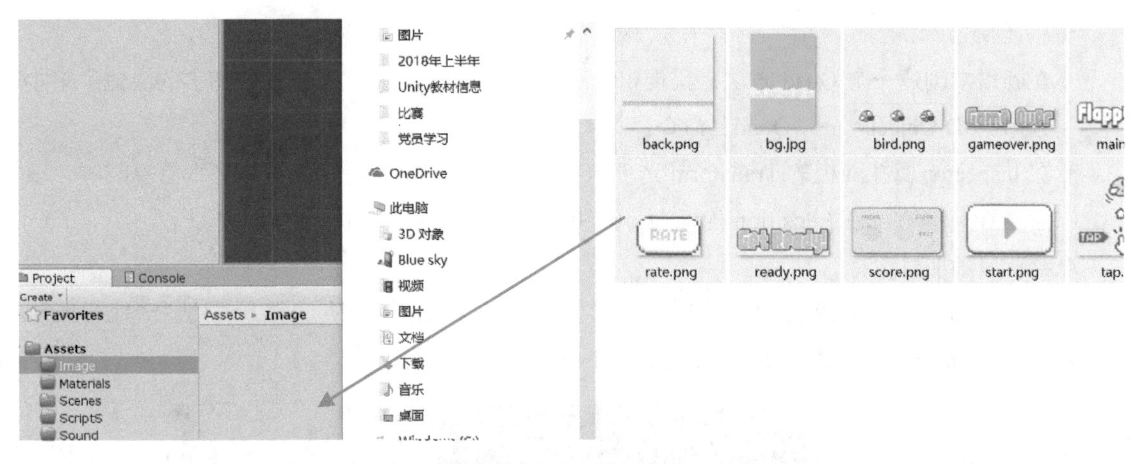

■ 图 12-9　导入素材

◆直接用鼠标拖拉方式把资源拖到 Assets 文件夹中。

◆通过菜单栏中的“Assets”→“Import New Asset”命令导入。

（6）设置图片为 2D 游戏适应的格式。将所有图片设置为透明格式，选中全部图片，在属性面板中设置 Texture type 为 GUI 格式，并在弹出的设置对话框中单击“Apply”按钮全部应用，如图 12-10 所示。

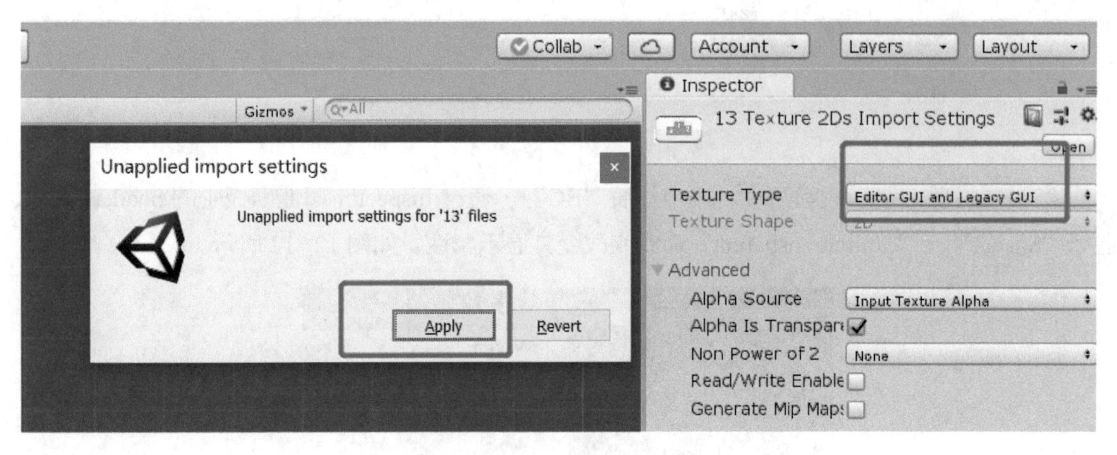

■ 图 12-10　图片格式设置

12.3 游戏实现

12.3.1　搭建主要场景

场景的搭建是游戏的基础，在本节中实现对游戏场景的主要搭建工作。

（1）创建游戏背景。

◆在场景中创建一个 Quad 方块来呈现整个画面。在 Hierarchy 中右击，在弹出的快捷菜单中选择“3D Object”→“Quad”命令。

◆在 Inspector 属性面板的 Transform 选项卡中通过设置按钮来设定位置等基本信息归零，重命名 BG 。此时 Position 坐标为（0，0，0），没有任何的旋转与缩放。

◆给背景添加材质。

① 在 Project 工程视图的 Materials 文件夹中右击，在弹出的快捷菜单中选择“Create”→“Material”命令，并命名为 BG，如图 12-11 所示。

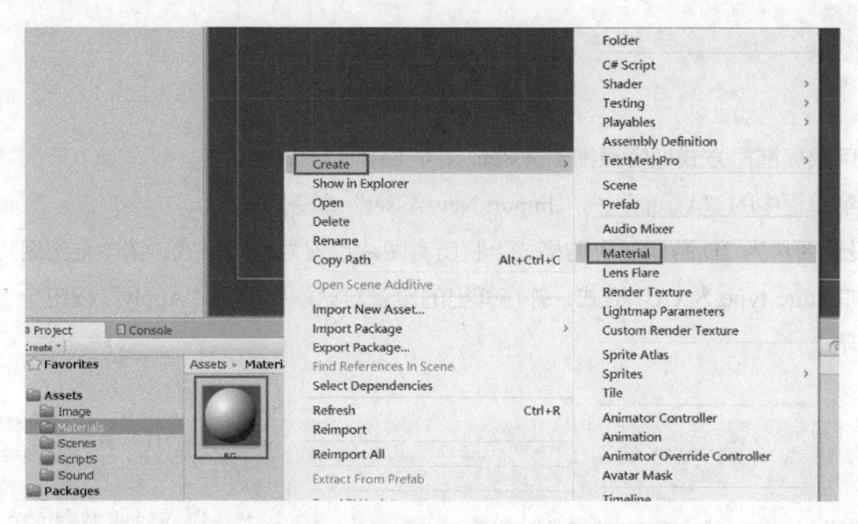

■ 图 12-11 创建背景材质

② 设置材质为显示透明图片。选中材质“BG”，通过 Inspector 属性面板中的 Shader，依次选择“Shader”→“Unlitàtransparent”命令来改变其显示属性，如图 12-12 所示。

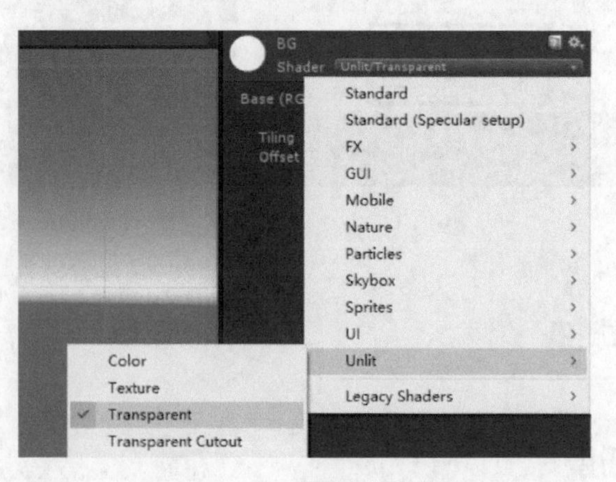

■ 图 12-12 设置材质属性

③ 选择图片作为材质。在 Base（RGB） Trans（A）中单击“Select”按钮，并在弹出的对话

框中选择相应的 bg 图片作为材质，如图 12-13 所示。

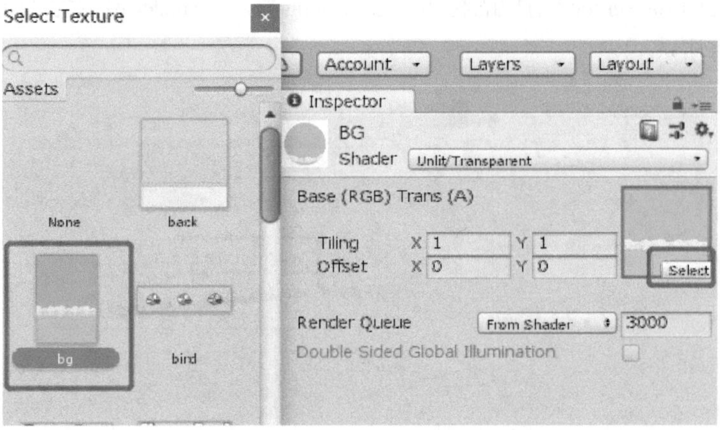

■ 图 12-13　选择材质

④ 应用材质。选中 Hierarchy 中的 BG 对象，把刚设定的 bg 材质拖到右侧的属性面板中应用此材质。

⑤ 调整背景大小，以适应屏幕。在 Game 模式下调整 bg 图片的 Scale 缩放比例，以填充到整个屏幕，建议大小为 10×15×1，如图 12-14 所示。

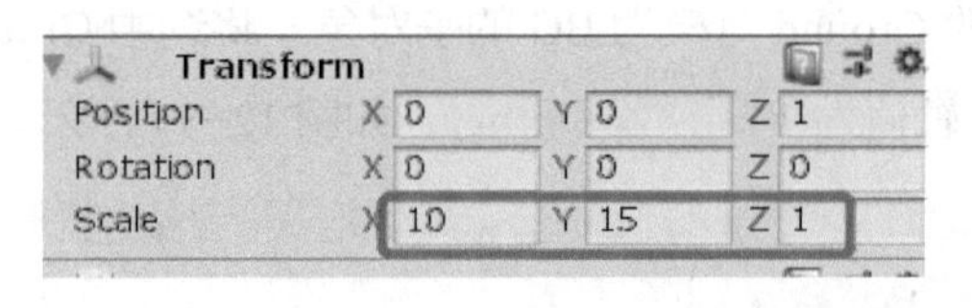

■ 图 12-14　BG 对象的 Scale 设定

⑥ 取消 BG 对象不作为碰撞检测的组件。选中 BG 对象，在 Inspector 属性面板中单击 Mesh Collider 的设定按钮 ，通过 Remove Component 命令来取消 BG 对象的碰撞检测属性，如图 12-15 所示。

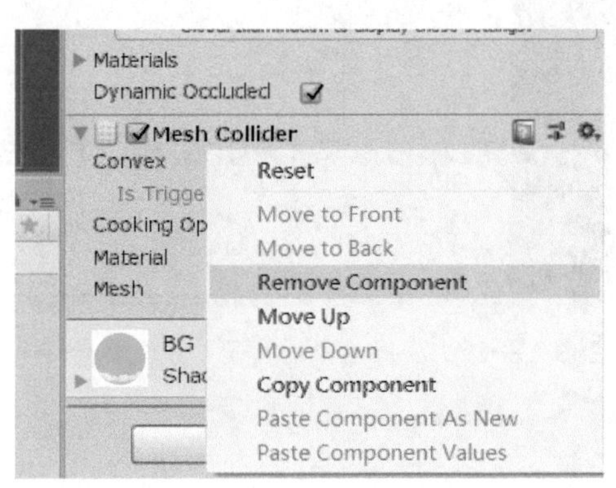

■ 图 12-15　取消 BG 对象的碰撞检测

（2）创建地面对象。

◆创建针对地面 Background 对象的材质。方法同 bg 材质，Shader 设置为“Unlit/Transparent”，如图 12-16 所示。

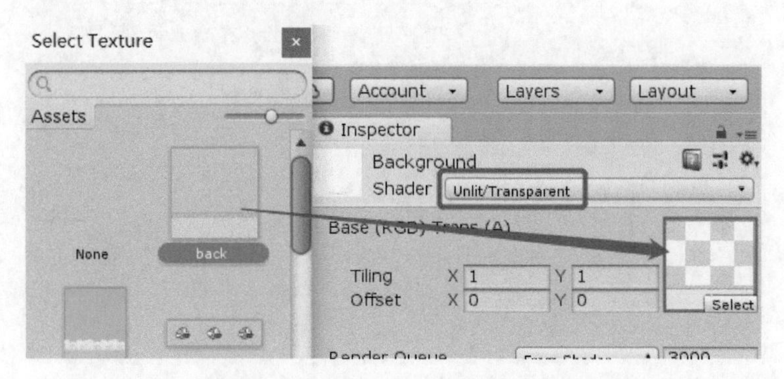

■ 图 12-16　Background 材质设置

◆在 Hierarchy 中选中 BG 对象，使用【Ctrl+D】组合键快速复制粘贴一个具有相同属性的对象，并命名为 Ground。

◆针对 Ground 对象，应用 Background 材质。将 Background 材质直接拖到 Ground 对象之上。

◆将 Ground 的 Z 轴修改为 −0.5 ，为后期的碰撞检测做准备。

◆为了方便管理，修改 Ground 对象为 BG 的子对象。将选中 Ground 并选中直接拖到 BG 对象上即可，BG 的 Z 轴值为 1 ，如图 12-17 所示。

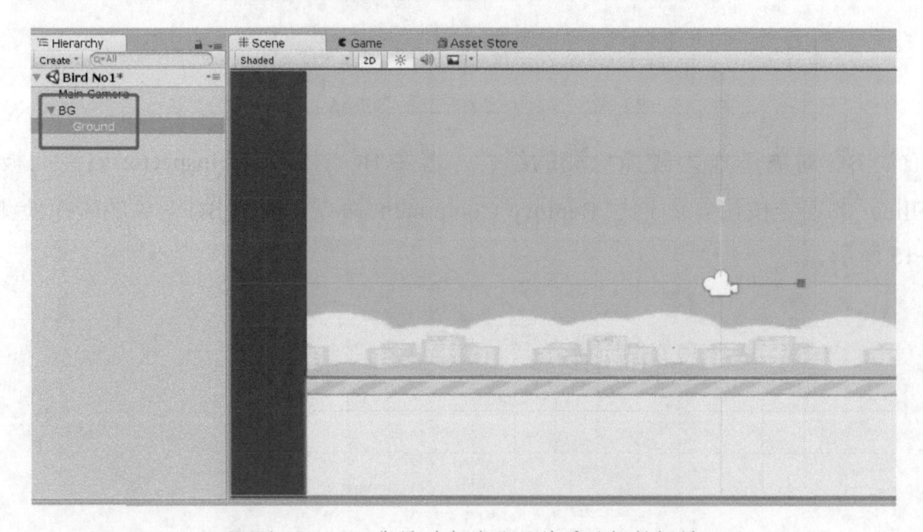

■ 图 12-17　背景对象的父子关系及初始场景

12.3.2　创建管道

管道对象是该游戏的主要部件之一，上下管道的间隙留下足够的行走空间游戏才得以正常进行。管道分为上、下两部分，在位置的摆放上需要留有一定的空隙，整个管道作为一个预制体在后期的场景中不断地实例化即可。

（1）创建管道的材质。在 Projects 工程视图的 Materials 文件夹中创建一个管道使用的材质，命名为 Pipe，依次选择属性面板中的 Shader → Unlit/Transparent，设置管道图片 pipe，如图 12-18 所示。

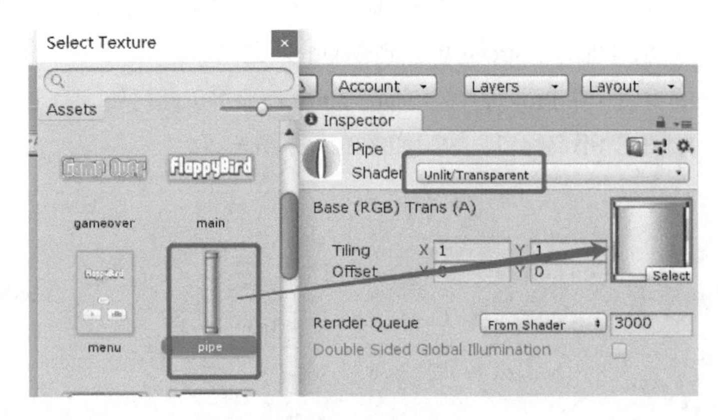

■ 图 12-18　Pipe 材质设置

（2）创建管道对象。

◆在 Hierarchy 中选中 Ground，使用【Ctrl+D】组合键快速复制粘贴一个对象，作为 BG 父对象的一个子对象，命名为 PipeUp 应用 Pipe 材质，并调整管道大小。为了后期碰撞检测使用，设置 Transform 中 Position 的 Z 值为 0 Position X -5 Y 3.84 Z 0。

◆使用【Ctrl+D】组合键快速生成第二个管道，命名为 PipeDown，位置摆放时一个在上面，一个在下面，留出一个缝隙，位置设置为 Transform Position X -5 Y -3.89 Z 0。实现效果如图 12-19 所示。

◆在 Hierarchy 中生成一个空对象，命名为 Pipe，用设置按钮进行重置操作，设置 Position 为（0，0，0）Transform Position X 0 Y 0 Z 0，作为 PipeUp 和 PipeDown 的父对象对两个管道对象进行管理，如图 12-20 所示。

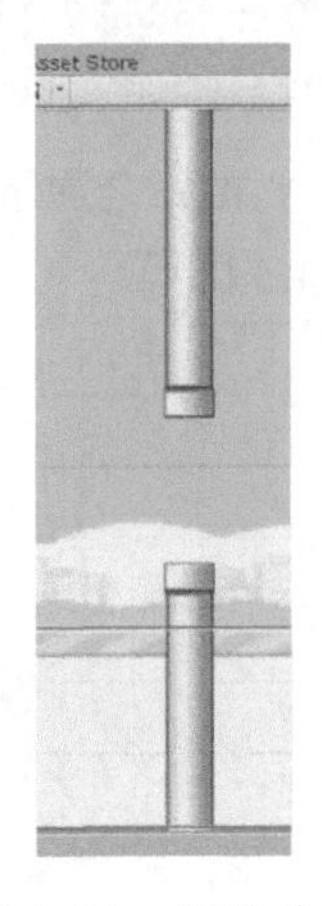

■ 图 12-19　管道对象效果

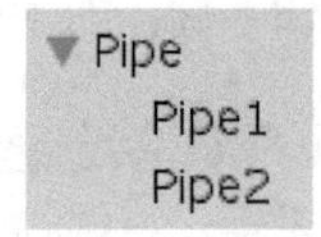

■ 图 12-20　管道对象的父子关系

◆创建第二套管道对象。用【Ctrl+D】组合键快速复制粘贴 Pipe 父对象，命名为 Pipe1，并调整其位置，形成小鸟需通过的不同高度的通道。

12.3.3 创建小鸟对象

（1）在 Hierarchy 中创建一个 Quad 对象，命名为 Bird。重置位置 Position 后再调整其位置，即把小鸟的 Z 值设定为 0，同时把 Bird 对象放到管道的最左侧。

（2）建立 Bird 的材质。在 Project 中的 Materials 文件夹中创建材质，命名为 Bird。

（3）指定相应的材质为小鸟材质。效果如图 12-21 所示。

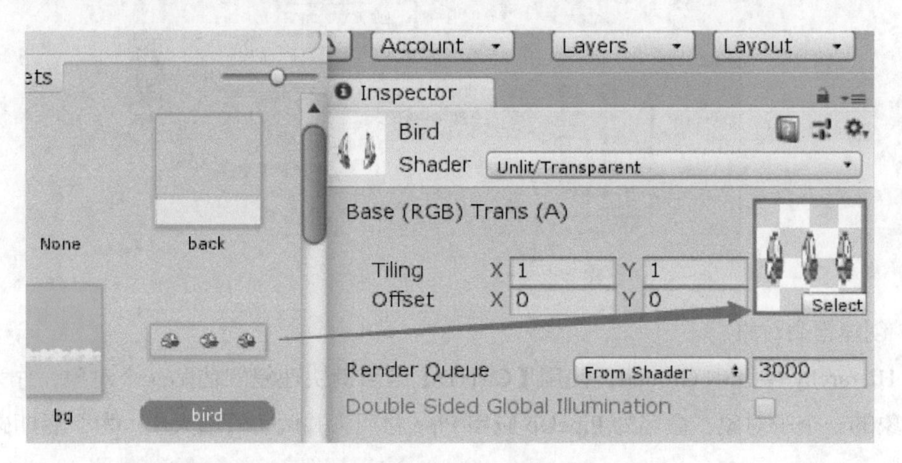

■图 12-21　小鸟材质指定

（4）对 Bird 对象应用指定的材质。拖动 Bird 材质到 Bird 对象。

（5）去掉 Bird 对象的 Collider。单击 Inspector 属性面板的 Mesh Collider 中的设置按钮，选择“Remove Component”命令。

（6）实现小鸟对象的材质动画。

说明：小鸟的材质实质是一个 3 帧的动画画面，需要用材质来控制其动画实现。

◆材质中的 Tiling 属性：XY 分别表示在 X 和 Y 轴上的扩展比例，此处设置 Tiling 的 X 值为 0.3333，Y 值设置为 1 ，即每次横向显示 1/3，Y 轴完全显示。

◆ Offset 为图片显示位移量，通过设置 Offset 来显示不同的 1/3 即可。

第一帧：Tiling0.333333，Offset 0；

第二帧：Tiling0.333333，Offset 0.3333；

第三帧：Tiling0.333333，Offset 0.6666。

◆此处默认为第一帧，即 Tiling 为 0.333，Offset 为 0。

12.3.4 实现小鸟翅膀动画

本节主要介绍添加代码控制动画。

（1）主要思路：根据计时器，时间一到立即播放下一帧画面，主要通过修改 Material 中的 Offset 来修改帧画面。在 Bird 材质的三个动作之间切换从而实现动画效果。

（2）在工程视图的 Scripts 文件夹中，添加 C# 脚本，并命名为 Bird。

（3）使用函数：SetTextureOffset（设置一个图片、设置的位置以及图片的 Vector2 格式）。先获取对象的 Renderer 着色器，然后再找到 Material 材质，再设定材质的图片属性。_MainTex 为材质的主要图片。

◆定义变量：计时器、当前帧数、动画频率。

◆ Update 函数。

◆在当前播放帧数 +1（即开始播放下一帧的记录）。

◆计时器控制播放，时间一到马上修改 Material 的 Offset 参数。具体代码如下：

```
public class Bird : MonoBehaviour {

    public float timer; //计时器变量
    public int  framecount = 0;  //当前帧数
    public int framenumber = 10; //每秒播放的帧数，控制动画的速度

    // Update is called once per frame
    void Update () {
        timer += Time.deltaTime;
        if (timer >= 1.0f / framenumber) //判断时间是否已经到了下一帧的播放时间
        {
            framecount =(framecount+1) % 3;// 下一帧标记
            timer =0;  //计时器重新计时
            this.GetComponent<Renderer>().material.SetTextureOffset("_MainTex",
            new Vector2(0.3333f * framecount , 0));  //设置着色器的主图片
        }
    }
}
```

◆将脚本关联到 bird 上，会看到小鸟在振动翅膀。

12.3.5　脚本控制小鸟运动

在上一节中已经实现了小鸟通过材质完成的简单动画，但是小鸟还不能运动，在本小节中通过脚本等形式让小鸟在场景中动起来。

（1）为小鸟增加刚体 RigidBody。选中 Bird 对象，在右侧的 Inspector 属性面板中，依次通过“Add Component”→“Physics”→“RigidBody”命令为小鸟对象增加刚体部件。

（2）让小鸟可以向右飞行。在 Bird 脚本 Start 函数中为小鸟刚体增加 Velocity 的初始速度，一个向右的速度，并保存脚本。Bird 脚本代码如下：

```
public class Bird : MonoBehaviour {

    public float timer; //计时器变量
```

```
    public int  framecount = 0;                          // 当前帧数
    public int  framenumber = 10;                        // 每秒播放的帧数，控制动画的速度

    public float birdspeed = 5.0f;                       // 设定移动速度

    void Start()
    {
        GetComponent<Rigidbody>().velocity = new Vector3(birdspeed, 0, 0);
                                                         // 定义向右移动
    }

   // Update is called once per frame
   void Update () {
        timer += Time.deltaTime;
        if (timer >= 1.0f / framenumber)                 // 判断时间是否已经到了下一帧的
                                                            播放时间
        {
            framecount =(framecount+1) % 3;              // 下一帧标记
            timer =0;  //计时器继续重新计时
           this.GetComponent<Renderer>().material.SetTextureOffset("_MainTex", new
           Vector2(0.3333f * framecount , 0));           //设置着色器的主图片
        }
   }
}
```

◆ Start 初始化函数设定小鸟的飞行方向和速度。

◆ Update 刷新函数设定小鸟动画材质的实现。

此时，如果去掉 Bird 对象中的“Use Gravity”并运行游戏，会发现小鸟匀速向右移动。如果带有“Use Gravity”并运行游戏，小鸟带有重力向下降落的同时向右移动。

（3）小鸟碰撞检测。小鸟在飞行和掉落的过程中要和管道做一个碰撞的检测。

◆给小鸟对象增加碰撞器。选中小鸟对象，依次选择“|Add Component”→“Physics”→“Sphere Collider”命令，给小鸟对象增加一个球体碰撞器（Sphere Collider），并修改 Collider 的 Radius，以完全包住为宜，如 Radius 0.39 ，半径默认值为 0.5，不宜太大，太大了之后会影响碰撞的效果。过程如图 12-22 和图 12-23 所示。

◆控制移动的关联。在 Inspector 属性面板的 Rigidbody 选项中，进入 Constraints 约束选项，冻结锁住在 Z 轴上的移动和在 XY 轴上的旋转（只能沿 XY 轴移动，只能沿 Z 轴旋转），锁定限制如图 12-24 所示。

◆依次给上下管道和地面 Ground 都增加 Box Collider，调整大小 Size 以及中心点 Center 的位置，以便发生碰撞时可以检测到。

注意： 因为 Bird 和 Pipe、Ground 分别位于不同的 Z 面，所以要把管道 Pipe 和地面 Ground 的 Collider 中 Z 放大一些，为了可以检测到在不同 Z 面上的碰撞。

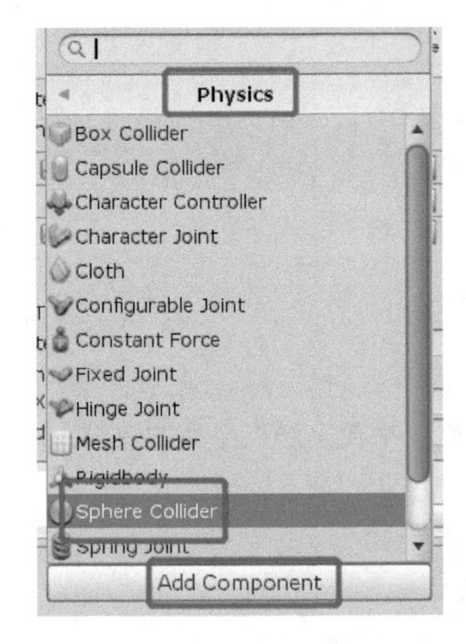

■ 图 12-22　增加 Sphere Collider 组件

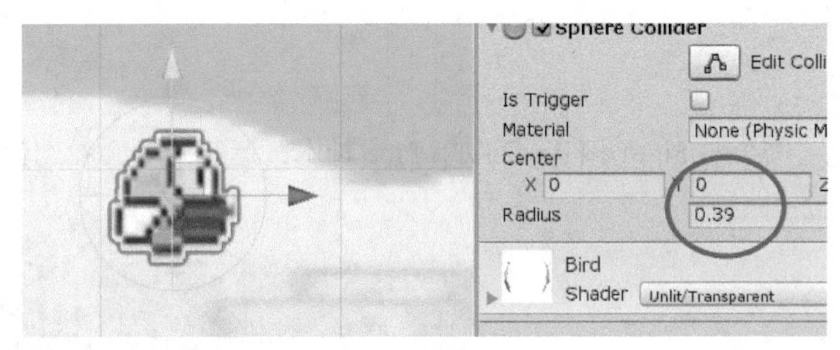

■ 图 12-23　Bird 对象增加 Sphere Collider

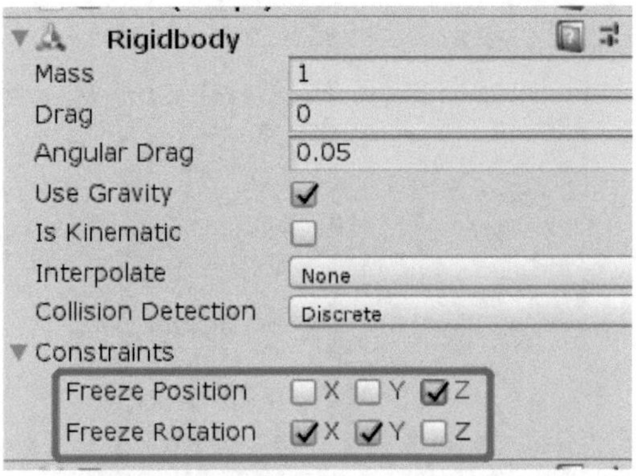

■ 图 12-24　Bird 对象的锁定限制

◆此时运行游戏，会看到小鸟在掉落的过程中与管道和地面碰撞的具体过程。

12.3.6　设置随机管道效果

本小节的主要功能是设置管道在 Y 轴上可以随机出现随机，即增加游戏的难度，提高游戏的可操作性。主要思路是首先限定一个管道可以出现的最高点和最低点，然后用 Random 函数把 Position 的 Y 值限定在此范围内（可以根据实际情况进行设定，本例中设定为 -1~0.3）。

（1）在 Scripts 文件夹中定义 C# 脚本 Pipe。

（2）创建一个 Randompositon 方法，用 Random Range 函数生成 Y 的随机数。

（3）设置 Transform 中的 Position，用原有的 X 值和随机的 Y 值进行定位。

（4）在 Start 中调用，即当场景出现时，管道被定位并且固定开口。具体代码如下：

```
public class Pipe : MonoBehaviour {
    public void RandomPosition()
```

```
    {
        float posy = Random.Range(-1f, 3f);
        this.transform.position = new Vector2(transform.position.x, posy);
    }

    // Use this for initialization
    void Start () {
        RandomPosition();
    }
}
```

（5）对 Pipe1 和 Pipe2 应用 Pipe 脚本，运行游戏会看到管道在 Y 值上随机出现的效果，如图 12-25 所示。

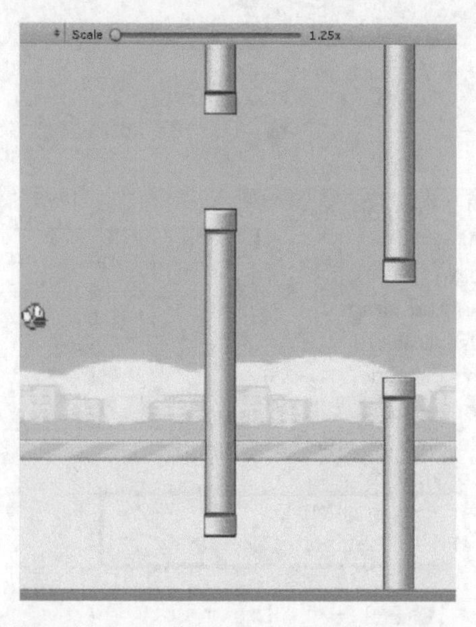

■ 图 12-25　管道在 Y 轴上随机出现效果

12.3.7　无极限场景实现

本节是实现“飞扬的小鸟”游戏中最为关键的一个环节，在小鸟飞翔的过程中需要场景能无限的循环，才能保证功能上的完整。

方法：如果小鸟达到场景的边界时，就把 BG 移动到后一个场景区域的位置，Xà0à10à20à30à……一个循环，所以需要把 BG 场景做成一个 Prefab 预制体。在需要的时候对场景进行实例化。

（1）在 Project 工程视图的 Assets 中创建一个 Prefabs 预制体文件夹。

（2）将 BG（父对象）对象拖入 Prefabs 文件夹中，会发现 BG 及其子对象 Ground 的颜色都变为蓝色，如图 12-26 所示。

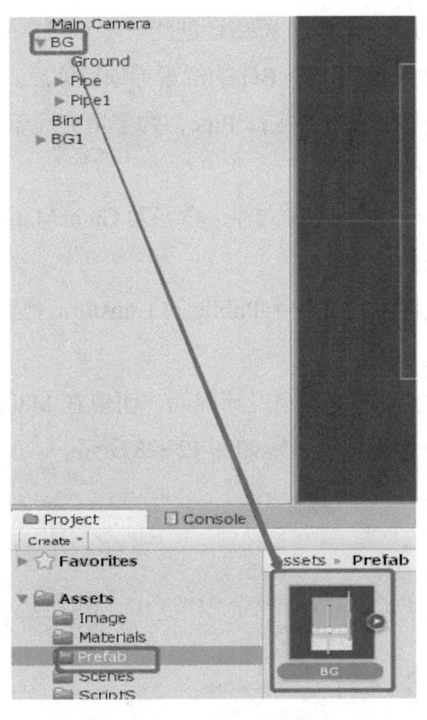

■ 图 12-26　BG 预制体的实现

（3）拖动 BG 预制体到项目 Hierarchy 视图中，生成 BG1（X=10）和 BG2（X=20），按位置摆放好。位置如图 12-27 所示。

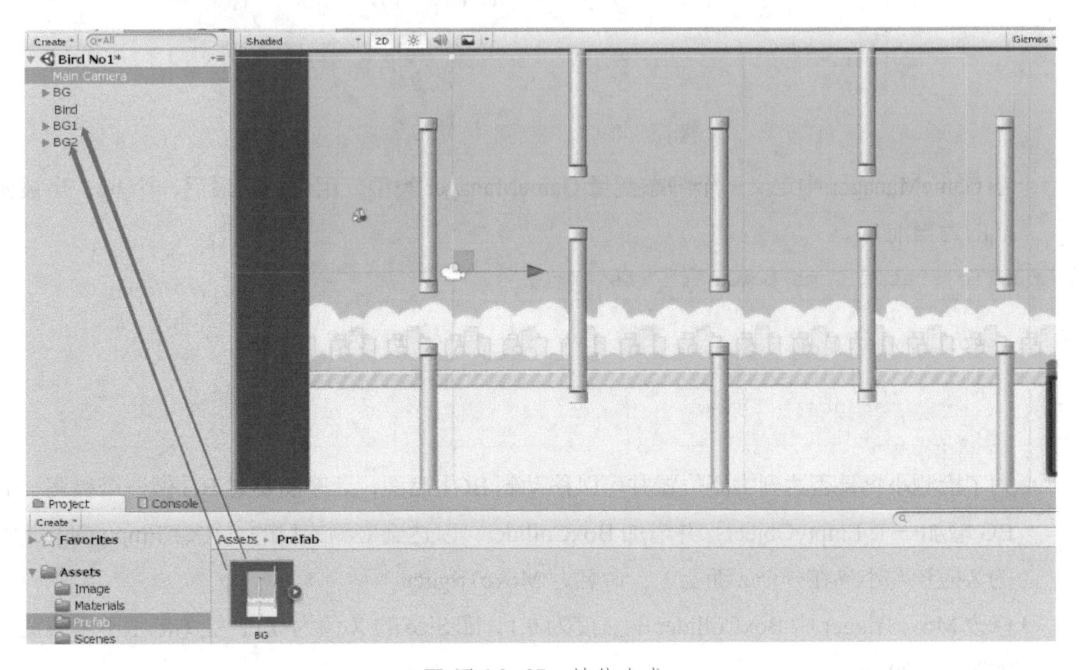

■ 图 12-27　墙体生成

（4）通过代码控制场景的循环实现。思路是创建一个 C# 脚本文件，功能是创建一个游戏管理器，通过 Camera 来管理分数、最后一个 BG 的位置等项目信息。

◆在场景最左侧生成一个 BG 背景，去掉 Pipe，为了填充显示的背景，否则运行时会有一个空白区域。命名为 BGLogo。

◆在 Script 文件夹中创建一个 C# 脚本文件，命名为 GameManager。

◆将脚本拖入 Main Camera 中。

◆在 GameManager 脚本文件中定义一个 Public 的 Transform 类型变量，名称为 Lastbg。代码为: public Transform Lastbg。

◆按【Ctrl+S】组合键保存脚本，回到设计界面，可以在 Main Camera 属性面板通过单击设置按钮，指定 BG2 为一个脚本。过程如图 12-28 所示。

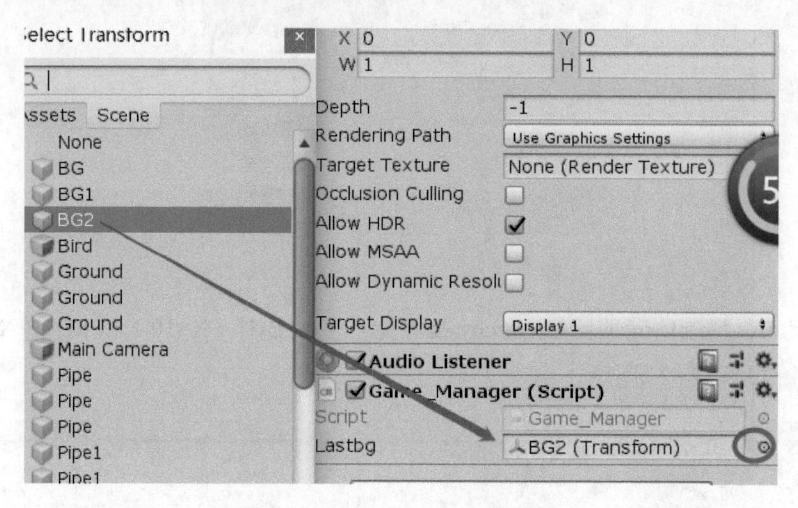

■ 图 12-28　Lastbg 变量指定

◆在 GameManager 中定义一个静态变量 GameManager 类型，用来记录最后一个 bg，当被激活时为当前 bg。

```
public static Game_Manager _instance;

   void Awake()
   {
       _instance = this;
   }
```

◆为了检测小鸟是否达到中间位置并可以移动到 BG1 后面，此时需要对 BG 做一个检测。给 BG 增加一个 EmptyObject，并增加 BoxCollider，以达到检测的目的（注意 EmptyObject 中的 Z 应该与小鸟在一个 z 面上），命名为 MoveTrigger。

◆修改 MoveTrigger 中 BoxCollider 的宽度为 0.1，即 Size 的 X 值为 0.1，检测范围不用很宽，如图 12-29 所示。

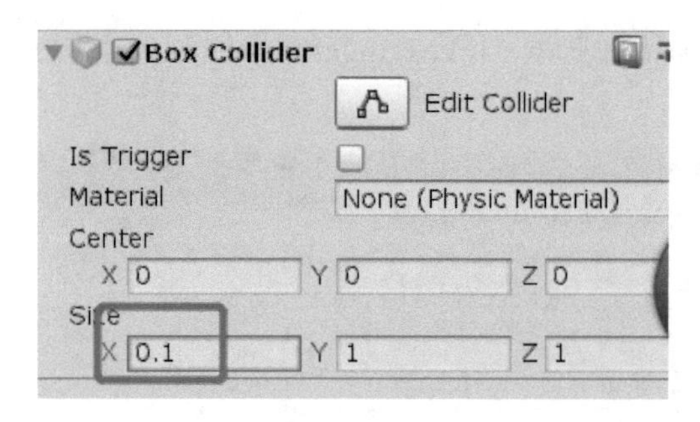

■ 图 12-29　MoveTrigger 中 BoxCollider 的设置

◆移动 MoveTrigger 位置到 BG1 中间的位置，Bird 碰到 MoveTrigger 后摄像机就找不到 BG 第一个背景，应该把 BG 移动到 BG2 的后面，即保证在界面中始终有两个背景出现，如图 12-30 所示。

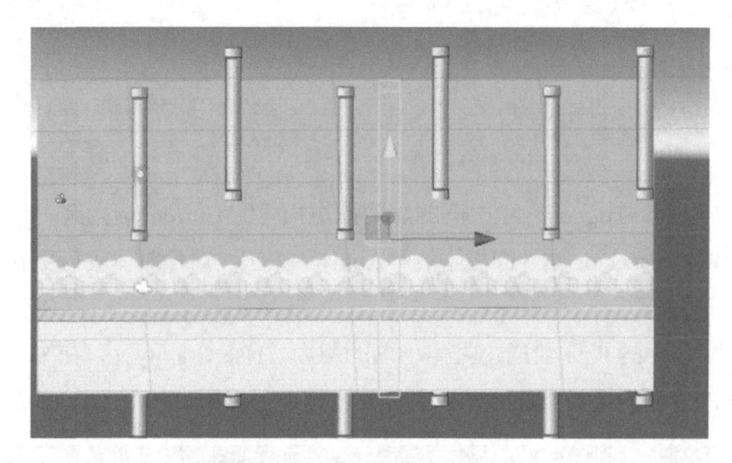

■ 图 12-30　MoveTrigger 的位置

◆把 MoveTrigger 作为 Trigger 使用。选中 MoveTrigger，在 Inspector 属性面板中选中 BoxCollider 选项卡的“Is Trigger”复选框。

◆给 Bird 对象增加 Tag 标签。

●选中 Bird 对象，在 Inspector 属性面板中依次选择“Tag”→“Add Tag”命令。

●在 Tags 中单击“+”按钮，增加 Player 的 Tag 标签层，如图 12-31 所示。

■ 图 12-31　Bird 对象增加 Player Tag

●此时 Bird 处于 Player 标签层中，后续需要用 Tag 进行检测。

◆给 MoveTrigger 对象增加脚本 MoveTrigger，当检测到小鸟时移动 BG 到最后一个 BG 后面。

```
public class MoveTrigger : MonoBehaviour {
    public Transform Currentbg;

   public void  OnTriggerEnter(Collider coll)
    {
            if(coll.gameObject.tag =="Player")
            {
                // 获取最后一个 BG
                    Transform  firstbg=Game_Manager ._instance.Lastbg ;
                // 设置当前新的 BG
                    Currentbg .position =new Vector3 (firstbg.position.x +10,
                    Currentbg.position.y ,Currentbg.position.z );
                // 把当前 BG 作为最后一个 BG
                Game_Manager._instance .Lastbg =Currentbg ;
            }
    }

}
```

◆将脚本关联到 MoveTrigger 对象，同时需要指定相应的 Currentbg 为第一个场景 BG。

◆选中 BG，单击 Inspector 属性面板中的“Apply”按钮，对预制体进行更新操作，更新场景模板。

◆此时，隐藏 BG 中的 Pipe 管道，去掉小鸟的重力“Use Gravity”，在 Scene 视图中会发现小鸟在飞行的过程中场景逐渐循环下去，并且超出了摄像机的范围，如图 12-32 所示。

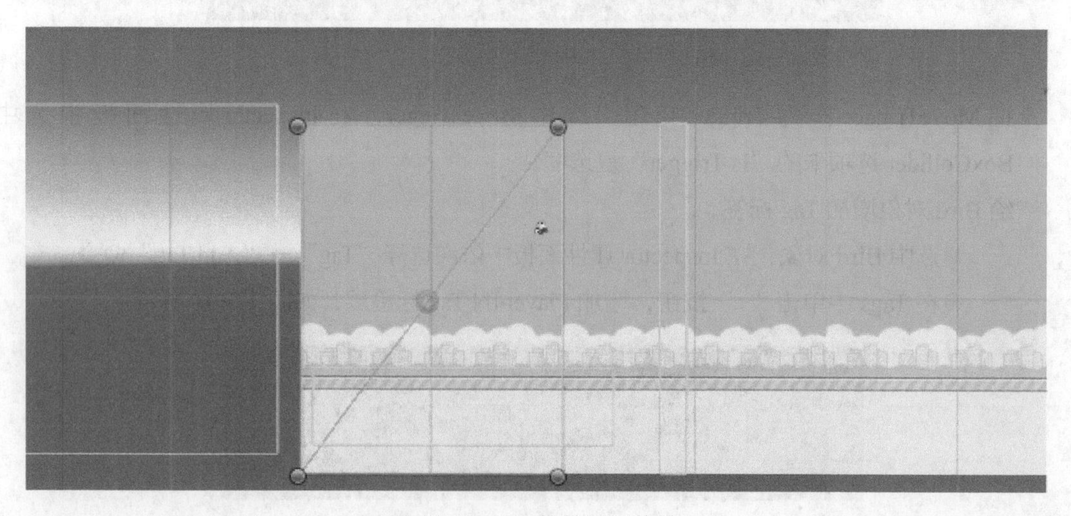

■ 图 12-32　场景循环效果

12.3.8 管道对象的随机设置

在上节中已经实现了场景的无限循环保证游戏的进行，本节要实现在场景循环过程中管道的随机设置，这样可以提高游戏的可操作性以及游戏的难度。

（1）思路：需要在 MoveTrigger 脚本中，当初始化的新 BG 场景出现时，管道出现的位置就在随机范围内，因此应该调用 Random 函数进行管道位置的设置。

（2）具体方法：

◆ 在 MoveTrigger 脚本中创建管道对象 P1，P2。

◆ 在 MoveTrigger 对象中进行对象指定。

◆ P1 和 P2 对象调用 Pipe 脚本中的自定义的随机函数 RandomPosition（），代码如下：

```
public class movetrigger : MonoBehaviour {
    public Transform Currentbg;

    public Pipe p1;
    public Pipe p2;

    public void OnTriggerEnter(Collider coll)
    {
        if (coll.gameObject.tag == "Player")
        {
            //获取最后一个 BG
            Transform firstbg = gamemanager._instance.Lastbg;
            //设置当前新的 BG
            Currentbg.position = new Vector3(firstbg.position.x + 10, Currentbg.
            position.y, Currentbg.position.z);
            //把当前 BG 作为最后一个 BG
            gamemanager._instance.Lastbg = Currentbg;

            p1.RandomPosition();
            p2.RandomPosition();
        }
    }
```

12.3.9 键盘控制小鸟运动

本节中介绍通过键盘控制小鸟的运动过程。

（1）在 BG 的前面放一个 BGLogo，删掉 Pipe1 和 Pipe2，为了作为放置小鸟的背景使用，位置 X=−10，如图 12−33 所示。

（2）在 Bird 脚本中的 Update 函数中增加鼠标控制，如果按下鼠标左键则有一个向上的速度。注意向上和向右的速度不能太快，否则小鸟不好控制。

■ 图 12-33 BGLogo 效果

代码如下：

```
if (Input.GetMouseButton(0))
        {
            Vector3 vel = this.GetComponent<Rigidbody>().velocity;
            this.GetComponent<Rigidbody>().velocity = new Vector3(3, 3, vel.z);
        }
```

（3）小鸟在开始有一个向右的力，然后在运行过程中根据鼠标左键的按动再给一个向上和稍微向右的力，保证小鸟的飞行。此时运行游戏，会看到小鸟飞行过程中，通过鼠标按键调整其方位以通过管道的间隙。

12.3.10 摄像机跟随

在运行的过程中，摄像机位置固定，小鸟在飞行过程中慢慢跑出视野，因此在本节中需要设定摄像机跟随小鸟的移动而移动。

（1）摄像机调整到可以看到小鸟的位置。

（2）给 Camera 增加控制代码，用来控制摄像机的移动。思路是首先获得小鸟的位置，然后在帧刷新的同时让摄像机的位置始终保持和小鸟有一个固定的位移量。

```
public class followcamera : MonoBehaviour {

    public GameObject bird;

    void Update () {
        Vector2 birdposition = bird.transform.position;
        this.transform.position = new Vector3(birdposition.x + 9f, birdposition.
        y , transform.position.z);
    }
}
```

（3）将脚本关联到 Main Camera 上，需要指定 Public 的对象为小鸟对象，如图 12-34 所示。

■ 图 12-34　摄像机跟随脚本设置

（4）此时运行游戏，会看到小鸟可以通过鼠标控制飞行的高度，并逐一在循环背景下穿过管道的间隙。

（5）调整摄像机不能超出上下位置。

◆需要在 Scene 中查看 Camera 的 Y 值的范围，在摄像机跟随过程中不能超出这个范围，例如范围在 [-2,2]。

◆在 followCamera 脚本中控制 Y 值的最大值和最小值。如果超出范围则直接限定为最大值或者最小值。

followCamera 脚本代码如下：

```
public class followcamera : MonoBehaviour {

    public GameObject bird;

    // Update is called once per frame
    void Update () {
        Vector2 birdposition = bird.transform.position;

        float posy = birdposition.y ;
        if (posy > 2)
        {
            posy = 2;
        }
        else if (posy < -2)
        {
            posy = -2;
        }

        this.transform.position = new Vector3(birdposition.x + 9f, posy  , transform.
        position.z);
    }
```

12.3.11　计分功能

（1）主要思路：判断小鸟有没有通过管道，如果通过计分值加 1。

（2）方法：在两个管道中间增加 Collider，进行碰撞检测。

（3）具体：

◆分别给 Pipe 父对象增加一个 Empty 对象，命名为 PipeTrigger。

◆给 PipeTrigger 增加一个 Box Collider，调整大小并放于两个管道的中间。

◆“Is Trigger”作为触发器使用。

◆针对“BG”父对象，需要应用到预制体。

◆目前位置，BG 对象中的子对象包括如下内容，如图 12-35 所示。

●地面。

●两组管道（上、下）。

●判断小鸟是否通过管道 Trigger。

●判断是否达到需要复制场景的边界。

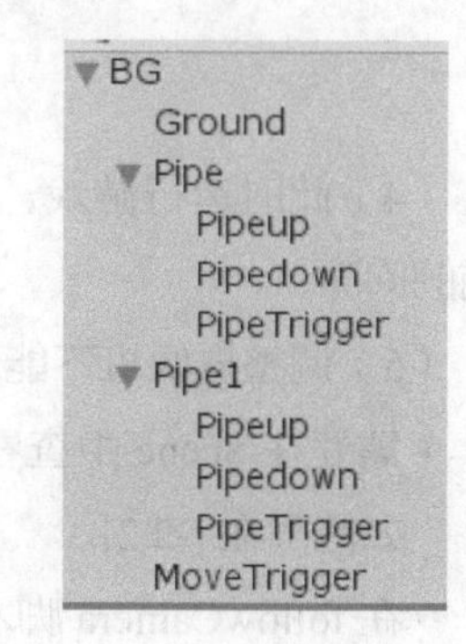

■ 图 12-35　BG 子对象结构

◆记录分数。在 GameManager 脚本中增加一个计分变量：public int score = 0。

◆在管道的 Pipe 脚本中，增加触发器触发判断，只有小鸟通过管道才加分。OnGUI 函数功能实在 Scene 中输出文本。代码如下：

```
void OnTriggerEnter(Collider coll)
{
    if (coll.tag == "Player")
    {
        Game_Manager._instance.score += 1;
    }
}
void OnGUI()
{
    GUILayout.Label("Score:" + Game_Manager._instance.score);
}
```

◆将 Pipe 脚本分别关联到 Pipe1 和 Pipe2 的 PipeTrigger 上。并单击“Apply”按钮更新预制体信息。

◆此时运行游戏，小鸟在飞行中穿过管道后 Score 分值加 1. 结果如图 12-36 所示。

■ 图 12-36　Score 分值变化

12.3.12　添加声音

在本节中完成对声音的控制。

（1）增加开始游戏的控制音。给 Main Camera 增加一个 Audio Source，指定为“S5x−swooshing”的声音，如图 12−37 所示。

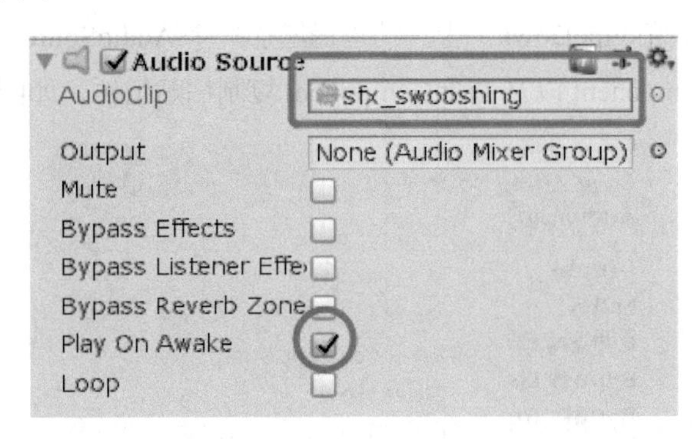

■ 图 12−37　Camera 指定声音

（2）添加每次单击飞行的声音 Win：

◆给 Bird 添加一个 Audio Source，指定为“Wing”，并取消选中“Play On Awake”复选框（要求只有在单击时才播放声音），如图 12−38 所示。

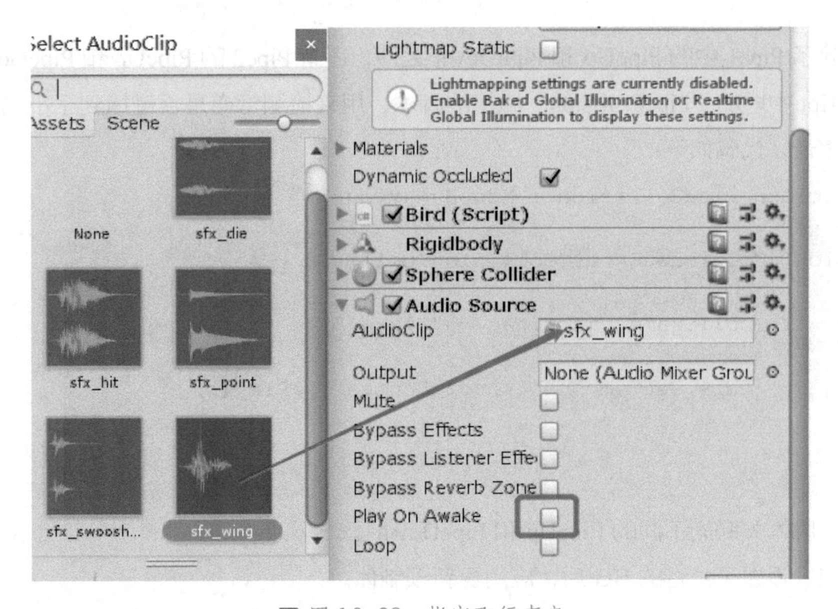

■ 图 12−38　指定飞行声音

◆打开 Bird 脚本，在鼠标控制飞行时播放声音。代码如下：

```
if (Input.GetMouseButton(0))                              //单击时的判断
      {
          this.GetComponent<AudioSource>().Play();        //播放声音
```

```
            Vector3 vel = this.GetComponent<Rigidbody>().velocity;
            this.GetComponent<Rigidbody>().velocity = new Vector3(3, 3, vel.z);
        }
```

（3）增加碰撞时的声音。

◆放到管道（PipeUp 和 PipeDown）上，给管道增加一个 AudioSource，指定为 Hit 声音。

◆可以通过 Copy Component 以及 Past Component 复制粘贴组件，如图 12-39 所示。

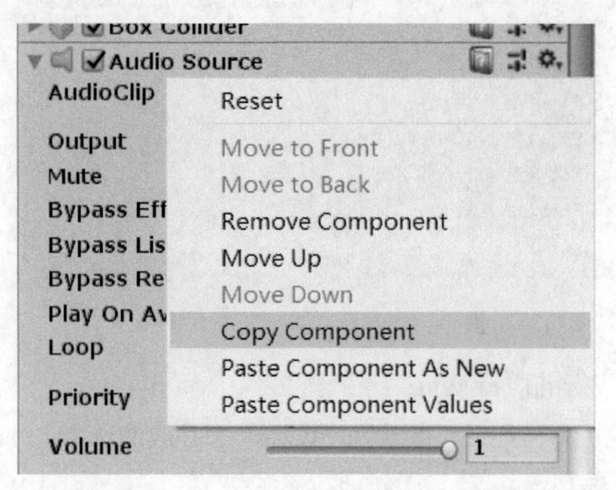

■ 图 12-39　复制粘贴 Component

◆注意除了 Pipe1 中的 PipeUp 和 PipeDown 之外，还有 Pipe2 的 PipeUp 和 PipeDown。

◆在 Script 中增加“PipeCollision”碰撞的脚本，用来检测管道是否碰撞到了小鸟。如果是则播放声音，代码如下：

```
public class PipeCollision : MonoBehaviour {

    void OnCollisionEnter(Collision coll)
    {
        if (coll.gameObject.tag =="Player")
        {
            this.GetComponent<AudioSource>().Play();
        }
    }
}
```

◆分别把脚本关联到不同的 PipeUp 和 PipeDown 上。

◆选中已经设置了声音的 BG 后，应用更新预制体。

（4）增加得分声。在穿过管道后得分，因此在 PipeTrigger 上增加 Audio Source，并指定为 Point 声音，在 Pipe 脚本中，如果得分则播放声音。代码如下：

```
void OnTriggerEnter(Collider coll)
    {
        if (coll.tag == "Player")
```

```
        {
            Game_Manager._instance.score += 1;
            this.GetComponent<AudioSource>().Play();
        }
    }
```

（5）此时运行游戏会在不同时间点出现游戏开始、振翅飞翔、撞击声和得分等声音。

12.3.13　重新加载游戏

本节介绍在小鸟遭到撞击后游戏界面重新加载并返回的过程。

（1）新增一个 Scene，并命名为 Load。

（2）在新场景中，增加 UI → Text，并设置为“单击重新开始”。

（3）保存场景。

（4）依次选择“File”→“build Setting”命令，加入 Load 场景到当前项目，并把 Load 拖入第一场景的位置，如图 12-40 所示。

■ 图 12-40　Build Setting

（5）新建一个 C# 脚本并命名为“StartGame”，关联到文本 Text 中。主要目的是在单击时进入游戏场景。

◆需要 Using 场景头文件：using UnityEngine.SceneManagement。

◆ Build 进入项目。

◆判断条件后 LoadScene，加载游戏场景。

```
public class Startgame : MonoBehaviour {

    // Update is called once per frame
    void Update () {
        if (Input.GetMouseButtonDown(0))
        {
            SceneManager.LoadScene(1);
        }
    }
}
```

◆此时运行为起始场景，当单击时返回到游戏主场景。

（6）在 Hit 撞击后，返回到开始界面。

◆更新管道碰撞的函数 PipeCollision.

◆需要 Using 场景头文件：using UnityEngine.SceneManagement。

◆在 Hit 发生后需要加载场景到起始场景。

```
using UnityEngine.SceneManagement;

public class PipeCollision : MonoBehaviour {

    void OnCollisionEnter(Collision coll)
    {
        if (coll.gameObject.tag =="Player")
        {
            this.GetComponent<AudioSource>().Play();

            SceneManager.LoadScene (0);
        }
    }
}
```

此时运行游戏，小鸟撞击后返回起始界面，单击游戏继续。

12.4 项目总结

在本章中实现了“飞扬的小鸟”游戏，从最初的场景搭建、创建管道和小鸟等对象，再到小鸟的运动控制和场景的无极限循环，以及最后的得分控制和场景重新加载等环节都包含了对材质、脚本、碰撞、场景加载等多方面内容的综合应用。

通过上述 2D 游戏的制作，让读者更加了解了 2D 游戏的制作流程，熟悉脚本和检测等的使用方法。希望读者在此基础上灵活运用，加深自己对 2D 游戏的认识。